阿部龍蔵・川村 清 監修

裳華房テキストシリーズ－物理学

物 性 物 理 学

東京工業大学・神奈川大学名誉教授
理 学 博 士
永 田 一 清 著

裳 華 房

Condensed Matter Physics

by

Kazukiyo NAGATA, Dr. Sc.

SHOKABO

TOKYO

編 集 趣 旨

「裳華房テキストシリーズ - 物理学」の刊行にあたり，編集委員としてその編集趣旨について概観しておこう．ここ数年来，大学の設置基準の大綱化にともなって，教養部解体による基礎教育の見直しや大学教育全体の再構築が行われ，大学の授業も半期制をとるところが増えてきた．このような事態と直接関係はないかも知れないが，選択科目の自由化により，学生にとってむずかしい内容の物理学はとかく嫌われる傾向にある．特に，高等学校の物理ではこの傾向が強く，物理を十分履修しなかった学生が大学に入学した際の物理教育は各大学における重大な課題となっている．

裳華房では古くから，その時代にふさわしい物理学の教科書を企画・出版してきたが，従来の厚くてがっちりとした教科書は敬遠される傾向にあり，“半期用のコンパクトでやさしい教科書を”との声を多くの先生方から聞くようになった．

そこでこの時代の要請に応えるべく，ここに新しい教科書シリーズを刊行する運びとなった．本シリーズは 18 巻の教科書から構成されるが，それぞれその分野にふさわしい著者に執筆をお願いした．本シリーズでは原則的に大学理工系の学生を対象としたが，半期の授業で無理なく消化できることを第一に考え，各巻は理解しやすくコンパクトにまとめられている．ただ，量子力学と物性物理学の分野は例外で半期用のものと通年用のものとの両者を準備した．また，最近の傾向に合わせ，記述は極力平易を旨とし，図もなるべくヴィジュアルに表現されるよう努めた．

このシリーズは，半期という限られた授業時間においても学生が物理学の各分野の基礎を体系的に学べることを目指している．物理学の基礎ともいうべき力学，電磁気学，熱力学のいわば 3 つの根から出発し，物理数学，基礎量子力学などの幹を経て，物性物理学，素粒子物理学などの枝ともいうべき専門分野に到達しうるようシリーズの内容を工夫した．シリーズ中の各巻の関係については付図のようなチャートにまとめてみたが，ここで下の方ほどより基礎的な分野を表している．もっとも，何が基礎的であるかは読者個人の興味によるもので，そのような点でこのチャートは一つの例であるとご理解願えれば幸いである．系統的に物理学の勉学をする際，本シリーズの各巻が読者の一助となれば編集委員にとって望外の喜びである．

阿部龍蔵，川 村　清

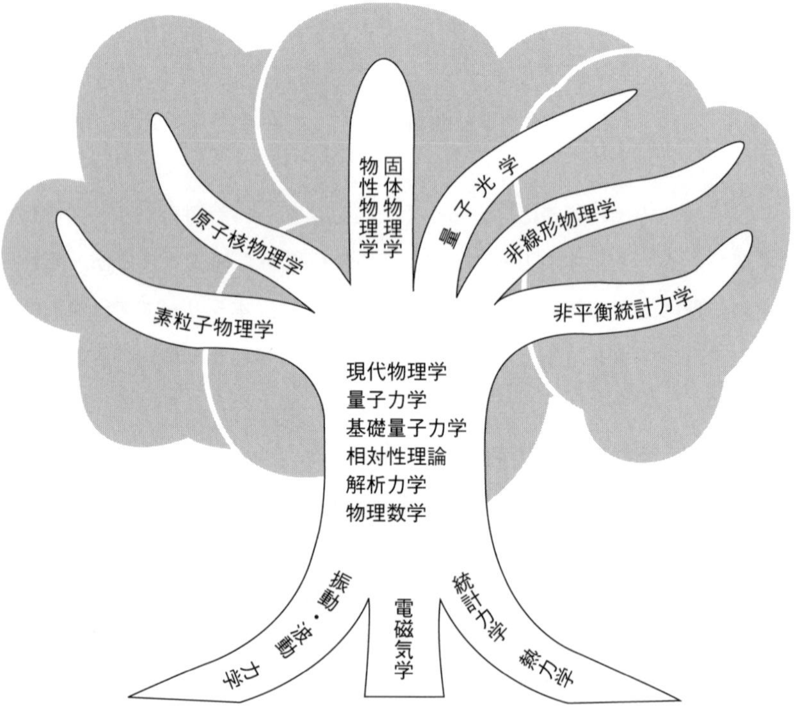

はしがき

本テキストシリーズの「編集趣旨」に付されたチャート（系統樹）にも見られるように，物理学は，根である力学，電磁気学，熱力学から出発し，幹である量子力学や統計力学を経て，専門分野であるそれぞれの枝に分かれています.「物性物理学」は，そのような枝の一つであって，「素粒子物理学」や「原子核物理学」と並んで，物質を対象とする学問分野の一つです.

しかし，物性物理学は，素粒子物理学や原子核物理学とは異なり，その対象が明確に規定されていないために，これから学ぼうとする学部学生の皆さんは「物性物理学って何？」と戸惑うかも知れません. そもそも，対象をはっきりと規定しない表現は使わない欧米では，“物性物理学”に当る英語（フランス語，ドイツ語）はないのです. 20 世紀には，主として固体が対象とされてきたこともあって，物性物理学はむしろ Solid State Physics（固体物理学）とほぼ同じ意味に用いられてきました. しかし，最近では，固体でないソフトマターと呼ばれる“やわらかい物質群”も対象に含むようになり，物性物理学はしばしば英語の Condensed Matter Physics（凝縮系物理学）と同一視されるようになってきました.

われわれの周りに存在する物質（気体，液体，固体）は，10^{25}～10^{27} という膨大な数の粒子（原子）が凝縮した系です. 物性物理学はそのような凝縮物質が示す，さまざまな巨視的（マクロ）な性質や現象，機能などの背後にある基本法則や普遍性と特殊性を，微視的（ミクロ）な立場から明らかにする学問です. もちろん，10^{27} という膨大な数の粒子の一つ一つの運動を解析的に求めることはできません. また，たとえそのような解が求められたとしても，個々の粒子の運動を観測することはできませんから役には立たないでしょう. しかし，凝縮物質について，粒子密度 ρ や，誘電分極 P，磁化 M

などの状態量を測定することはできます．また，外場を加えてそれらの応答を測定することもできます．物性物理学では，そのような巨視的な状態量の振舞いを，実験と理論の両面から精緻な考察を加え，それらについて普遍的に成り立つ法則や概念を追求するのです．

本書は，これから専門科目として「物性物理学」を学ぼうとする学部学生諸君のために書かれた入門書です．全体は「基礎編」と「発展編」の2部構成になっていて，通年の講義を想定しています．物性物理学はその対象となる物質によって，金属，半導体，磁性体，誘電体，超伝導体，低次元物質，表面，液晶，高分子などのたくさんの分野に細分化されており，これまでに集積された知識の量には膨大なものがあります．しかし，本書はそれらを網羅的に解説することは避け，基礎編では，物質を近似的にイオンと自由電子の集合体と見なして，それらの振舞いを調べながら，凝縮系を理解する上での有用な概念や，基本的な近似などについて丁寧に解説します．一方，発展編は各論に当ります．しかし，物性物理学の各分野を逐次解説することはしないで，ここでは，対象を強誘電体，磁性体，超伝導体だけに絞り，基礎編ではほとんど触れなかった相転移現象を中心に解説しています．執筆に当っては，基礎編，発展編を通して，物理学の基礎的な理解と数学の一般的な知識さえあれば理解できるように，平易な説明を心掛けました．

本書の刊行に当って，執筆を薦めて下さった本シリーズの編者の川村 清先生には，原稿を丁寧にお読み頂き，貴重な助言を頂きました．厚く感謝致します．また，怠慢から脱稿が遅れてしまった筆者を辛抱強く督励して下さった裳華房の小野達也，石黒浩之の両氏には心からお礼申し上げます．

2009年10月

永 田 一 清

目　　次

基　礎　編

1.　固体の中の原子　―構造と結合―

2.　結晶の中の波動　―周期構造からの回折―

3.　結晶の中の原子の動力学
―格子波（フォノン）と熱的性質―

4.　結晶の中の電子（1）
―自由電子気体モデルによる金属の理解―

5.　結晶の中の電子 (2)　―バンド構造と物質の分類―

6.　液体の中の分子　―液体の構造と分子間力―

発　展　編

7.　強誘電体と構造相転移

8.　交換相互作用と磁気的秩序

9.　超伝導体と磁場

コ　ラ　ム

基礎編

1．固体の中の原子

2．結晶の中の波動

3．結晶の中の原子の動力学

4．結晶の中の電子（1）

5．結晶の中の電子（2）

6．液体の中の分子

1 固体の中の原子

構造と結合

我々の周りに存在している多様な物質は，原子，つまり原子核と電子からできている．なかでも物性物理学で主に扱われる**固体**の場合は，電子の一部が原子核に強く束縛されて一体となってイオンを構成しているため，むしろイオンと電子からできているといった方がよいかもしれない．もちろん例外はあって，希ガス元素などの中性原子からできている固体や，アルカリハライドなどのイオン結晶のように，イオンだけからできている固体もある．しかし，このように，固体をイオンと電子の集合体と見ることは，固体の物理的性質を大まかに調べていく上ではしばしば有効である．

固体中のイオンはある固定された配列をとっており，一方，電子はそれらのイオンのつくる場の中にあって，イオン間の結合に与（あずか）るとともに，固体の多彩な諸物性を発現させる役割を果たしている．したがって，固体の諸性質はイオンがどのような配列をとるかに強く依存することになる．

固体をイオンの配列の対称性によって分類すると，結晶，準結晶，非結晶（アモルファス）に分けることができる．結晶は，固体の中でも最も一般的であって，イオンは規則正しく周期的に並んだ結晶構造をとっている．これに対して，ガラスなどのようにイオンがデタラメに配列しているのが非結晶である．準結晶は，結晶のような周期性はないが，イオンの配列にある種の規則性が見られる一群の固体で，一部の遷移金属の合金などに見出されており，最近脚光を浴びている．

この章では，初めに結晶構造（結晶格子）の周期性の数学的表現を解説し，それに関連して，逆格子やブリユアンゾーンの概念を学ぶ．次に，イオンが凝集して結晶構造をつくる結合の機構について述べ，最後に，完全な周期配列をもたないイオン配列の例を見ることにする．

§1.1　結晶構造と対称性

結晶では単位構造とよばれる原子（イオン）団があって，それがちょうどレンガブロックを積み上げるように，3次元的にくり返し並んだ周期構造をつくっている．しかし，現実の結晶には必ず表面があり，また正しい場所にないイオンや不純物イオンなども存在していて，厳密には周期性は破れている．通常のイオン間の距離は 0.2 nm 程度であるから，1 cm^3 の固体があるとすると，その中には約 10^{23} 個という膨大なイオンが含まれていることになる．このように無限大とも見なせる膨大な数の原子から成る固体を**バルク（bulk）な固体**という．バルクな結晶では，これらの周期性の破れがもたらす効果は十分に小さいと考えてよい．

この節では，表面もなくイオンの配列に乱れもない理想的な結晶を考え，そのような完全結晶を幾何学的な立場から考察する．そのために，単位構造である原子（イオン）団を1つの点（**格子点**）で表し，それらの格子点が配列した結晶格子を扱う．

並進対称性

結晶格子の特徴は，どの格子点をとっても他の格子点と全く同じ状況にあることである．すなわち，ある1つの格子点 $\boldsymbol{r}_0$ を起点にとると，すべての格子点 $\boldsymbol{r}$ は

$$\boldsymbol{r} = \boldsymbol{r}_0 + m_1\boldsymbol{a} + m_2\boldsymbol{b} + m_3\boldsymbol{c} \qquad (m_i = 0, \pm 1, \pm 2, \cdots) \tag{1.1}$$

のように表すことができる．ここで，$\boldsymbol{a}$，$\boldsymbol{b}$，$\boldsymbol{c}$ は互いに独立なベクトルであって，**基本並進ベクトル**とよばれる．結晶格子のもつこの性質のことを**並進対称性**といい，格子を並進ベクトル

$$\boldsymbol{T} = m_1\boldsymbol{a} + m_2\boldsymbol{b} + m_3\boldsymbol{c} \tag{1.2}$$

だけ平行移動させる操作を**並進対称操作**という．

一般にある操作によって格子点を動かしたとき，その操作の前後で格子点

の配列が同じに見えるとき，結晶格子はその操作に対する**対称性**をもつという．したがって，(1.1) は結晶格子が並進対称操作に対して不変であることを示している．

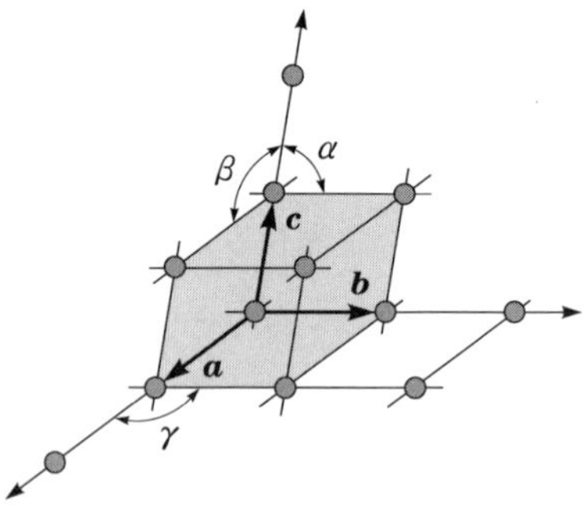

図 1.1　基本並進ベクトルと単位格子

3つの基本並進ベクトル $\boldsymbol{a}$，$\boldsymbol{b}$，$\boldsymbol{c}$ によってできる平行六面体（図 1.1 で灰色の立体）を**単位格子**とよぶ．単位格子の体積は $\boldsymbol{a}\cdot(\boldsymbol{b}\times\boldsymbol{c})$ である．この単位格子は結晶格子の周期性の最小単位であって，これを並進ベクトル (1.2) によって平行移動すると，全空間を埋め尽くすことができる．また，基本格子ベクトル（基本並進ベクトルを以後このようによぶことにする）$\boldsymbol{a}$，$\boldsymbol{b}$，$\boldsymbol{c}$ の方向を**結晶軸**，それぞれの大きさ a，b，c を**格子定数**という．また，α，β，γ を**軸角**という．後で見るように，1つの格子に対して基本格子ベクトルや単位格子の選び方は一義的ではない．通常は，基本格子ベクトルは格子の対称性が最も高くなるように選ばれる．

ウィグナー - ザイツの単位格子

固体物理学において，電子のバンド理論などでよく用いられる重要な単位格子に**ウィグナー - ザイツの単位格子**（Wigner - Seitz cell）がある．これは次の手順によってつくることができる．

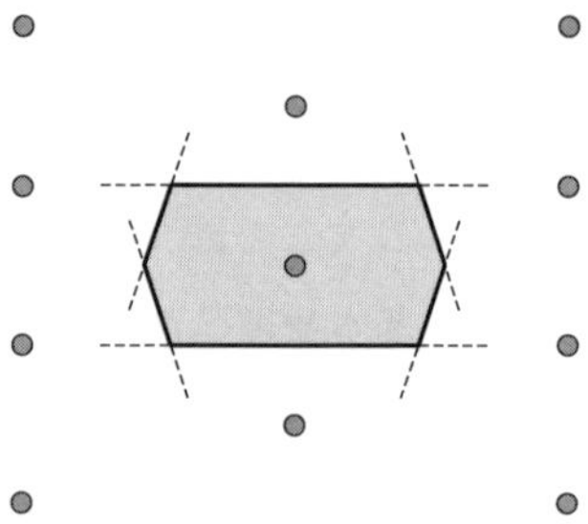

図 1.2　2次元格子のウィグナー - ザイツの単位格子（太線）．格子点と隣接格子点を結ぶ垂直2等分面を描いて求める．

まず1つの格子点を原点にとり，そこから隣接するすべての格子点に線分を引く．次に，それらの線分の中点を通って，各線分に垂直な平面をつくる．ウィグナー - ザイツの単位格子は，このような平面に囲まれた最も小さな体積として定義される．図 1.2 はそのようなウィグナー - ザイツの単位格子を求める方法を 2 次元格子に対して示したものである．したがって，この単位格子はその中心に格子点を 1 つだけ含んでいる．また，この単位格子に並進対称操作をくり返し行えば，他の単位格子の場合と同様に，全空間を埋め尽くすことができる．

結晶系とブラベー格子

結晶格子には並進対称性の他に，定まった軸の周りの**回転対称性**が存在する．すなわち，格子全体をある軸の周りに回転したとき，格子点の配列がもとの配列と完全に重なり合う回転角 ϕ が存在する．このような回転対称性は，結晶格子の並進対称性と両立するものでなければならない．したがって，回転角 ϕ のとりうる値は

$$\phi = \frac{2\pi}{n} \qquad (n = 1, 2, 3, 4, 6) \tag{1.3}$$

の 5 つに限られる（例題 1.1 参照）．回転角が $2\pi/n$ ラジアンの回転対称性を ***n* 回回転対称性**といい，その場合の回転軸を ***n* 回回転軸**という．n 回回転対称性は C_n のように表される．この表記法は**シェーンフリース（Schöenflies）の記号**とよばれ，物性物理学の広い分野で用いられている．結晶格子の対称性の表現法には，他にも**ヘルマン - モーガン（Hermann - Mauguin）の記号**があり，これは結晶の分類に多用されているが，ここでは深く立ち入らないことにする．

例題 1.1

結晶格子において，回転角 ϕ の回転対称操作を考える場合，ϕ は勝手な値をとることは許されず，(1.3) で与えられる 5 つの値に限られることを示せ．

［**解**］　回転対称性があると，必ず回転軸に垂直な基本並進ベクトルが存在する（章末の演習問題［1］）．したがって，この問題は 2 次元格子について，格子面に垂直な軸の周りの回転を調べればよい．

いま，1つの2次元格子上で，最も隣接した2つの格子点P，Qを考える．この格子点をPの周りに角度 $2\pi/n$ だけ回転させたとき，回転した格子はもとの格子に重なり，QはQ′に移るものとする．同様にQの周りに $-2\pi/n$ だけ回転させると，PはP′に移る．すなわち，P′とQ′は元の2次元格子の格子点に一致し，線分P′Q′は線分PQと平行になる．このことは，P′とQ′が重なるか，または線分P′Q′の長さが線分PQの長さの整数倍になることを意味している．そこで，PQの長さを a とすると，P′Q′の長さ b は，図1.3より

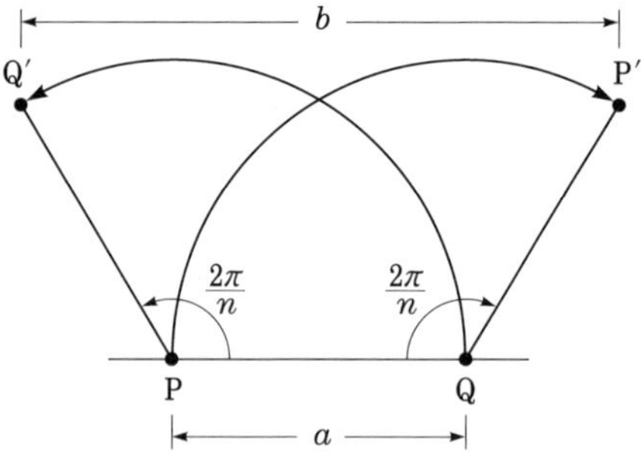

図1.3　2次元格子を $2\pi/n$ だけ回転する

$$b = \left|\left(a - a\cos\frac{2\pi}{n}\right) - a\cos\frac{2\pi}{n}\right| = a\left|1 - 2\cos\frac{2\pi}{n}\right|$$

となる．したがって，b が a の整数倍になるのは

$$n = 1:\quad b = a$$
$$n = 2:\quad b = 3a$$
$$n = 3:\quad b = 2a$$
$$n = 4:\quad b = a$$
$$n = 6:\quad b = 0$$

の5つの場合だけであることがわかる．

すべての格子において，基本格子ベクトルの長さ（格子定数）a，b，c と軸角 α，β，γ は，並進対称性によっては何も制限を受けない．しかし，格子に回転操作を施すと，a，b，c と α，β，γ に新しい制限が現れる．例えば，格子が c 軸（基本ベクトル $\boldsymbol{c}$ に平行な軸）の周りに2回回転対称性 C_2 をもつと，a，b，c と γ には制限はないが，$\alpha = \beta = 90^\circ$ となる．このように a，b，c と α，β，γ に付く条件によって，結晶格子は**三斜晶系**，

表 1.1　7 つの結晶系と 14 のブラベー格子

結晶系	ブラベー格子	基本ベクトルの長さと軸角
三斜晶系	単純	$a \neq b \neq c,\ \alpha \neq \beta \neq \gamma$
単斜晶系	単純，底心	$a \neq b \neq c,\ \alpha = \gamma = 90° \neq \beta$
斜方晶系	単純，底心，面心，体心	$a \neq b \neq c,\ \alpha = \beta = \gamma = 90°$
正方晶系	単純，体心	$a = b \neq c,\ \alpha = \beta = \gamma = 90°$
立方晶系	単純，面心，体心	$a = b = c,\ \alpha = \beta = \gamma = 90°$
六方晶系	単純	$a = b \neq c,\ \alpha = \beta \neq 90°,\ \gamma = 120°$
菱面体晶系	単純	$a = b = c,\ \alpha = \beta = \gamma < 120°,\ \neq 90°$

単斜晶系，**斜方晶系**，**正方晶系**，**立方晶系**，**菱面体晶系**，**六方晶系**の 7 つの結晶系に分類される（表 1.1）．

ところで，このようにして分類された 7 つの結晶系の中には，格子の中の適当な位置に新たに格子点を加えても，すべての格子点の環境は等しくなり，新しい格子をつくる場合がある．そのような新しい格子点を置くことができる位置としては，図 1.4 に示す**体心**（I），**面心**（F），**底心**（C）の 3 つの位置がある．これらの位置に新たな格子点を加えた格子をそれぞれ**体心格子**，**面心格子**，**底心格子**とよぶ．

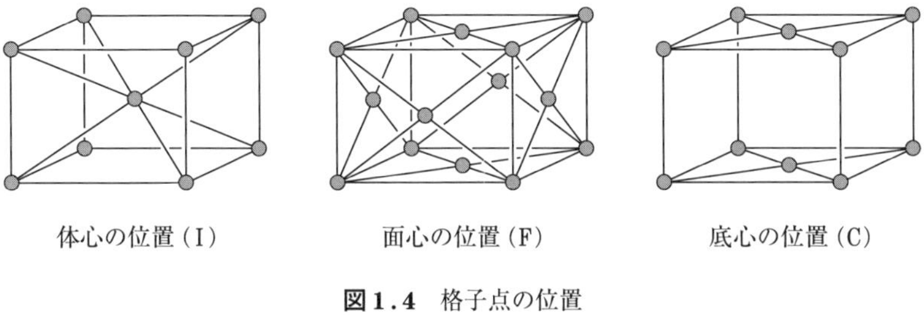

図 1.4　格子点の位置

また，この新しい格子点を付け加える前の基本単位格子（格子点を 1 つだけ含む単位格子）を**単純格子**といい，これらの単純格子，体心格子，面心格子，底心格子は**ブラベー格子**とよばれる．ブラベー格子には図 1.5 に示す

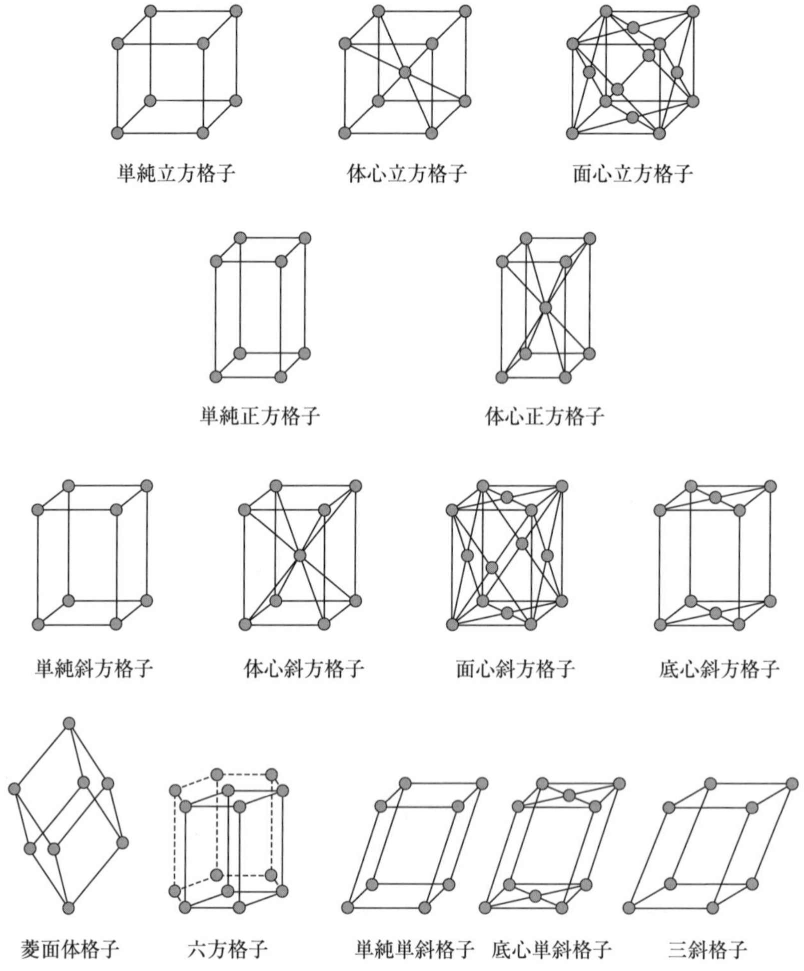

図1.5　14種類のブラベー格子

14種類がある．単純格子以外のブラベー格子は，単位格子当り2個以上の格子点を含んでいる．しかし，これらの格子は，基本単位ベクトルを新たにとり直すことによって，格子点を1つしか含まない基本単位格子をつくることができる．

図 1.6 に面心立方格子の基本単位ベクトルのとり方と，基本単位格子を示しておく．

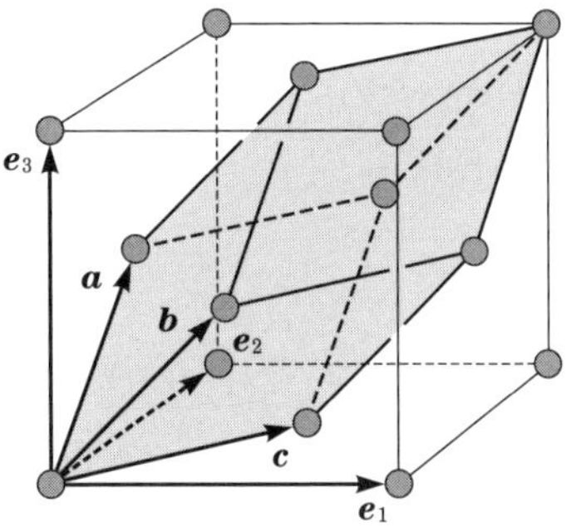

図 1.6　面心立方格子の基本単位ベクトルと基本単位格子

結晶格子の方位と面

格子点の位置は，(1.1) で $\boldsymbol{r}_0$ を原点 $(0, 0, 0)$ にとった格子ベクトル

$$\boldsymbol{R} = m_1\boldsymbol{a} + m_2\boldsymbol{b} + m_3\boldsymbol{c} \qquad (1.4)$$

で指定される．ここで，3 つの成分 m_1, m_2, m_3 は格子点の座標を表している．結晶格子の中での方向や面も，この格子ベクトルを用いて定義できる．

結晶格子内のある特定の方向を表すには，それに平行な格子ベクトルが用いられる．結晶格子は無限に広がっていると考えてよいので，どのような方向に対しても，その方向に平行な格子ベクトルが必ず存在している．したがって，ある方向を指定する場合，その方向に平行な格子ベクトルの 3 つの成分の組 (m_1, m_2, m_3) を用いることが考えられる．しかし，原点からある方向に引いた直線上には，実は無数の格子点がある（なぜなら，直線上の 1 つの格子点に対応する格子ベクトルを整数倍すると，それらはすべて格子ベクトルであって，それぞれが格子点を与えるからである）．そのために，そのような 3 つの成分の組は無数にあることになる．そこで結晶格子では，3 つの成分をその最大公約数で割った最小の整数の組 (h, k, l) を使って，方向を $[h\,k\,l]$ のように表す．

結晶格子の面は，その面上の互いに 1 直線上にない 3 つの格子点によって決まる．しかし，それには 3 つの格子点の計 9 個の座標が必要になり煩雑である．そこで結晶の構造解析では，次のようにして面の方向だけを表す方法が採られている．

いま，ある面が 3 つの結晶軸と交わるものとして，それぞれの軸の切片を $u\boldsymbol{a}$, $v\boldsymbol{b}$, $w\boldsymbol{c}$ とすると，この面は u, v, w の 3 つの数の組で指定することができる．しかし，面がいずれかの結晶軸に平行な場合には，その軸との交点がないために，u，v，w のいずれかが定まらなくなる．そこで，u，v，w の代わりにその逆数が用いられる．すなわち，結晶格子の面の指定は，

$$h : k : l = \frac{1}{u} : \frac{1}{v} : \frac{1}{w} \tag{1.5}$$

となるような，それらの逆数と同じ比をもつ3つの整数の組 (h, k, l) によってなされる．しかし，そのような整数の組は無数にあって，一義的には決まらない．そこで h，k，l としては，通常は最小の整数に約分されたものが選ばれる．結晶格子の面は，そのような既約な整数の組を括弧でくくって $(h\,k\,l)$ と表される．この定義からも明らかなように，平行な面を表す整数の組はすべて同じになる．

結晶格子の方位や面を表すのに用いられる $[h\,k\,l]$ や $(h\,k\,l)$ の整数の組は，ブラベー格子の**ミラー**（**Miller**）**指数**とよばれる．ミラー指数はその定義からも明らかなように負の値をとることもある．そのような場合は，その指数の上に負号（バー）を付けて $[\bar{h}\,k\,l]$ や $(h\,\bar{k}\,l)$ のように表す．また，立方格子の場合，立方体の6つの面 $(1\,0\,0)$，$(0\,1\,0)$，$(0\,0\,1)$，$(\bar{1}\,0\,0)$，$(0\,\bar{1}\,0)$，$(0\,0\,\bar{1})$ は対称性から見てすべて等価である．このような対称性から等価な面をまとめて表す場合は，指数に｛　｝を付けて $\{1\,0\,0\}$ のように書く．同様に，互いに等価な6つの方向 $[1\,0\,0]$，$[0\,1\,0]$，$[0\,0\,1]$，$[\bar{1}\,0\,0]$，$[0\,\bar{1}\,0]$，

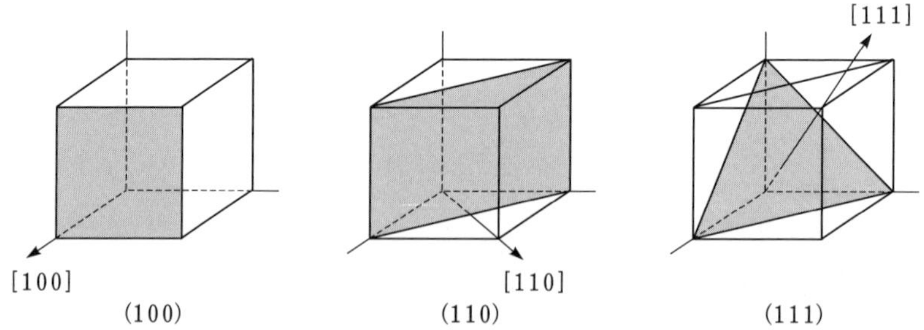

図1.7　立方格子の代表的な3つの面

$[0\,0\,\bar{1}]$ をまとめて表すときは，$\langle 1\,0\,0 \rangle$ の記号を用いる．

図1.7に，立方格子の代表的な3つの方向 $[1\,0\,0]$，$[1\,1\,0]$，$[1\,1\,1]$ に垂直な，3つの格子面 $(1\,0\,0)$，$(1\,1\,0)$，$(1\,1\,1)$ を示しておく．立方格子の場合は，同じミラー指数をもつ $[h\,k\,l]$ 方向と $(h\,k\,l)$ 面は互いに垂直になるが，このことは他の結晶系では一般には成り立たない．

§1.2 逆格子とブリユアンゾーン

この節で述べる逆格子の考え方は，結晶の構造解析や電子のバンド構造，格子振動のスペクトルなど，物性物理学の広い分野で用いられており，次章以降でもしばしば登場してくる重要な概念である．

結晶では，イオンが周期的に規則正しく配列しており，その周期性が諸物性に反映される．例えば，結晶中の電子密度や静電ポテンシャルなどの物理量は，場所 $\boldsymbol{r}$ の関数 $f(\boldsymbol{r})$ として与えられるが，それは格子のもつ並進対称性の要請から，

$$f(\boldsymbol{r}) = f(\boldsymbol{r} + \boldsymbol{R}) \tag{1.6}$$

の関係を満たさなければならない．ここで $\boldsymbol{R}$ は (1.4) で定義されているブラベー格子の格子ベクトルである．したがって，$f(\boldsymbol{r})$ は3つの結晶軸の方向に周期 $\boldsymbol{a}$，$\boldsymbol{b}$，$\boldsymbol{c}$ をもつ3次元の周期関数となる．このような周期関数の性質を調べるには，一般にフーリエ解析が用いられる．

逆格子ベクトル

$f(\boldsymbol{r})$ をフーリエ展開すると

$$f(\boldsymbol{r}) = \sum_{\boldsymbol{K}} f_{\boldsymbol{K}} \exp(i\boldsymbol{K}\cdot\boldsymbol{r}) \tag{1.7}$$

と表せる．ここで $\boldsymbol{K}$ は，フーリエ空間における格子点の集合であって，**逆格子ベクトル**とよばれる．逆格子点は，**基本逆格子ベクトル**を $\boldsymbol{A}$，$\boldsymbol{B}$，$\boldsymbol{C}$ とすると

$$\boldsymbol{K} = n_1\boldsymbol{A} + n_2\boldsymbol{B} + n_2\boldsymbol{C} \tag{1.8}$$

のように表される．この基本逆格子ベクトル $\boldsymbol{A}$, $\boldsymbol{B}$, $\boldsymbol{C}$ は，基本格子ベクトル $\boldsymbol{a}$, $\boldsymbol{b}$, $\boldsymbol{c}$ を用いて，次のように定義される．

$$\boldsymbol{A} = 2\pi\frac{\boldsymbol{b}\times\boldsymbol{c}}{\boldsymbol{a}\cdot(\boldsymbol{b}\times\boldsymbol{c})}, \quad \boldsymbol{B} = 2\pi\frac{\boldsymbol{c}\times\boldsymbol{a}}{\boldsymbol{a}\cdot(\boldsymbol{b}\times\boldsymbol{c})}, \quad \boldsymbol{C} = 2\pi\frac{\boldsymbol{a}\times\boldsymbol{b}}{\boldsymbol{a}\cdot(\boldsymbol{b}\times\boldsymbol{c})} \tag{1.9}$$

この定義から，$\boldsymbol{A}$, $\boldsymbol{B}$, $\boldsymbol{C}$ はそれぞれ結晶格子の基本格子ベクトルの 2 つと直交していることがわかる．また，2 組の基本ベクトルの間には

$$\left.\begin{array}{lll} \boldsymbol{A}\cdot\boldsymbol{a} = 2\pi, & \boldsymbol{A}\cdot\boldsymbol{b} = 0, & \boldsymbol{A}\cdot\boldsymbol{c} = 0 \\ \boldsymbol{B}\cdot\boldsymbol{a} = 0, & \boldsymbol{B}\cdot\boldsymbol{b} = 2\pi, & \boldsymbol{B}\cdot\boldsymbol{c} = 0 \\ \boldsymbol{C}\cdot\boldsymbol{a} = 0, & \boldsymbol{C}\cdot\boldsymbol{b} = 0, & \boldsymbol{C}\cdot\boldsymbol{c} = 2\pi \end{array}\right\} \tag{1.10}$$

の関係が成り立つ．

(1.10) の結果を用いて，任意の逆格子ベクトルと結晶格子ベクトルとのスカラー積をつくると，

$$\begin{aligned} \boldsymbol{K}\cdot\boldsymbol{R} &= (n_1\boldsymbol{A} + n_2\boldsymbol{B} + n_3\boldsymbol{C})\cdot(m_1\boldsymbol{a} + m_2\boldsymbol{b} + m_3\boldsymbol{c}) \\ &= 2\pi(n_1m_1 + n_2m_2 + n_3m_3) \\ &= 2\pi \times \text{整数} \end{aligned}$$

が得られる．このため，

$$\exp(i\boldsymbol{K}\cdot\boldsymbol{R}) = 1 \tag{1.11}$$

が成立する．したがって，逆格子ベクトル $\boldsymbol{K}$ は，任意の格子ベクトル $\boldsymbol{R}$ について，(1.11) を満足するベクトル $\boldsymbol{K}$ の集合と定義することもできる．

また，(1.11) が成り立つと，(1.7) から，

$$\begin{aligned} f(\boldsymbol{r} + \boldsymbol{R}) &= \sum_{\boldsymbol{K}} f_{\boldsymbol{K}} \exp\{i\boldsymbol{K}\cdot(\boldsymbol{r} + \boldsymbol{R})\} \\ &= \sum_{\boldsymbol{K}} f_{\boldsymbol{K}} \exp(i\boldsymbol{K}\cdot\boldsymbol{r}) \exp(i\boldsymbol{K}\cdot\boldsymbol{R}) \\ &= \sum_{\boldsymbol{K}} f_{\boldsymbol{K}} \exp(i\boldsymbol{K}\cdot\boldsymbol{r}) = f(\boldsymbol{r}) \end{aligned}$$

となり，$f(\boldsymbol{r})$ の並進対称性が導かれる．

逆格子が結晶格子（正格子）のフーリエ空間における格子であるというこ

とは，結晶格子もまた逆格子のフーリエ空間における格子であることに他ならない．したがって，逆格子の逆格子をつくると，元の結晶格子（正格子）が得られる．

結晶格子の格子ベクトルは「長さ」の次元をもち，単位格子の体積は $\Omega_C = \boldsymbol{a}\cdot(\boldsymbol{b}\times\boldsymbol{c})$ であるが，逆格子ベクトルは「1/長さ」の次元をもち，単位格子の体積は $8\pi^3\Omega_C^{-1}$ となる．

例題 1.2

逆格子の単位格子の体積は，結晶格子（正格子）の単位格子の体積を Ω_C とすると，$8\pi^3\Omega_C^{-1}$ で与えられることを示せ．

［**解**］ 基本逆格子ベクトルは，

$$\boldsymbol{A} = \frac{2\pi}{\Omega_C}\boldsymbol{b}\times\boldsymbol{c}, \qquad \boldsymbol{B} = \frac{2\pi}{\Omega_C}\boldsymbol{c}\times\boldsymbol{a}, \qquad \boldsymbol{C} = \frac{2\pi}{\Omega_C}\boldsymbol{a}\times\boldsymbol{b}$$

である．したがって，逆格子の単位格子の体積 $\Omega_C{}^*$ は

$$\begin{aligned}\Omega_C{}^* &= \boldsymbol{A}\cdot(\boldsymbol{B}\times\boldsymbol{C})\\ &= \left(\frac{2\pi}{\Omega_C}\right)^3(\boldsymbol{b}\times\boldsymbol{c})\cdot\{(\boldsymbol{c}\times\boldsymbol{a})\times(\boldsymbol{a}\times\boldsymbol{b})\}\end{aligned}$$

と書ける．ここで，{　} 内のベクトル積は，ベクトルの 3 重積の公式

$$(\boldsymbol{X}\times\boldsymbol{Y})\times\boldsymbol{Z} = (\boldsymbol{X}\cdot\boldsymbol{Z})\boldsymbol{Y} - (\boldsymbol{Y}\cdot\boldsymbol{Z})\boldsymbol{X}$$

に，$\boldsymbol{X} = \boldsymbol{c}$，$\boldsymbol{Y} = \boldsymbol{a}$，$\boldsymbol{Z} = \boldsymbol{a}\times\boldsymbol{b}$ を代入すると，

$$\begin{aligned}\Omega_C{}^* &= \left(\frac{2\pi}{\Omega_C}\right)^3(\boldsymbol{b}\times\boldsymbol{c})\cdot[\{\boldsymbol{c}\cdot(\boldsymbol{a}\times\boldsymbol{b})\}\boldsymbol{a} - \{\boldsymbol{a}\cdot(\boldsymbol{a}\times\boldsymbol{b})\}\boldsymbol{c}]\\ &= \left(\frac{2\pi}{\Omega_C}\right)^3(\boldsymbol{b}\times\boldsymbol{c})\cdot[\{\boldsymbol{c}\cdot(\boldsymbol{a}\times\boldsymbol{b})\}\boldsymbol{a}]\\ &= \left(\frac{2\pi}{\Omega_C}\right)^3 \{\boldsymbol{a}\cdot(\boldsymbol{b}\times\boldsymbol{c})\}^2 = \frac{8\pi^3}{\Omega_C}\end{aligned}$$

となる．よって，逆格子の単位格子の体積は $8\pi^3\Omega_C^{-1}$ で与えられる．

立方格子の逆格子

立方格子を表すには，単純立方格子の結晶軸に平行に直交座標軸をとるの

が便利である．そこで，3 つの結晶軸に平行な単位ベクトル $\boldsymbol{e}_1$，$\boldsymbol{e}_2$，$\boldsymbol{e}_3$ を導入し，立方体の辺の長さを a とする．

単純立方格子では，基本単位格子も立方体であり，基本格子ベクトルは立方体の 3 つの辺に平行にとられる．すなわち，

$$\boldsymbol{a} = a\boldsymbol{e}_1, \qquad \boldsymbol{b} = a\boldsymbol{e}_2, \qquad \boldsymbol{c} = a\boldsymbol{e}_3$$

または，

$$\boldsymbol{a} = a(1, 0, 0), \qquad \boldsymbol{b} = a(0, 1, 0), \qquad \boldsymbol{c} = a(0, 0, 1)$$

となり，単純格子の体積 Ω_C は a^3 である．一方，単純立方格子の基本逆格子ベクトルは，これらの基本格子ベクトルを（1.9）に代入することによって求められ，

$$\boldsymbol{A} = \frac{2\pi\boldsymbol{b} \times \boldsymbol{c}}{\boldsymbol{a}\cdot(\boldsymbol{b} \times \boldsymbol{c})} = \frac{2\pi}{a}\boldsymbol{e}_1, \qquad \boldsymbol{B} = \frac{2\pi}{a}\boldsymbol{e}_2, \qquad \boldsymbol{C} = \frac{2\pi}{a}\boldsymbol{e}_3$$

すなわち，

$$\boldsymbol{A} = \frac{2\pi}{a}(1, 0, 0), \qquad \boldsymbol{B} = \frac{2\pi}{a}(0, 1, 0), \qquad \boldsymbol{C} = \frac{2\pi}{a}(0, 0, 1)$$

となる．したがって，単純立方格子の場合は，逆格子もまた単純立方格子になっている．また，その単位格子の体積 $\Omega_\mathrm{C}{}^*$ は $(2\pi/a)^3$ であり，例題 1.2 で述べた $\Omega_\mathrm{C}{}^* = 8\pi^3/\Omega_\mathrm{C}$ の関係が成り立っている．

面心立方格子の基本格子ベクトルは，前節で示した図 1.6 のようにとられる．すなわち，基本格子ベクトルは，原点にある格子点から面心にある格子点に向かうベクトルで，

$$\boldsymbol{a} = \frac{a}{2}(\boldsymbol{e}_2 + \boldsymbol{e}_3), \qquad \boldsymbol{b} = \frac{a}{2}(\boldsymbol{e}_3 + \boldsymbol{e}_1), \qquad \boldsymbol{c} = \frac{a}{2}(\boldsymbol{e}_1 + \boldsymbol{e}_2)$$

で与えられる．これらの 3 つの基本格子ベクトルは，互いに角 60° を成しており，単位格子は辺の長さが $(\sqrt{2}\,a)/2$ の菱面体になる．単位格子の体積は $a^3/4$ で，立方体の体積の 1/4 である．これは面心立方格子の立方体には 4 個の格子点が含まれているためであって，格子点を 1 個しか含まない基本単位格子では体積は立方体の 1/4 となる．

体心立方格子の基本格子ベクトルは，図1.8のように原点にある格子点から体心にある格子点へ向かうベクトルとして定義される．したがって，

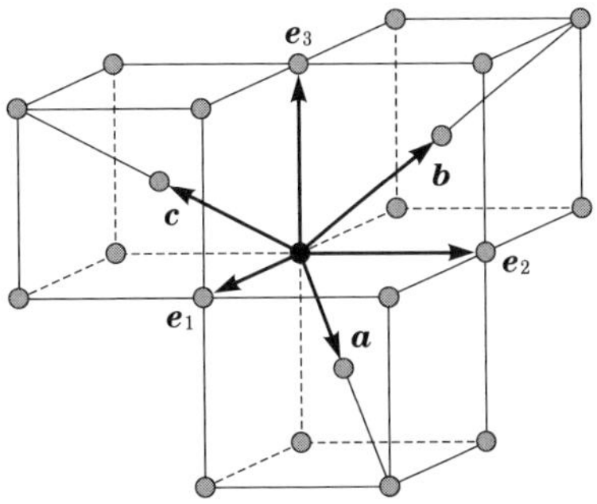

図1.8 体心立方格子の基本ベクトル

$$\boldsymbol{a} = \frac{a}{2}(\boldsymbol{e}_1 + \boldsymbol{e}_2 - \boldsymbol{e}_3)$$

$$\boldsymbol{b} = \frac{a}{2}(-\boldsymbol{e}_1 + \boldsymbol{e}_2 + \boldsymbol{e}_3)$$

$$\boldsymbol{c} = \frac{a}{2}(\boldsymbol{e}_1 - \boldsymbol{e}_2 + \boldsymbol{e}_3)$$

である．これらの3つの基本格子ベクトルは互いに角109.28°を成しており，基本単位格子は一辺が $(\sqrt{3}\,a)/2$ の菱面体である．体心立方格子の立方体には2個の格子点が入っているので，基本単位格子の体積は立方体の半分の $a^3/2$ である．

これらの立方格子の逆格子は，(1.9) にそれぞれの基本格子ベクトルを代

表 1.2 立方晶の基本格子ベクトルと基本逆格子ベクトル

単純立方格子	$\boldsymbol{a} = a(1, 0, 0)$	$\boldsymbol{A} = \frac{2\pi}{a}(1, 0, 0)$
	$\boldsymbol{b} = a(0, 1, 0)$	$\boldsymbol{B} = \frac{2\pi}{a}(0, 1, 0)$
	$\boldsymbol{c} = a(0, 0, 1)$	$\boldsymbol{C} = \frac{2\pi}{a}(0, 0, 1)$
面心立方格子	$\boldsymbol{a} = \frac{a}{2}(0, 1, 1)$	$\boldsymbol{A} = \frac{2\pi}{a}(-1, 1, 1)$
	$\boldsymbol{b} = \frac{a}{2}(1, 0, 1)$	$\boldsymbol{B} = \frac{2\pi}{a}(1, -1, 1)$
	$\boldsymbol{c} = \frac{a}{2}(1, 1, 0)$	$\boldsymbol{C} = \frac{2\pi}{a}(1, 1, -1)$
体心立方格子	$\boldsymbol{a} = \frac{a}{2}(-1, 1, 1)$	$\boldsymbol{A} = \frac{2\pi}{a}(0, 1, 1)$
	$\boldsymbol{b} = \frac{a}{2}(1, -1, 1)$	$\boldsymbol{B} = \frac{2\pi}{a}(1, 0, 1)$
	$\boldsymbol{c} = \frac{a}{2}(1, 1, -1)$	$\boldsymbol{C} = \frac{2\pi}{a}(1, 1, 0)$

入して求められる．表 1.2 に，立方晶系に属する，3 つのブラベー格子の基本格子ベクトルと基本逆格子ベクトルをまとめて示した．これからわかるように，単純格子の逆格子は単純格子に，面心格子の逆格子は体心格子に，体心格子の逆格子は面心格子になっている．このことは立方晶に限らず，一般のブラベー格子でも成り立っている．

ブリユアンゾーン

基本単位格子は，必ずしも平行六面体にとる必要はない．ただ 1 個の格子点を含み，並進移動によって空間を隙間なく埋め尽くすことのできる多面体であれば，すべて基本単位格子にとることができる．そこで，前節で見たウィグナー - ザイツの単位格子を逆格子空間にとってみよう．すなわち，1 つの逆格子点から，隣接するすべての逆格子点へ線分を引き，それらを垂直二等分する平面で囲まれた多面体をつくる．その中で体積の最も小さい多面体が逆格子のウィグナー - ザイツの単位格子である．特に逆格子空間の中で，この多面体が占める領域のことを**第 1 ブリユアンゾーン**とよぶ．また，第 1 ブリユアンゾーンの外側で，2 番目に体積の小さい多面体で囲まれる領域を第 2 ブリユアンゾーンとよび，順次その外側に第 3，第 4，…のブリユアンゾーンが定義される．

単純立方格子の逆格子は単純立方格子である．したがって，最近接逆格子点は基本逆格子ベクトルで表すと，$\pm\boldsymbol{A}$，$\pm\boldsymbol{B}$，$\pm\boldsymbol{C}$ の 6 つとなる．単純立方格子の第 1 ブリユアンゾーンは，これらの 6 つの逆格子ベクトルの各垂直二等分面で囲まれた，辺の長さが $2\pi/a$ の立方体である（図 1.9(a)）．

体心立方格子の逆格子は面心立方格子である．面心立方格子では，立方体の頂点の 1 つに原点をとると，最近接逆格子点は面心の位置になる．そのような等価な面心の位置は 12 個ある．したがって，第 1 ブリユアンゾーンは，原点とそれらの 12 個の逆格子点を結ぶ線分の垂直二等分面がつくる正十二面体である（図 1.9(b)）．

面心立方格子の逆格子は体心立方格子となるため，最近接逆格子点は，原

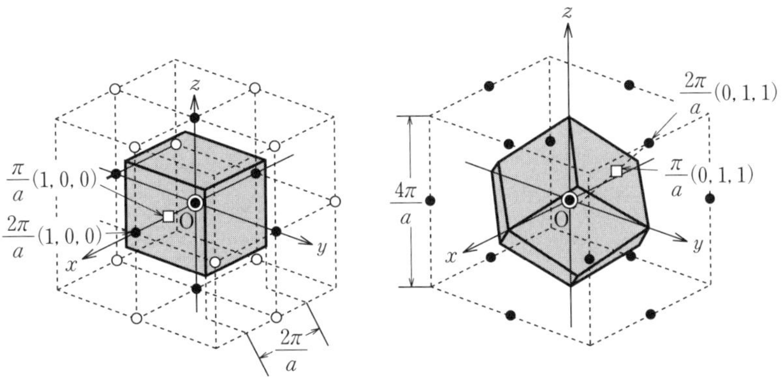

(a)　単純立方格子　　　　(b)　体心立方格子

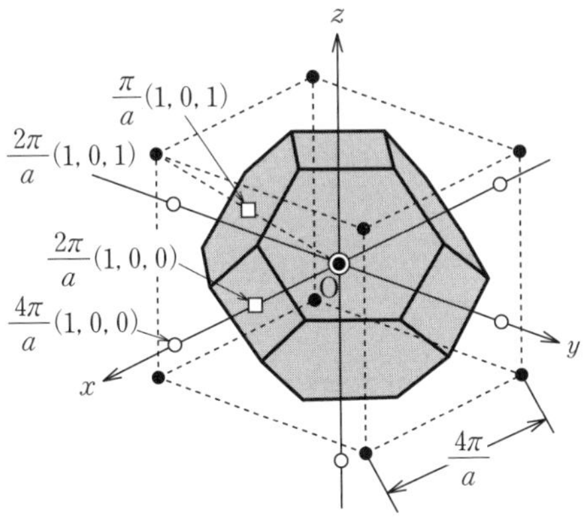

(c)　面心立方格子

図1.9　立方結晶格子の第1ブリユアンゾーン．原点にある◉はブリユアンゾーンの中心にある逆格子点．●と○は，それぞれ原点の最近接格子点と第2近接格子点．単純立方格子と体心立方格子のブリユアンゾーンは◉と●の二等分面である．面心立方格子の場合は，六角形の面は同じく最近接格子点との二等分面だが，正方形の面は第二近接格子点との二等分面である．代表的な近接格子点の座標を示し，それと原点を結ぶ線分の中点となる□の座標も示してある．この点はウィグナー－ザイツ単位格子の1つの面の中央にある．

点を体心の位置にとると立方体の8つの頂点にある．したがって，原点とこれらの頂点とを結ぶ線分の垂直二等分面は正8面体をつくる．しかし，この正八面体の6つの頂点には第2近接逆格子点があるために，体積が最小である第1ブリユアンゾーンは，この正8面体の先端部を，さらに原点とその6つの頂点を結ぶ線分の垂直二等分面で切りとった裁頭形八面体（14面体）となる（図1.9(c)）．

図1.9に，これらの立方晶における3つのブラベー格子の第1ブリユアンゾーンの外形を示しておく．いずれも立方体は逆格子空間の単位格子のサイズを示す．

固体物理学では，かなりの部分で結晶格子内を伝播する波を扱うが，その場合に，この第1ブリユアンゾーンの考え方が重要になる．詳細については，後にそれぞれの章で述べる．

§1.3　固体の凝集機構と結晶構造

原子が結び付いて結晶をつくるためには，まず，原子（イオン）間に引力がはたらかなければならない．もし引力がなければ，原子はバラバラになって，凝集することはできないからである．しかし，一方では，互いに接近しすぎないように原子間には斥力も存在しているであろう．実際に固体の構造は，この引力と斥力のつり合いによって決まっている．すなわち，これまで見てきた固体の結晶格子の種類は，原子間の相互作用の性格が密接に反映しているのである．

2個の原子の間のポテンシャルエネルギーは，正の斥力ポテンシャルエネルギーの寄与と，負の引力ポテンシャルエネルギーの寄与との和から成っている．図1.10は，それを原子間距離 r の関数として定性的に示したものである．2個の原子は離れると負の引力ポテンシャルエネルギーが優勢になって互いに引き寄せられ，接近すると正の斥力ポテンシャルエネルギーが優勢になって反発し合

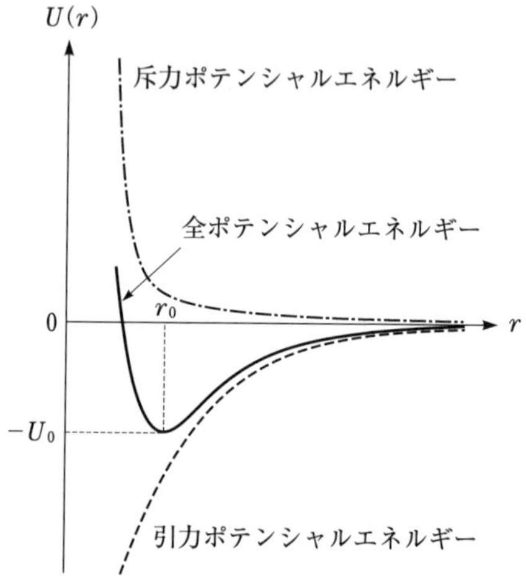

図1.10　2原子間のポテンシャルエネルギー

う．ちょうど原子間距離が r_0 のところで2つの力はつり合い，ポテンシャルエネルギーは最小値になる．この最小エネルギーの深さ U_0 は，安定に結合して結晶をつくっている原子をバラバラにするのに必要なエネルギーの，原子対当りの値を表しており，**結合エネルギー**とよばれる．

原子間の引力の機構は大別すると，**イオン結合**，**共有結合**，**金属結合**，**分子結合**，**水素結合**の5つに分けられる．固体の物理的な諸性質は，この結合の種類によって違っており，また結晶構造も結合の性格と関係している．しかし，斥力の方は，いずれの場合も基本的には同じである．そこでまず，斥力の機構から考えてみることにしよう．

原子間斥力

閉殻構造をもったイオン（原子）はある大きさをもっている．この大きさを決めているのは電子の波動関数の広がりであるが，その広がりにははっきりとした境界があるわけではない．そこで，原子に大きさを与えている電子の分布領域を電子雲とよんでいる．電子雲の電子は基底状態にあって，原子核のクーロンポテンシャルのもとで量子化されたエネルギー準位をエネルギーの低い方から順に占めている．

さて，このような電子雲を互いに接近させていくと，電子雲の間には，まず静電気力による斥力がはたらくようになる．そこで，さらに接近させて電子雲が重なり始めると，一方の原子の電子が相手の原子のエネルギー準位に入ろうとする．しかし，そのような準位はすでに占有されていて，これ以上電子は入れない．1つの準位に収容できる電子の数は，**パウリ（Pauli）の排他原理**のために，スピンの自由度を含めても2個までと制限されているからである．したがって，電子雲が重なり合うには，一方の原子の電子が励起されて相手の原子のさらに高いエネルギー準位に入らなければならない．すなわち，それだけ原子は大きくなろうとする．電子雲が重なり始めると，急に大きな斥力が現れるのはこのためである．

この斥力の機構は一般的であって，原子やイオンの種類によらず共通に見られる．したがって，原子間にはたらく斥力は**近距離力**で，極めて強いのが特徴である．

剛体球モデルと最密充塡構造

斥力の場合と違って，原子間に引力をもたらす機構は元素が周期表のどの位置にあるかに依存する．すでに述べたように，原子間の結合は5つに分類されており，結晶構造はそれらの結合の種類と関係している．5種類の結合の1つ1つについてはこれから順次説明していくが，その前に1つの簡単なモデルを考えよう．

上で述べたように，原子は互いに接触すると急に大きい斥力が現れて，それ以上に接近することを阻んでしまう．そこで，原子をその大きさに等しい剛体球と見なして，それらが何か弱い引力によって引き寄せられて凝集するとしよう．このようなモデルは**剛体球モデル**とよばれる．このとき，剛体球はなるべく隙間が小さくなるように規則的に配列するであろう．そのような充塡率（球によって占められる体積の全体積に対する割合）が最も大きい配列を**最密充塡構造**とよぶ．最密充塡構造は実は無数にあって，その充塡率はいずれも0.74である．ここでは，最密充塡構造の中でも代表的な面心立方構造と六方最密構造の2つについて述べる．

平面内に，隙間が最も小さくなるようにして剛体球を並べると，図1.11に示す**三角格子**ができる．三角格子ではどの剛体球も他の6個の球と接しており，これ以上密に並べることはできない．すなわち，三角格子は2次元最密**充塡構造**である．2次元の場合は，最密充塡構造はこの三角格子ただ1つしかない．

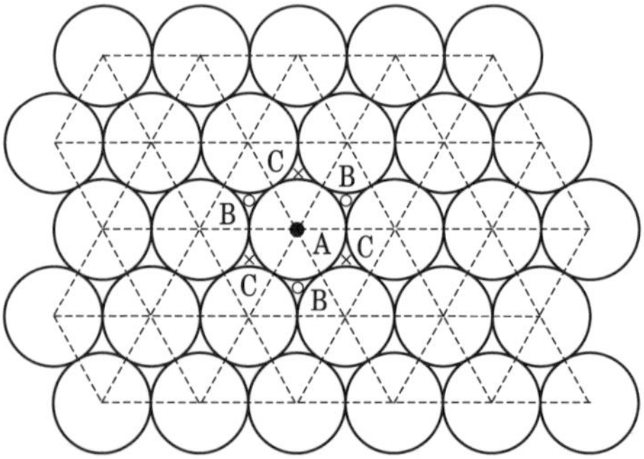

図1.11　2次元最密充塡構造（三角格子）

そこで，1つの三角格子を第1層としてとり，その上に剛体球を積み重ねて，3次元最密充填構造をつくることを考えてみよう．そのために，図1.11のように三角格子面内の特別な3種類の点をA，B，Cと名付ける．Aは第1層の剛体球の中心，BとCは互いに接している3個の球がつくる三角形の中心である．第2層では，各剛体球をA，B，Cのいずれの上に配置しても必ず他の6個の球と接しており，三角格子をつくる．しかし，第1層の球との接触の関係を考えると，3個の球と接するBまたはCの上に置く方が，充填率の点でAの上よりも有利である．すなわち，第2層の剛体球はBまたはCのいずれか一方の上に置けばよい．そこで，図1.12(a)のようにBの上に置くことにしよう．同様にして，第3層は，剛体球を第2層の三角格子の3個の球がつくる三角形の中心の上に配置すればよい．ただしその場

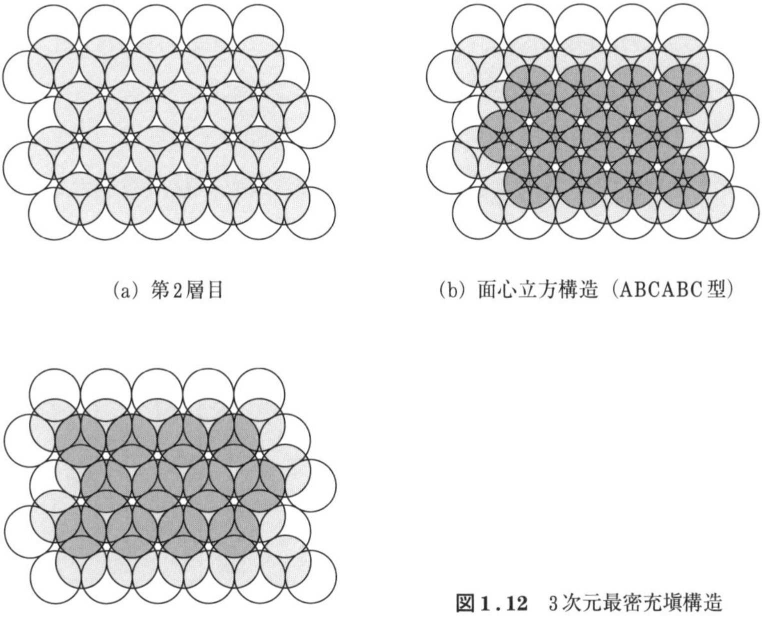

(a) 第2層目

(b) 面心立方構造（ABCABC型）

(c) 六方最密構造（ABAB型）

図1.12　3次元最密充填構造

合，第 3 層の配置には，第 1 層と第 2 層の球のない位置（C の上）に置くか，第 1 層の球の真上（A の上）にくるように置くか，2 通りの並べ方がある．

前者の積み上げ方を続けていくと，ABCABC・・・と 3 周期ごとにくり返す層構造ができる（図 1.12(b)）．これらの各層は，面心立方格子の対角線に垂直な最密（1 1 1）面に一致している（図 1.13 参照）．したがって，この ABCABC・・・構造は**面心立方（f. c. c）格子構造**に他ならない．

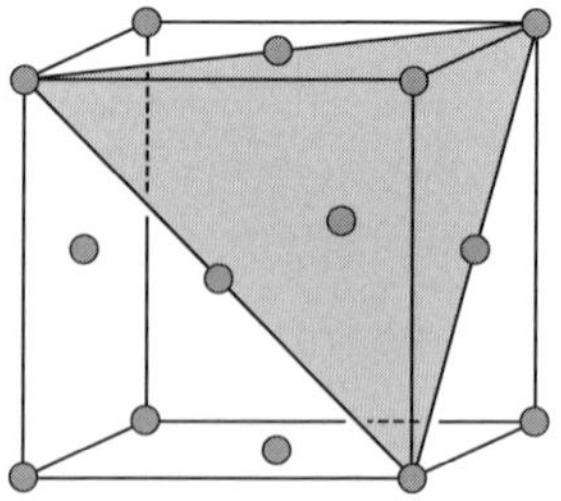

図 1.13　面心立方格子の最密(111)面

一方，後者は A 層と B 層を交互に積み上げるので ABAB・・・型になる（図 1.12(c)）．これは第 2 層の球を C の位置に置けば ACAC・・・型になるが，この 2 つの配列は区別がなく，全く同等である．このように三角格子が交互にくり返される配列は**六方最密(h. c. p)構造**とよばれる．

六方最密構造の結晶格子は図 1.14 に示す六方格子であって，単位格子は頂角が 120° の菱形を底辺とする直角柱で，中に A 層と B 層の原子をそれぞれ 1 個ずつ含んでいる．格子定数の比 c/a は $(8/3)^{1/2} = 1.633$ で，この比は理想的な c/a とよばれている．

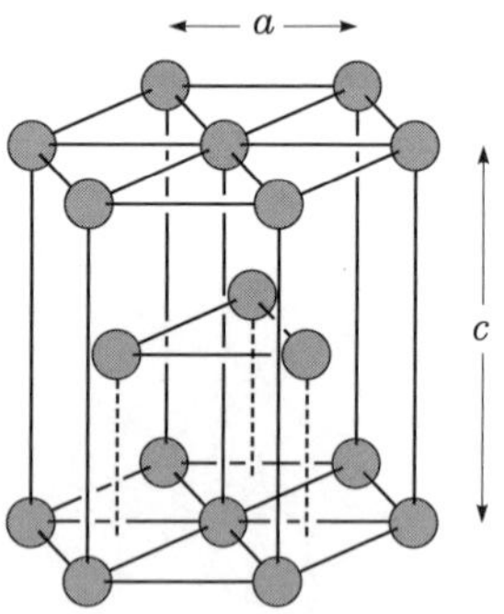

図 1.14　六方格子

A，B，C の 3 種類の層の積み重ねのパターンは無数に存在しており，いずれも充塡率は同じで 0.74 である．したがって，**3 次元最密充塡構造**は可能性としては無数に考えられる．実際の結晶ではそれほど多くは存在していないが，例えば ABACABAC・・・のような長周期の積層構造も存在している．

表 1.3　配位数と充塡率

構　造	配位数	充塡率
面心立方（f.c.c）	12	0.74
六方最密（h.c.p）	12	0.74
体心立方（b.c.c）	8	0.68
単純立方（s.c）	6	0.52
ダイヤモンド構造	4	0.32

剛体球を充塡したときの充塡率は，**配位数**と密接に関係している（配位数とは着目するイオンを囲む最近接イオンの数である）．面心立方（f. c. c）構造と，六方最密（h. c. p）構造はともに配位数が 12 であるが，体心立方（b. c. c）構造では 8，単純立方（s. c）構造では 6，ダイヤモンド構造では 4 である．表 1.3 に各構造について，配位数と充塡率を示しておく．

分子結合とファン・デル・ワールス結晶

すでに述べたように，2 つの原子間のポテンシャルエネルギーは，正の斥力ポテンシャルエネルギーの寄与と負の引力ポテンシャルエネルギーの寄与との和から成っており，それが最小になる原子間距離 r_0 が存在する．したがって，ポテンシャルが球対称であって，特定の方向性をもたない場合には，原子を半径が $r_0/2$ の剛体球と見なして，その結晶構造を説明することができる．ここでは，このような**剛体球モデル**が最もよく適用できる希ガスの原子や安定な分子（H_2，O_2 など）の凝集した固体を考えよう．

周期表の第Ⅷ列に位置する希ガス原子は閉殻構造をとっている．したがって，もし電子雲が静的で原子核に対して球対称ならば，原子核の正電荷は電子雲の負電荷によって打ち消されて，原子は全体としては電気的に中性になり，このままでは電子雲の外側には電気力をおよぼさない．しかし，原子は剛体球のように硬いわけではなく，電子雲は原子核の周りで揺らいでいる．そのため電荷分布は平均的には球対称であっても，各瞬間を見ると球対称からずれていて原子に電気双極子モーメントが生じ，外部に電場をつくることになる．この電場は近くにある第2の原子を分極させて，電気双極子モーメントを誘起させる．その結果，初めの原子と第2の原子との間に，**ファン・デル・ワールス力**（Van der Waals force）とよばれる弱い引力が生じる．安定な分子間にはたらく弱い引力も，同様の機構によるファン・デル・ワールス力である．

ファン・デル・ワールス力のポテンシャルエネルギーは原子間距離の6乗に逆比例する．このことを次の例題で定性的に導いてみよう．

例題 1.3

ファン・デル・ワールス力のポテンシャルエネルギー U は，原子間距離 r の6乗に逆比例することを定性的に導け．

［**解**］ 2つの中性原子A，Bが距離 r だけ離れているとしよう．ある瞬間に原子Aに電気双極子モーメント $\boldsymbol{p}_{\mathrm{A}}$ が現れると，この $\boldsymbol{p}_{\mathrm{A}}$ のために原子Bの位置には，

$$E_{\mathrm{A}} \sim \frac{p_{\mathrm{A}}}{4\pi\varepsilon_0 r^3}$$

程度の大きさの電場ができる．この電場によって原子Bは分極し，

$$\boldsymbol{p}_{\mathrm{B}} = \alpha \boldsymbol{E}_{\mathrm{A}}$$

の電気双極子モーメント $\boldsymbol{p}_{\mathrm{B}}$ が誘起される．ここで，α はB原子の電子分極率である．

したがって，この $\boldsymbol{p}_{\mathrm{B}}$ と電場 $\boldsymbol{E}_{\mathrm{A}}$ との相互作用，つまり，原子Aの電気双極子モーメント $\boldsymbol{p}_{\mathrm{A}}$ と原子Bの電気双極子モーメント $\boldsymbol{p}_{\mathrm{B}}$ との相互作用のため，原子AとBとの間に引力ポテンシャルエネルギー

$$U = -\boldsymbol{p}_{\mathrm{B}}\cdot\boldsymbol{E}_{\mathrm{A}} = -\alpha E_{\mathrm{A}}{}^2 \sim -\frac{p_{\mathrm{A}}{}^2}{(4\pi\varepsilon_0 r^3)^2}$$

が生じる．これは $p_{\mathrm{A}}{}^2$ に比例しているため，$\boldsymbol{p}_{\mathrm{A}}$ が揺らいでいてその時間平均がゼロであっても，常に有限の値をもっている．よって，中性の2原子間にはたらくファン・デル・ワールス力のポテンシャルエネルギーは，原子間距離の6乗に逆比例する．

希ガスの原子間には，近づくとパウリの原理による強い斥力がはたらき，離れると弱いファン・デル・ワールス力がはたらく．そのような2原子間のポテンシャルエネルギーは，

$$U(r) = 4\varepsilon\left[\left(\frac{\sigma}{r}\right)^{12} - \left(\frac{\sigma}{r}\right)^{6}\right] \tag{1.12}$$

と表すことができる．ここで，ε と σ はパラメータであって，ε はポテンシャルの極小値を表し，そのときの原子間距離を r_0 とすると，$r_0 = 2^{1/6}\sigma \cong 1.12\sigma$ となる．これは，半経験的に求められた式で，**レナード - ジョーンズ(Lennard - Jones)のポテンシャル**とよばれている．2つの原子間にはたらく力は $-dU/dr$ で与えられ，これが正ならば斥力，負ならば引力になる．

ポテンシャルエネルギーが最小となる原子間距離 r_0 は $-dU/dr = 0$ から求められる．希ガス原子が凝集して固体となるときは，最隣接原子間隔が r_0 程度になるように配列すればよく，その場合，剛体球モデルがおよそ成り立っているとすれば，配位数が最大になる構造，つまり最密充填構造をとることが期待される．実際に，低温で永久液体となる He を除いて，Ne, Ar，Kr，Xe は固体では面心立方構造をとっている．

希ガス結晶の凝集エネルギー U_t は，原子の振動エネルギーを無視すると，結晶内のすべての原子対に対してのレナード - ジョーンズのポテンシャル (1.12) の和で与えられる．したがって，結晶内に N 個の原子がある場合，凝集エネルギー U_t は最隣接原子間の距離を a とすると，

$$U_t = \left(\frac{N}{2}\right)4\varepsilon\left[A\left(\frac{\sigma}{a}\right)^{12} - B\left(\frac{\sigma}{a}\right)^{6}\right] \tag{1.13}$$

となる．ここで A，B は，i 原子を基準にとって，j 番目の原子までの距離 r_{ij} を a を用いて $p_{ij}a$ と表したときの p_{ij} についての和 $A = \sum_j{}' p_{ij}{}^{-12}$，$B = \sum_j{}' p_{ij}{}^{-6}$ である．これらの和は全原子についてとられる．また，(1.13) の因子1/2は各原子対を2度数えているためである．2つの級数の和 A，B の

値は計算されており，面心立方構造の場合は

$$A = 12.13188, \qquad B = 14.45392$$

である．いずれも収束が速いために，配位数の12に近い値になる．

最隣接原子間距離の平衡値 a_0 は，(1.13) の凝集エネルギー U_t を a で微分して，導関数をゼロとおくことによって得られる．

$$\frac{dU_t}{da} = -2N\varepsilon\left[12A\left(\frac{\sigma^{12}}{a^{13}}\right) - 6B\left(\frac{\sigma^6}{a^7}\right)\right] = 0 \tag{1.14}$$

これより，面心立方構造の場合は元素に関係なく，

$$\frac{a_0}{\sigma} = 1.09 \tag{1.15}$$

と得られる．表1.4に a_0 の観測値と，気相での**第2ビリアル係数**の測定から求められた希ガス原子の ε と σ の値を示しておく．これからわかるように，(1.15) と観測値から得られた結果はかなりよく一致している．

表 1.4　希ガス原子の ε，σ および a_0 の値

元素	ε/k_B[K]	σ[nm]	a_0[nm]
He	10.0	0.256	
Ne	34.9	0.278	0.313
Ar	119.8	0.340	0.376
Kr	117	0.360	0.401
Xe	221	0.410	0.435

面心立方構造をもつ希ガス結晶の，絶対零度，0気圧における凝集エネルギーは，A と B の値および (1.15) の値を (1.13) に代入して求められ，

$$U_t = -8.60N\varepsilon$$

となる．

イオン結晶

NaClのようなI族のアルカリ金属原子とVII族のハロゲン原子から成るアルカリハライドや，CaSのようなII族の原子とVI族の原子の組み合わせから成る結晶は**イオン結晶**とよばれる．これらのイオン結晶は正負のイオン

からつくられており，異符号のイオン間のクーロン力によって結合している．このようなクーロン力に起因した原子間の結合を，**イオン結合**という．イオン結晶の場合も，結晶の構造が引力とパウリの排他原理による斥力とのつり合いから決まる点では，前項で見た分子結合によるファン・デル・ワールス結晶と同じである．しかしファン・デル・ワールス力と違って，クーロン力は長距離力であり，また，正負のイオンの大きさに違いがあるため，後で見るようにイオン結晶は最密充塡構造とは別の構造をとる．

イオン結晶は，I（またはII）族の原子からVII（またはVI）族の原子へ電子が移動して閉殻構造のイオンができることによって形成される．このことを例にとって考えてみよう．Na と Cl の自由原子およびイオンの電子配列は

	原子	イオン
Na：	$(1\,s)^2(2\,s)^2(2\,p)^6(3\,s)^1$	$(1\,s)^2(2\,s)^2(2\,p)^6$
Cl：	$(1\,s)^2(2\,s)^2(2\,p)^6(3\,s)^2(3\,p)^5$	$(1\,s)^2(2\,s)^2(2\,p)^6(3\,s)^2(3\,p)^6$

である．これからわかるように，自由な Na 原子は閉殻の外側に 1 個の 3 s 電子をもっており，Cl 原子は閉殻に対して電子が 1 個不足している．そこで，Na 原子から Cl 原子へ 3 s 電子が移動して，Na イオンと Cl イオンになり，それが結合して Na^+Cl^- になったときに，どれだけのエネルギーの利得があるかを調べてみよう．

中性原子の最も外側にある電子を 1 個とり，それを無限遠まで運び去るのに必要なエネルギーを，その原子の**イオン化エネルギー**という．これに対して，中性原子に余分の電子を 1 個束縛させるときに放出されるエネルギーは**電子親和力**とよばれる．Na 原子のイオン化エネルギーは 5.14 eV であり，Cl 原子の電子親和力は 3.64 eV である．したがって，自由な Na 原子と Cl 原子から孤立した Na^+ と Cl^- をつくると，差し引き 1.5 eV の損失になる．しかし，これらのイオンは互いに接近することによって，クーロン力によるポテンシャルエネルギーを得することができる．NaCl 結晶の中での Na イ

オンと Cl イオンとの最隣接距離は 0.281 nm である．この距離まで両イオンを接近させたときのクーロン力のポテンシャルエネルギーは －5.1 eV となる．したがって，離れて置かれた Na と Cl の中性原子対に比べると，結晶中の Na^+ と Cl^- の対は －3.6 eV（＝ －5.1 ＋ 5.14 － 3.64）だけ系のエネルギーが下がっている．

同様の事情は，すべてのアルカリハライドについて見られる．アルカリ原子からハロゲン原子への電子の移動にともなうエネルギーの損失が比較的小さいために，これらの原子はイオンになり，クーロン力によって凝集して結晶をつくっている．表 1.5 に，アルカリ原子のイオン化エネルギーとハロゲン原子の電子親和力を示しておく．

表 1.5　アルカリ原子のイオン化エネルギーとハロゲン原子の電子親和力

原子	イオン化エネルギー	原子	電子親和力
Li	5.39 eV	F	3.4 eV
Na	5.14	Cl	3.64
K	4.34	Br	3.36
Rb	4.18	I	3.06
Cs	3.89		

アルカリハライドの結晶構造はすべて立方晶系である．多くのアルカリハライドは，大気圧のもとで NaCl 構造（図 1.15）をとっており，一部 CsCl，CsBr，CsI だけが CsCl 構造（図 1.16）をとる．いずれの構造も静電ポテンシャルエネルギーを下げるために，正負のイオンが互いに相手を囲む配置になっている．最隣接イオンの数は，NaCl 構造が 6 個，CsCl 構造が 8 個である．

イオン結晶の凝集エネルギーは，その大半がクーロン相互作用からきている．これは斥力が非常に近距離力であって，平均のイオン間距離ではクーロン力に比べて小さい寄与しか与えないからである．もちろん，引力相互作用にはファン・デル・ワールス力の部分も含まれているが，その割合は 1～2％

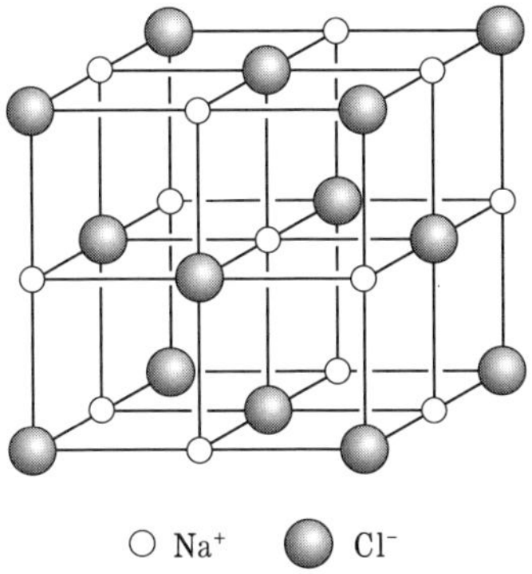

図 1.15　NaCl構造

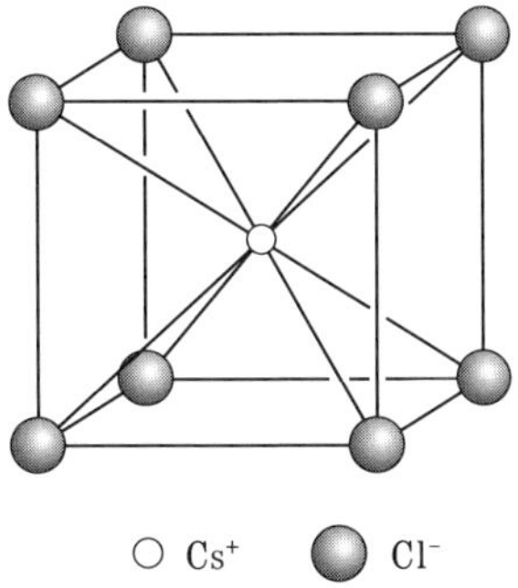

図 1.16　CsCl構造

と極めて小さい．そこで，イオン結晶の凝集エネルギーを，イオンの代わりに各格子点に点電荷を置き，それらの点電荷間の静電エネルギーの和として求めてみよう．イオン結晶の場合，この点電荷モデルはかなり良い近似でその凝集エネルギーを与える．

i 番目と j 番目のイオン間の**クーロン相互作用エネルギー** U_{ij} は，点電荷モデルでは，

$$U_{ij} = \frac{(\pm)_{ij}e^2}{4\pi\varepsilon_0 r_{ij}} = \frac{(\pm)_{ij}}{p_{ij}}\frac{e^2}{4\pi\varepsilon_0 a} \tag{1.16}$$

と表される．ここで，a は最隣接イオン間の距離で $r_{ij} = p_{ij}a$ である．また，複号は i 番目のイオンと j 番目のイオンが同種であれば正，異種であれば負をとるものとする．したがって，i 番目のイオンに対して他のすべてのイオンがおよぼすクーロン力によるポテンシャルエネルギーの和 U_i は，

$$U_i = \sum_j{}' U_{ij} = -\alpha\left(\frac{e^2}{4\pi\varepsilon_0 a}\right) \tag{1.17}$$

と書くことができる．ここで，和は $i = j$ を除いたすべてのイオンについて行われる．また，

$$\alpha = \sum_j{}' \frac{(\pm)_{ij}}{p_{ij}} \tag{1.18}$$

は，i 番目のイオンの位置にも電荷の符号にも関係せず，結晶構造のみによって決まる定数であって，**マーデルング**（**Madelung**）**定数**とよばれる（Σ に付けたダッシュは $j=i$ を除いて和をとることを表す）．(1.18) において，i 番目のイオンから遠くの位置にある正負のイオンからのマーデルング定数への寄与は互いに相殺するため，右辺の和は収束する．

結局，正負のイオン N 個ずつから成るイオン結晶では，その凝集エネルギー U_t は

$$U_t = NU_{ij} = -N\alpha\left(\frac{e^2}{4\pi\varepsilon_0 a}\right) \tag{1.19}$$

となる．ここで，アルカリハライドの 2 つの結晶構造に対するマーデルング定数は

NaCl 構造：　$\alpha = 1.7476$

CsCl 構造：　$\alpha = 1.7627$

と求められている．

例題 1.4

正負のイオンが交互に並んだ 1 次元イオン結晶のマーデルング定数を計算せよ．

［**解**］ 図のように，距離 a で，正負のイオンが交互に整列した 1 次元イオン結晶を考え，1 つの負のイオンを原点にとる．マーデルング定数 α は，(1.18) から

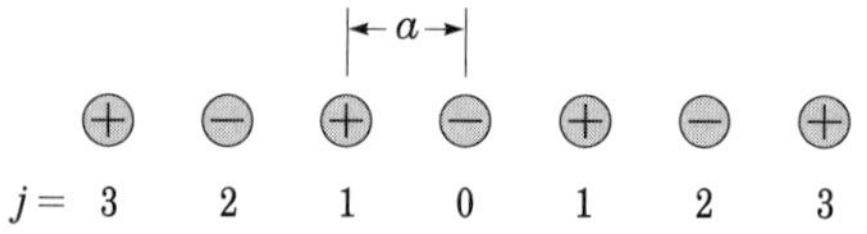

$$\alpha = \sum_{j \neq 0} \frac{(\pm)_{0j}}{p_{0j}}$$

で与えられる．ただし，$(\pm)_{0j}$ は j が正イオンであれば正で，j が負イオンであれ

ば負であって，p_{0j} は

$$p_{0j} \equiv \frac{r_{0j}}{a} = |j|$$

である．したがって，α は

$$\alpha = 2\left(1 - \frac{1}{2} + \frac{1}{3} - \frac{1}{4} + \cdots\right)$$

となる．右辺の因子の2は，原点のイオンから左右等距離のところに同種のイオンが1個ずつ存在しているために現れる．右辺の（　）の中の和は，次の級数展開において $x = 1$ とおいたものに等しく，

$$\ln(1 + x) = x - \frac{x^2}{2} + \frac{x^3}{3} - \frac{x^4}{4} + \cdots$$

より，

$$\alpha = 2 \ln 2$$

と得られる．

結合と反結合

これまでに見てきたファン・デル・ワールス結晶やイオン結晶では，結合状態にある原子は自由原子と同じ電子配置をとっていた．しかし，共有結合の場合は，原子は自由原子の基底状態とは異なる電子状態をとり，隣接原子との間に波動関数の重なりをつくることによって結合が生じる．このことを理解するために，1個の電子を共有した2原子分子のモデルを考えよう．

最も簡単な例として，水素分子イオン（H_2^+）を考える．図1.17のように，1個の電子が2個の水素原子核A，Bからそれぞれ r_A，r_B の距離にあり，原子核間の距離を R と

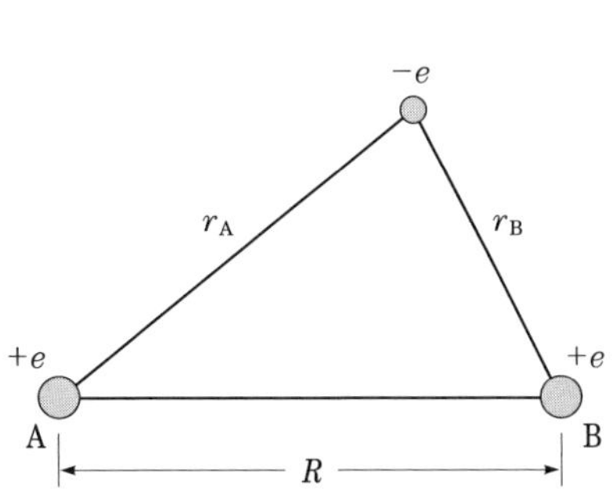

図1.17　水素分子イオン

すると，この分子のハミルトニアン H は，

$$H = -\frac{\hbar^2}{2m}\nabla^2 - \frac{e^2}{4\pi\varepsilon_0 r_{\mathrm{A}}} - \frac{e^2}{4\pi\varepsilon_0 r_{\mathrm{B}}} + \frac{e^2}{4\pi\varepsilon_0 R} \qquad (1.20)$$

となる．ここで，右辺の第1項は電子の運動エネルギー，第2項と第3項は電子とそれぞれの原子核とのクーロン相互作用エネルギーで，最後の項は2つの原子核同士のクーロン相互作用エネルギーである．

分子内を運動する電子の波動関数は，シュレーディンガー方程式

$$H\psi = E\psi \qquad (1.21)$$

の解で与えられるが，(1.21) は厳密には解くことができない．そこで，適当な近似解を仮定して，基底状態のエネルギーの期待値

$$E = \int \psi^* H\psi \, d\tau \qquad (1.22)$$

を求めてみることにしよう．

水素原子核間の距離 R がボーア半径 a_{B} に比べて十分に大きいときには，電子は孤立した原子のどちらか一方の 1s 軌道に局在している．ここでは，両方の原子にまたがる分子軌道の波動関数を ψ として，2個の原子核のそれぞれを中心とした 1s 軌道の波動関数 ψ_{A}，ψ_{B} の線形結合

$$\psi = c_{\mathrm{A}}\psi_{\mathrm{A}} + c_{\mathrm{B}}\psi_{\mathrm{B}} \qquad (1.23)$$

を仮定する．ここで，電子の電荷分布は2つの原子核に対して対称でなければならないから，${c_{\mathrm{A}}}^2 = {c_{\mathrm{B}}}^2$，すなわち $c_{\mathrm{B}} = \pm c_{\mathrm{A}}$ である．したがって，ψ の可能な波動関数は2つ存在して，

$$\psi_{\pm} = N_{\pm}(\psi_{\mathrm{A}} \pm \psi_{\mathrm{B}}) \qquad (1.24)$$

と表される (図1.18)．

ここで，$\psi_{\pm}$ を規格化して $N_{\pm}$ を求めると，2つの波動関数は

$$\psi_{+} = \frac{1}{\{2(1+S)\}^{1/2}}(\psi_{\mathrm{A}} + \psi_{\mathrm{B}}), \qquad \psi_{-} = \frac{1}{\{2(1-S)\}^{1/2}}(\psi_{\mathrm{A}} - \psi_{\mathrm{B}}) \qquad (1.25)$$

となる．ただし，2つの水素原子核 A，B の 1s 軌道の波動関数 ψ_{A}，ψ_{B} は

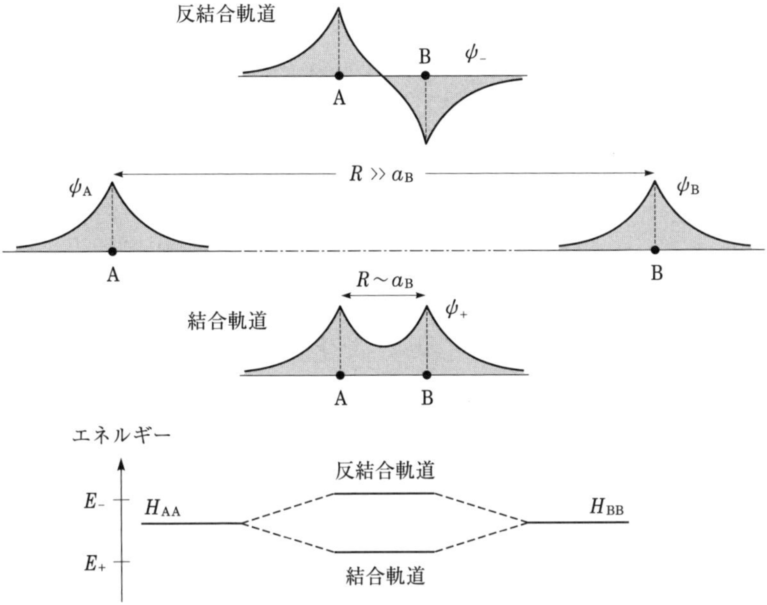

図1.18 水素分子イオンにおける結合と反結合

どちらも実数で，規格化されているものとしている．また，

$$S = \int \psi_A{}^* \psi_B \, d\tau \tag{1.26}$$

は ψ_A と ψ_B の重なり積分である．2つの原子核が十分遠くに離れているときは $S = 0$ となり，逆に2つの原子核が完全に重なると $S = 1$ となる．

(1.25) の2つの波動関数に対するエネルギーの期待値 $E_\pm$ は容易に求めることができる．いま，

$$\left.\begin{aligned} H_{AA} &= \int \psi_A{}^* H \psi_A \, d\tau \\ H_{BB} &= \int \psi_B{}^* H \psi_B \, d\tau \\ H_{AB} &= \int \psi_A{}^* H \psi_B \, d\tau \end{aligned}\right\} \tag{1.27}$$

とおくと，分子軌道 ψ_+ と ψ_- のエネルギーは

$$E_\pm = \frac{H_{AA} \pm H_{AB}}{1+S} \tag{1.28}$$

と得られる．ここで，$H_{AA} = H_{BB}$ は孤立した水素原子の 1s 軌道の準位である．また，このような単純な系では行列要素はすべて負のエネルギーになるので，(1.27) の H_{AA}，H_{AB} はともに負の値をとり，(1.28) では E_+ の方が E_- よりも低エネルギーとなる．

図 1.18 は，2 つの原子核が近づいて互いに波動関数に重なりが生じると，初めのエネルギー準位 $H_{AA} = H_{BB}$ が 2 つの分子準位に分裂する様子を示している．エネルギーの低い分子準位に対応する波動関数 ψ_+ は**結合軌道**とよばれ，エネルギーの高い分子準位に対応する波動関数 ψ_- は**反結合軌道**とよばれる．結合軌道では電子の電荷密度の大半が 2 つの原子核の間に存在することによって，それらの原子核を引き付けて結合状態を形成している．これに対して反結合軌道の場合は，2 つの原子核の間で，電子の電荷密度に節ができるため結合状態は形成されない．

結合軌道にはスピンが上向きと下向きの 2 個の電子が収容できる．2 個の水素原子が結合して水素分子が形成されるのは，それぞれの電子が結合軌道を占めることによって，分子全体としてのエネルギーが下がるためである．このような結合は，2 個の原子が 2 個の電子を共有することによって起こるので，**共有結合**とよばれる．

共有結合結晶

共有結合結晶の最も際立った特徴は，配位数が少なく，したがって充填率の小さいことである．標準的な共有結合結晶構造の 1 つであるダイヤモンド構造では，隣接原子は 4 個で，これはファン・デル・ワールス結晶やイオン結晶のそれと比べて最も少ない（表 1.3）．この共有結合結晶の少ない配位数は，その結合の性質に関係している．

共有結合では，原子間に負電荷を局在させることによって，2つの原子を結び付けている．したがって，各原子の波動関数の空間的な重なりが結合の強さを決めることになる．水素分子のように，共有される電子がs電子の場合には，波動関数が球対称であるため，その重なりは原子間の距離だけで決まり，結合は等方的である．しかし，p電子やd電子のように波動関数に方向性があると，その重なりは2つの原子の並ぶ方向に依存するため，結合も強い方向性をもつ．結合に方向性があると，もはや剛体球を充塡するように原子を配列することはできなくなり，その結果，充塡率の低い構造がとられる．これが共有結合結晶の配位数を小さくしている理由である．

共有結合結晶では，隣接する原子の重なりが大きいほどその凝集エネルギーが低くなる．そこで，その重なりを最大にするように電子の原子軌道を組み替えて新しい電子の分子軌道がつくられる．このように，原子軌道を組み替えることを**混成**といい，混成によってつくられた分子軌道を**混成軌道**とよぶ．ここでは，そのような混成軌道の代表的な例として，炭素（C）原子の**ダイヤモンド構造**と**グラファイト構造**に見られる**sp^{3}混成軌道**と**sp^{2}混成軌道**について述べよう．

C原子の電子配置は $(1\,s)^2(2\,s)^2(2\,p)^2$ であるから，最外殻には4個の電子があり，その内の2個が2つのp軌道を1個ずつ占めている．この電子配置を見ると，炭素結晶では，それぞれ1個の電子によって占められた2つのp軌道が，隣接C原子と共有結合をつくることが期待される．しかし，もし外殻電子の4つの原子軌道（2s軌道と3つの2p軌道）のすべてが共有結合に与ることができれば，エネルギーの降下はさらに大きくなるかもしれない．実際にダイヤモンドでは，2s軌道（ϕ_s）と3つの2p軌道（ϕ_{p_x}, ϕ_{p_y}, ϕ_{p_z}）の線形結合によってつくられる次の4つの混成軌道が実現されており，各軌道を電子が1個ずつ占めている．

$$\begin{aligned}\phi_1 &= \frac{1}{2}(\phi_s + \phi_{p_x} + \phi_{p_y} + \phi_{p_z}) \\ \phi_2 &= \frac{1}{2}(\phi_s - \phi_{p_x} + \phi_{p_y} + \phi_{p_z}) \\ \phi_3 &= \frac{1}{2}(\phi_s + \phi_{p_x} - \phi_{p_y} + \phi_{p_z}) \\ \phi_4 &= \frac{1}{2}(\phi_s + \phi_{p_x} + \phi_{p_y} - \phi_{p_z})\end{aligned} \tag{1.29}$$

この新しい混成軌道は sp^3 混成軌道とよばれ，C 原子を正四面体の中心に置くと，4 つの軌道はそれぞれ正四面体の頂点に向いて伸びた形状をしている（図 1.19）．したがって，それらの各頂点に別の C 原子があると，それから伸びた混成軌道との重なりによって，4 つの隣接原子のすべてと共有結合がつくられる．その際，各 C 原子においては，sp^3 混成軌道をつくるために，2 s 軌道の 1 個の電子が 2 p 軌道へ励起されなければならないが，その励起エネルギーは混成軌道の重なりによるエネルギーの減少によって十分に補われる．

このような正四面体配置を周期的に並べて 3 次元空間を充填すると，ダイヤモンドの結晶構造（図 1.20）になる．炭素だけでなく周期表の同列にあるシリコン（Si）やゲルマニウム（Ge）もこのダイヤモンド構造をとっている．

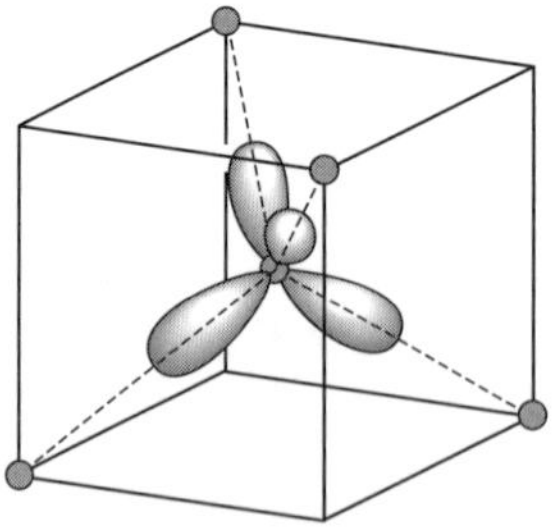

図 1.19　sp^3 混成軌道

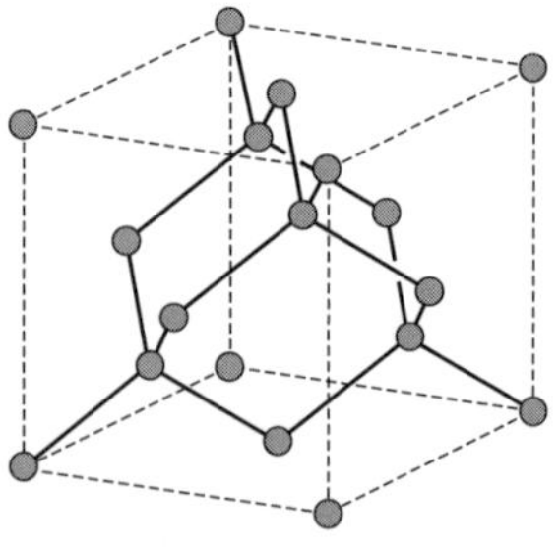

図 1.20　ダイヤモンドの結晶構造

ダイヤモンド構造は，2つの面心立方格子を，その対角線方向に1/4だけずらして重ねた構造と見ることもできる（章末の演習問題［8］）．そこで，2つの面心立方格子に異なる種類の原子が入った結晶構造も存在しており，**ジンクブレンド構造**（または，**閃亜鉛鉱構造**）とよばれる．ジンクブレンド構造では，2種類の原子が互いに他種の原子を正四面体配置で囲んでいる（図1.21）．この構造をとるものには ZnS, ZnO, GaAs, InSb, CdSe などがある．

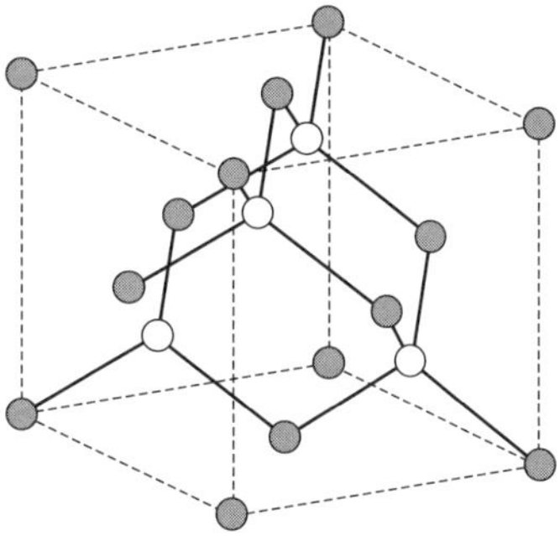

図1.21　ジンクブレンド構造：異なる原子によって占められた2つの面心立方格子が，互いに対角線方向に1/4だけずれて重なった複合構造．

Cがダイヤモンド構造をとるのは，数ギガパスカル（Gpa）以上の高圧下であって，それ以下の低圧下では通常はグラファイト構造とよばれる別の構造がとられる．しかし，ダイヤモンド構造は低圧下でも準安定相として存在しており，ダイヤモンドは宝石や工業用などに用いられている．グラファイト構造では，C原子間の結合に sp^2 混成軌道とよばれる平面混成軌道が使われる．これは1個の2s軌道（ϕ_s）と2個の2p軌道（ϕ_{p_x}, ϕ_{p_y}）を組み合わせて3個の混成軌道をつくり，それに残りの2p軌道（ϕ_{p_z}）を加えた4つの軌道に電子が1個ずつ入る．混成軌道は xy 平面上に互いに120°を成す方向に伸びており，その方向の隣接C原子と共有結合をして2次元六角格子をつくる．一方，z 方向に伸びた残りの2p軌道は隣り合う面のC原子といわゆる π 結合をつくる．グラファイト結晶はこうしてつくられたCの層が互いに弱いファン・デル・ワールス力によって結合したものである（図1.22）．

グラファイトのように，2次元格子をつくる原子層が弱い結合力で積み重なってできた結晶を**層状結晶**とよぶ．層状結晶は容易にへき開され，また層

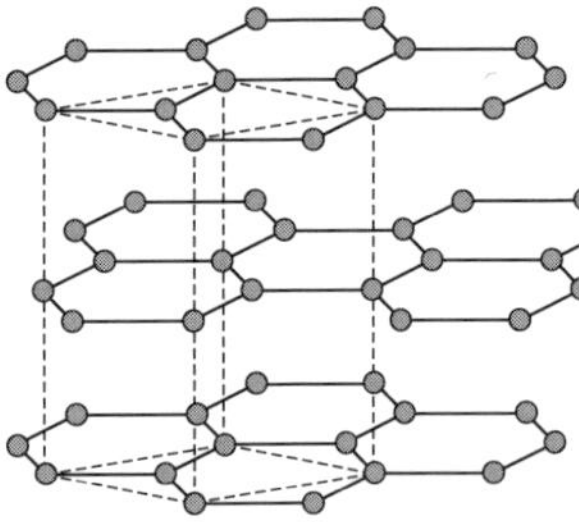

図 1.22　グラファイトの結晶構造

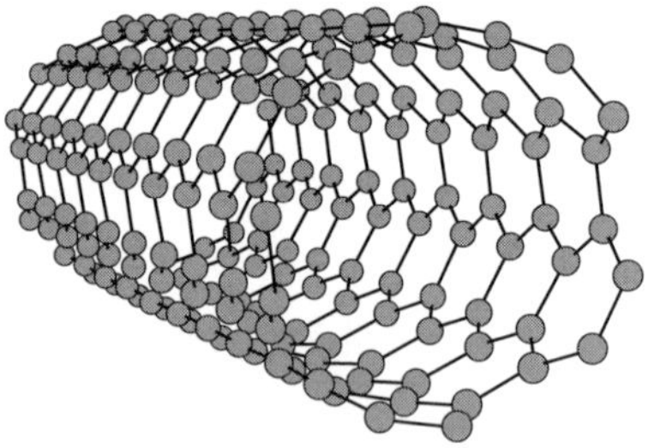

図 1.23　カーボンナノチューブ

間には他種の原子や分子を挿入することができる．特に，グラファイトの層間にそのような異物質を挿入したものを**グラファイトインタカレーション**(GIC) という．グラファイトにアルカリ金属を挿入すると超伝導を示すことが見出されている．

最近，グラファイトの単層または数層を半径がナノメートル程度の筒状に丸めた**カーボンナノチューブ**が注目を集めている（図 1.23）．それぞれの筒は同心円筒状になっており，各筒の半径の差はほぼグラファイトの層間の距離に等しい．また，筒の長さは 1 μm であり，半径に比べて非常に長い．カーボンナノチューブはこれまでになかった新しい物質であり，将来の分子スケールのエレクトロニクスの材料として注目されている．

金属結合

金属では，これまで見てきたイオン結晶や共有結合結晶と違って，最外殻電子は原子軌道や分子軌道に縛り付けられないで，結晶の中を自由に動きまわっている．例えば，ナトリウム（Na）金属の場合，3 s 電子を放出した Na 原子は Na^+ イオンになり，規則正しく配列して体心立方の結晶をつくっており，一方，原子から放出された 3 s 電子はその結晶内を動き回っている．このように原子の束縛を離れて自由に動きうる電子を**伝導電子**とよぶ．電気伝導性と熱伝導性に優れ，大きな展性と延性をもち，金属光沢を示すという，金属がもっているいくつかの際立った特徴は，すべてこの伝導電子の存在に由来している．

金属結合は，イオン結合や共有結合のような2個のイオンの間の結合ではなく，多数の原子が集団として凝集する金属固有の結合様式である．金属の中を運動している伝導電子は，自由原子に束縛されているときに比べてエネルギーが下がっている．この伝導電子のエネルギーの低下分が金属を凝集させている結合エネルギーである．典型的な金属であるアルカリ金属について，この凝集の機構を定性的に見ることにしよう．

いま，Na原子を規則正しく並べて結晶格子をつくったとする．原子間隔が十分に離れているときは，各Na原子は自由原子の状態を保っている．しかし，この状態から隣接原子の間隔をある程度まで小さくしていくと，やがて，最外殻の3s軌道の電子雲が互いに接触して押し合いを始める．その結果，3s電子は自由原子の3s軌道よりもさらに狭い空間に閉じ込められることになる．

量子力学によれば，ある領域 Δr の中に閉じ込められた電子は，不確定性原理のために $\hbar/\Delta r$ 程度の運動量をもつ．したがって，電子は狭いところに閉じ込められるほど大きな運動エネルギーをもつことになる．電子の運動エネルギーが十分に大きくなれば，もはや電子をそれぞれの原子核の周りに束縛しておくよりも，結晶中に広がった状態にした方がエネルギー的に低くなり，有利になる．このようにしてNa金属の3s電子は伝導電子となって結晶の中を動き回れるようになると考えられる．

3s軌道上の電子は軌道の半径を r とすると，

$$K = \frac{1}{2}\left(\frac{\hbar}{r}\right)^2 \tag{1.30}$$

程度の運動エネルギーをもっている．一方，軌道を離れて伝導電子になると，電子の波動関数は平面波で表されるようになり，その運動エネルギーは波数ベクトルを $\boldsymbol{k}$ とすると，

$$E(\boldsymbol{k}) = \frac{\hbar^2 |\boldsymbol{k}|^2}{2m} \tag{1.31}$$

で与えられる．このエネルギーは，0から**フェルミ（Fermi）エネルギー**（$\approx K$）の間に量子化されて分布しているが，電子はフェルミ粒子であるから，$\boldsymbol{k}$ で指定される状態に低い方からスピンの自由度も加味して順に2個ずつ詰まっていく．したがって，Na原子が集まってNa金属になると，伝導電子1個当り約 $K/2$ 程度の運動エネルギーの減少が見込まれる．

一方，電子間にはクーロン斥力がはたらいており，この相互作用エネルギーは，電子をそれぞれの原子に束縛しておいた方が低い．したがって，電子の運動エネルギーとこのクーロンエネルギーの和だけを考えると，孤立したNa原子の集合の全エネルギーの方がまだ低い．しかし，3s電子が伝導電子になると電子の波動関数が広がるため，1個の電子が多数の正イオンと相互作用することができる．このクーロン引力相互作用を考慮すると，Na原子の集合は，原子間隔をある適当な距離まで接近させると，3s電子が結晶中に広がった状態がエネルギー的に安定になる．このようにしてNa原子は凝集し，Na金属になると考えられている．

一般にアルカリ金属のように，伝導電子が自由電子に近い場合には，大体以上に述べた機構によって金属結合が実現していると考えられる．しかし，鉄（Fe）やタングステン（W）のような遷移金属の場合は，結合に与るd電子が3s電子に比べて局在性が強いために，むしろ一種の共有結合ネットワークをつくって結合に寄与している．いずれにしても，金属結合は，イオンとイオンの中間領域に電子を蓄積することによって生じる結合の極限の形といえる．

水素結合

中性の水素（H）原子は1個の電子しかもたないにもかかわらず，しばしば他の2個の原子を引き付けて，それらとの間に結合を形成することがある．この結合を**水素結合**という．水素結合は，H原子が最も軽い原子であって，電子を失った陽子（水素の原子核）が極めて小さいことから生じる水素固有の結合様式である．水素結合は，フッ素（F）や酸素（O）などの電気陰性度の大きい原子との間にのみ形成されることから，次のように考えられている．

H 原子が酸素のような電気陰性度の大きい原子 A と共有結合をつくるとき，H 原子はその電子を相手の原子に与えてしまい，自身は裸の陽子となる．この残された陽子が第 2 の電気的に陰性な原子 B を引き付けて，水素結合 A − H…B が形成される．このとき，陽子のサイズが極めて小さく，その上，電子による遮蔽効果もほとんどないために，陽子を挟んで隣り合った A，B 原子は互いに極めて接近することになる．そのため，A，B 原子間の距離は，結合がファン・デル・ワールス結合であると仮定した場合に比べて小さくなっている．水素結合の結合力は，イオン結合や共有結合に比べるとかなり弱く，A − H…B の結合エネルギーはおよそ 0.1 eV 程度である．

水素結合が，水の物理的，化学的性質に重要な役割を演じていることはよく知られている．氷の結晶構造は，図 1.24 に示すように，各 O 原子が四面体配置にある 4 つの隣接 O 原子に囲まれているが，これらの O 原子を結び付けているのが水素結合である（図 1.25）．氷は融けて液相の水になるが，液相へ転移した後も，水の中には水素結合で結合した水分子の錯体が残存し

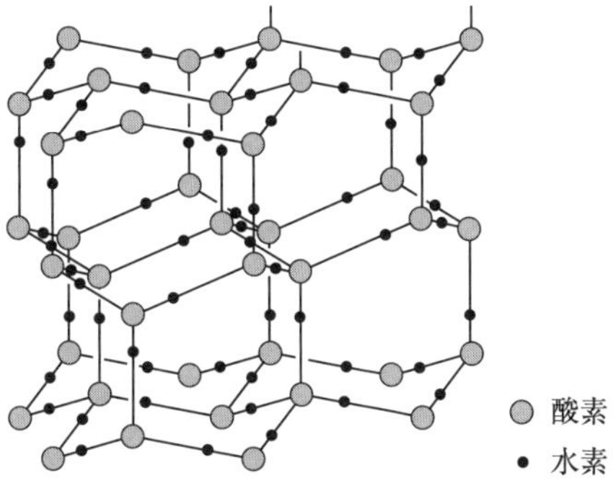

図 1.24　氷の結晶

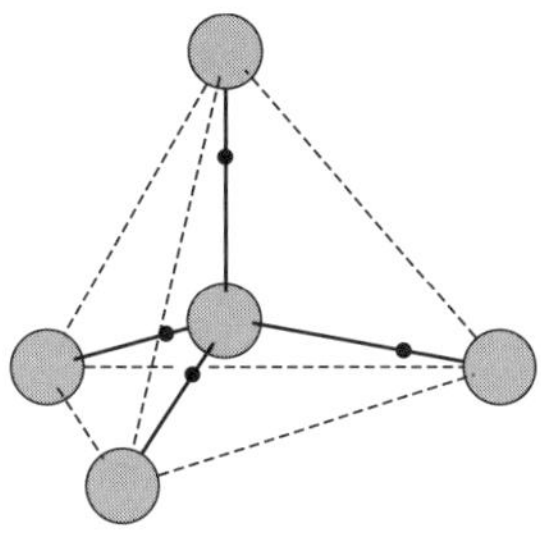

図 1.25　酸素の四面体配置と水素結合

ている．そのため，0℃から温度を上げていくと，体積の大きな錯体が融けるため，初めは水の密度が増大する．錯体の融解が終わった4℃より上では，水の熱膨張にともなって，逆に密度は温度上昇とともに減少するため，水の密度は4℃で最大となる．

水素結合は，またタンパク質や核酸などの高次構造の形成と安定化にも重要な役割を果たしている．DNA分子の**2重らせん構造**の2本の分子鎖を結び合わせているのも水素結合である．

§1.4　並進対称性のない秩序構造

自然界には，並進対称性はもたないがランダムではなく，原子が規則正しく秩序配列した物質がある．ここでは，そのような**非周期構造**として，**不整合構造**と**準結晶**の2つをとり上げる．

不整合構造

これまで見てきた結晶構造では，原子は周期的に規則正しく配列していた．このような並進対称性をもつ構造を，ここでは**基本構造**とよぶことにしよう．いま，ある基本構造が，何かの理由で空間的に変調を受けた場合を考えてみる．もし，基本構造の周期と変調の周期の比が有理数で与えられるならば，単位格子をとり直すことによって，新たな周期をもつ周期構造ができるにすぎない．しかし，その比が無理数になる場合は，原理的にその構造はいかなる並進周期ももたないことになる．このような構造を**不整合構造**または**インコメンシュレート構造**とよぶ．

不整合構造は，低次元導体，強誘電体，合金，不定比化合物，磁性体，高分子，表面など，広く固体全般に見られ，その変調の型も，基本構造からの微小な原子変位による変調，分子性結晶における分子の配向周期の変調，合金や不定比化合物における原子配置にかかわる変調など，その関連する物性により多様である．ここでは，不整合構造が最も簡単に見られる1次元導体の場合をとり上げよう．

前節で見たように，金属では最外殻電子は原子の束縛を離れて伝導電子になり，結晶の中を自由に運動している．この伝導電子の運動エネルギーは量子化されており，低温では電子はエネルギー準位を低い方から順に 2 個ずつ占めている．このようにして伝導電子によって占められた準位の最高エネルギー値がフェルミエネルギーである．このフェルミエネルギーで運動する電子の波長 λ_F は，基本格子の格子定数 a よりも少し大きい．そのため，伝導電子系と格子系の間に相互作用が生じる．この相互作用エネルギーを下げるには，格子定数を少し大きくしてフェルミ波長に近づけるように格子が変形しなければならない．しかし，結晶のこのような変形には大きな歪みエネルギーがともなうため，一般にはこのような変形は生じない．

原子が間隔 a で周期的に並んだ 1 次元導体の場合は，格子系の変形にともなう歪みエネルギーが比較的小さいため，低温で電子系と格子系との結合によって，原子の位置にわずかな変調が生じ，電子密度に波長 λ の空間変調が成長する．この場合，電子の電荷密度の平均値からのずれ $\delta\rho(x)$ は周期 λ_F の周期関数となり，

$$\delta\rho(x) = \rho_0 \cos \frac{2\pi a}{\lambda} \tag{1.32}$$

で近似することができる．ここで，a/λ が有理数 M/N であって M と N が互いに素であると，変調構造は N の並進周期をもっており，整合構造となる（図 1.26 は $N = 7$ の場合を模式的に示している）．しかし，a/λ_F が無理数であると N は無限大になり，変調構造は有限の並進周期はもたず，その

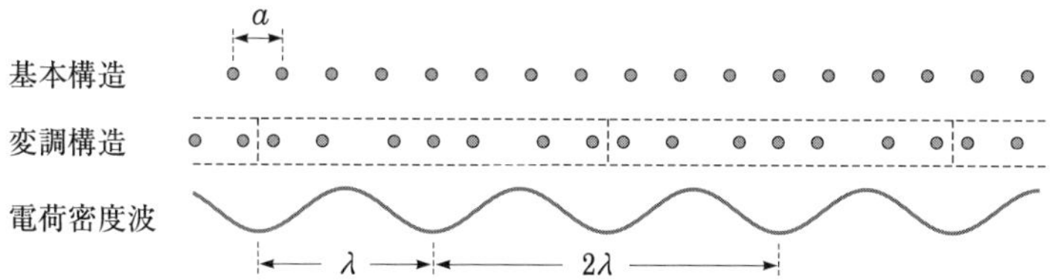

図 1.26　電荷密度波による 1 次元導体の整合変調構造．
灰色の丸は結晶の格子点を示す．

場合は不整合構造となる.

準 結 晶

§1.1で見たように，5回回転対称性は結晶格子の並進対称性とは相容れない．したがって，「結晶には5回回転対称軸が存在しない」ことが結晶学の常識であった．ところが，このような常識に反して，1984年にシェヒットマン（Schechtmann）らは液体から急冷されたAl-Mn合金の中に5回回転対称性を示すものを発見した．

図1.27はAl_6Mnの電子線回折写真であるが，円周上に10個の点が並んでおり，この固体の原子配列が5回回転対称をもつことを示している．このような結晶の回折像については，次の章で改めて詳しく解説するが，図1.27の像は**ラウエ（Laue）像**とよばれ，電子線が結晶の回転対称軸に平行に入射するとその回転対称性を反映した回折パターンを示す．シェヒットマンらは，電子線の入射角を変えてラウエ像を観測し，この合金には6本の5回対称軸と，10本の3回対称軸，さらに15本の2回対称軸が存在することを見出した．これは，ちょうど正20面体（図1.28）に見られる対称性である．

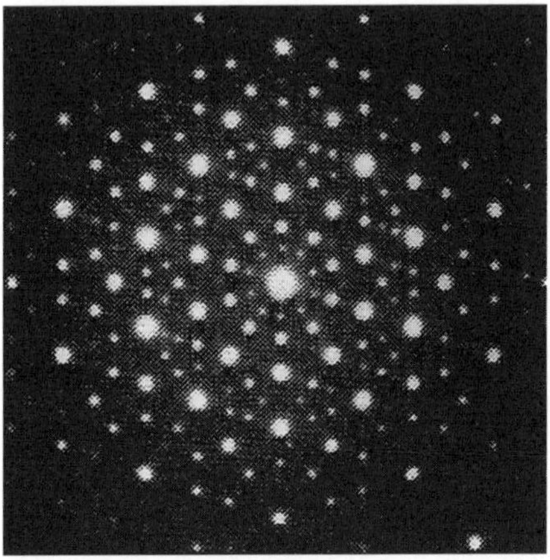

図1.27　Al_6Mnの電子線回折像
（D. Schechtmann, I. Blech, D. Gratias and J. W. Cahn：Phys. Rev. Lett. **53**（1984）1951）

こうして，このAl-Mn合金は正20面体の対称性をもつことが確かめられたのである．もちろん，5回回転対称性を含む正20面体の対称性は，前で述べたように，周期的な並進対称性とは相容れるものではない．しかし，これによって，並進対称性と抵触する空間対称性をもつ原子配列が存在する

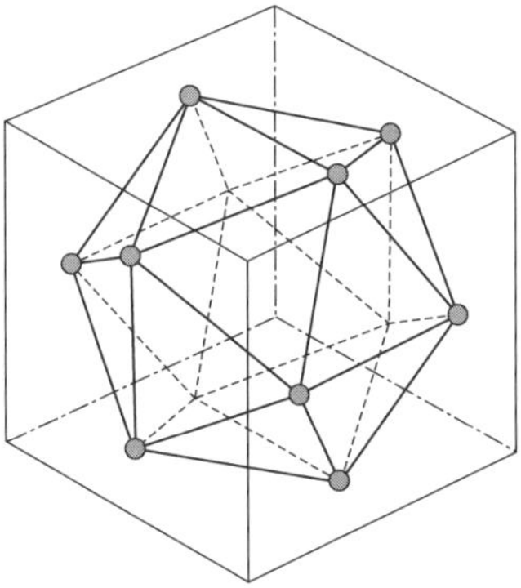

図1.28　正20面体：12の頂点，20の三角形の面，30の辺をもつ．
頂点を通る6本の5回軸，三角形の面の中心を通る10本の3回軸，辺の中点を通る15本の2回軸がある．

ことが明らかになった．そこで，このような固体に対して**準結晶**または**準周期結晶**という言葉が導入された．

準結晶は，アルミニウムと遷移金属の合金などで，液体状態から適当な速度で急冷することによって形成される．また，準結晶はアニールする（焼きなます；適当な温度に加熱し，その後徐冷する熱処理法）と相転移して結晶になることがわかっている．したがって，準結晶は準安定状態にある相と考えることができる．

図1.29は，Al-Mn-Si系合金に形成された正20面体準結晶の5回回転軸方向から撮られた高分解能電子顕微鏡像である．白いスポットは原子そのものには対応してはいないが，準結晶の幾何学的特徴をよく反映している．各スポットは5回回転方向に *dl* と *ds*

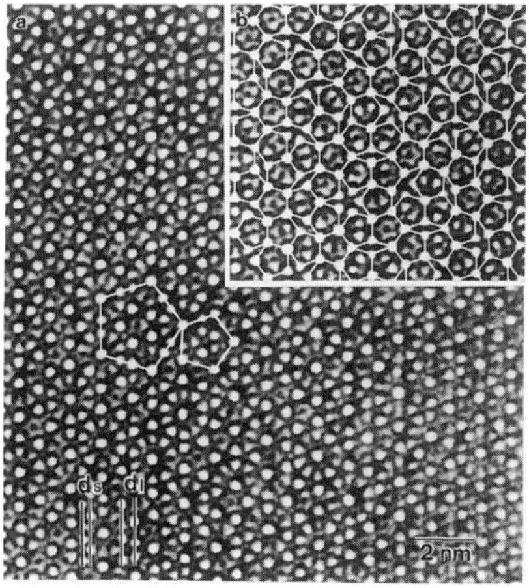

図1.29　Al-Mn-Si系合金（$Al_{0.74}Mn_{0.20}Si_{0.06}$）に形成された正20面体準結晶の5回対称軸から撮られた高分解能電子顕微鏡像（東北大学金属材料研究所 平賀賢三氏 提供）

の間隔（dl は ds の黄金比 $\tau = \sqrt{5} + 1/2$ 倍）で直線上に並んでおり，配列に周期は見られないが，種々のサイズの正五角形をつくっている．また，写真右上の b のように，白いスポットを結ぶと正五角形のタイル貼りができる．

準結晶の原子配列を理解する上で大きな役割を果たしたのが，1974 年にペンローズ（Penrose）によって発見された 5 回対称性をもつタイルでの平面の埋め尽くし，つまり**ペンローズタイル貼り**である．平面を周期的に埋め尽くすには，タイルは 1 種類あればよい．しかし，ペンローズのタイル貼りには 2 種類のタイルが用いられる．すなわち，内角が 72° と 108° の太めの菱形タイルと，内角が 36° と 144° の細めの菱形タイルであって，これらの 2 種類のタイルの面積比がちょうど黄金比になっている．ペンローズは隣り合った菱形タイルをあるルールに従ってつなぎ合わせることによって，図 1.30 のように平面を埋め尽くせることを示した．

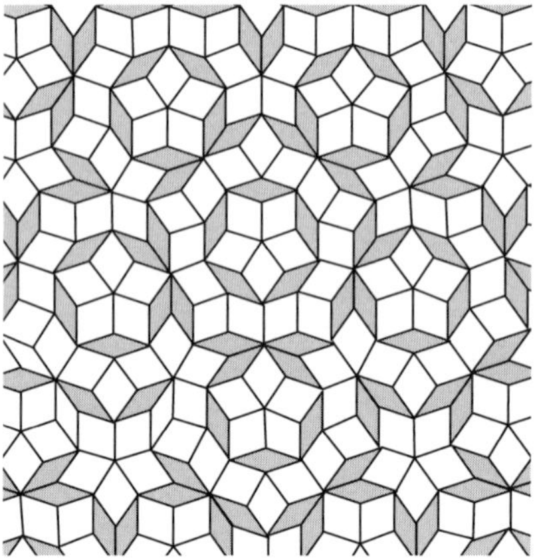

図 1.30　ペンローズタイル貼り

このペンローズのタイル貼りを 3 次元に拡張するには，タイルの代わりにレンガを用いればよい．この場合，レンガは正 20 面体を記述す

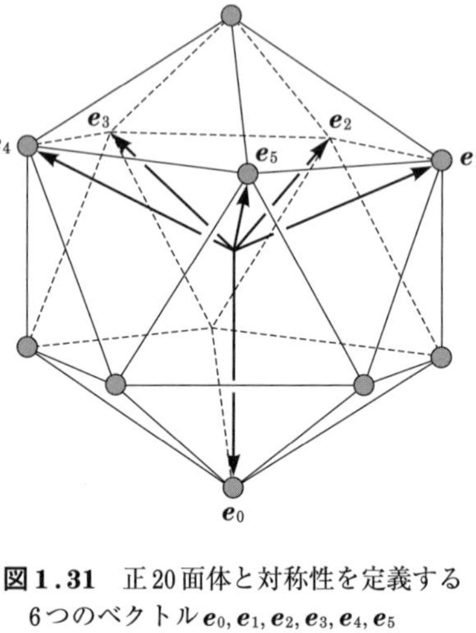

図 1.31　正 20 面体と対称性を定義する 6 つのベクトル $e_0, e_1, e_2, e_3, e_4, e_5$

る6つのベクトル（図1.31）でつくられる2種類の平行六面体（各面が菱形でできている）である．この2種類のレンガをあるルールに従って並べていけば，空間を埋め尽くすことができる．このようにしてでき上がった構造はもちろん周期的な並進対称性はもたないが，正20面体の対称性をもっている．準結晶はこのような構造をしていると考えられている．

最密充塡構造とケプラーの予想

§1.3で考えたように，剛体球を最も密に充塡（パッキング）するには，まず，ビリヤードの球をラックに入れるように，球をきちんと並べて三角格子の層をつくり，その上に順次別の層をくり返し重ねていけばよい．そのような最密充塡構造の1つが，八百屋の店先に山積みされたオレンジなどに見られる面心立方構造である．これらの最密充塡構造では球体が全有効空間の0.74を占めており，これよりも稠密な充塡はない．

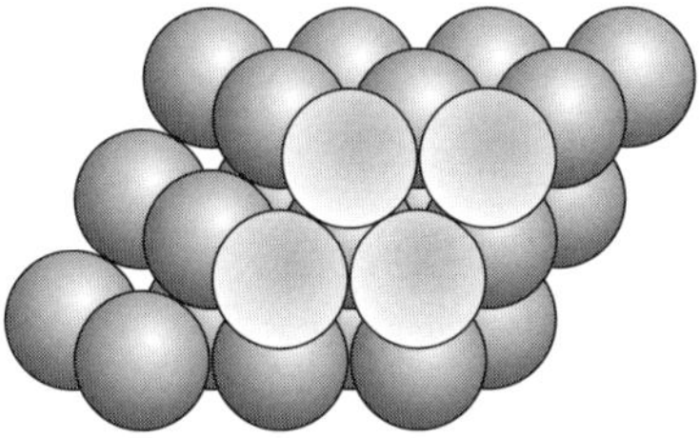

最初に，この最密充塡構造に関心を持ったのはケプラー（Kepler）であった．彼が，惑星軌道の間にプラトンの5種類の正多面体を内接および外接させた入れ籠形の天球モデルを考えていたことはよく知られている．したがって，彼が立体構造に関心をもっていたことはさほど不思議なことではない．1611年に，ケプラーは「面心立方構造よりも密度の高い充塡はありえない」と主張している．このケプラーの予想は，その後証明をされないまま，多くの数学者やほとんどすべての物理学者たちによって，疑う余地のないものとして受け入れられてきた．そのため，この**ケプラーの予想**の証明が，ごく

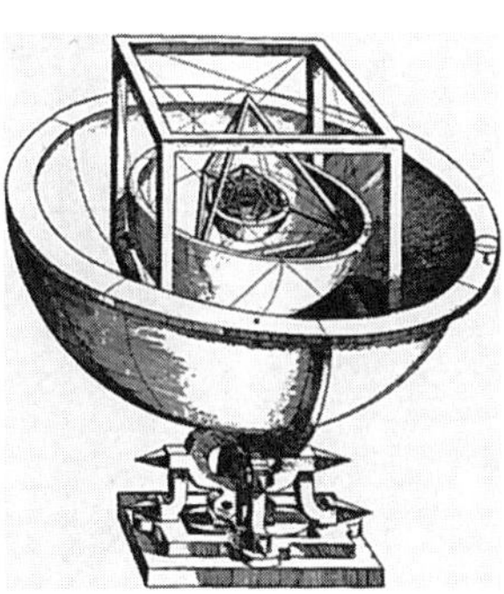

Johannes Kepler：Mysterium Cosmographcum（1596年）より

最近まで“最も古い未解決の数学上の難問の1つ”であったことはあまり知られていない.

この問題の難しさは，それがもっているいくつかの「非一意性」，例えば本文でも述べたように，面心立方構造と同じ密度の充塡構造が無数にあることや，面心立方構造では，1つの球は他の12個の球に接しているが，この12個の球の配列の仕方がまた無数にあることなど，解が一意的でないことにある．しかし1998年に，トーマス・C・ヘールズ（Hales, T. C）が，これらの困難を克服する方法を発見し，「ケプラーの予想を証明した」と宣言した．彼の手法は極めて複雑で厄介なものであるが，多くの数学者は彼の証明には疑う理由は見当たらないと考えている．こうしてケプラーの予想は，387年ぶりに，やっと正しいことが証明されたのである.

演習問題

［**1**］ 結晶格子に回転軸があるときは，その回転軸に垂直な基本並進ベクトルが存在することを証明せよ.

［**2**］ ミラー指数（$h\,k\,l$）の結晶格子面と逆格子ベクトル $\boldsymbol{K} = h\boldsymbol{A} + k\boldsymbol{B} + l\boldsymbol{C}$ は直交することを示せ.

［**3**］ 隣り合った2枚の（$h\,k\,l$）面の面間隔 d は

$$d = \frac{2\pi}{|\boldsymbol{K}|}$$

で与えられることを示せ．ただし，$\boldsymbol{K} = h\boldsymbol{A} + k\boldsymbol{B} + l\boldsymbol{C}$ である.

［**4**］ 2次元三角格子のウィグナー - ザイツの単位格子を作図せよ．また，隣接格子点間の距離を a として，その面積を求めよ.

［**5**］ 面心立方構造をとる金（Au）の密度は $19300^3\,\mathrm{kg\cdot m^{-3}}$ である．原子を剛体球と見なし，隣接原子は互いに触れ合っているとして，金原子の原子半径を求めよ.

［**6**］ イオン間の近距離斥力相互作用エネルギーが $Br_{ij}{}^{-n}$ で表されるものとして，1価に帯電した正負のイオン N 個ずつから成るイオン結晶の凝集エネルギー U_t

に対する，この斥力相互作用の寄与を求めよ．

［7］ 圧力 P のもとに置かれた体積 V の結晶の圧縮率 K は

$$K = -\frac{1}{V}\frac{dV}{dP}$$

で与えられる．NaCl 構造をとるイオン結晶について，［6］における近距離斥力ポテンシャルのベキ数 n を K を用いて表せ．

［8］ ダイヤモンド構造における正四面体結合の間の成す角を求めよ．また，このダイヤモンド構造は 2 つの面心立方格子の複合型であることを示せ．

2 結晶の中の波動
周期構造からの回折

前章で調べたように，多くの固体は，原子が規則的に周期配列した結晶格子によってできている．今日では，固体表面に限れば，高分解能電子顕微鏡や原子間力顕微鏡，トンネル型電子顕微鏡などを用いることによって，その原子配列の直接像を観察することが可能である．しかし，固体の内部の原子配列，つまり結晶構造の詳細を調べるには，X 線や電子線，中性子線などを用いた回折実験によらなければならない．これは，これらの電磁波や粒子波の回折過程が結晶構造の周期的性質に最も敏感であることを利用した測定方法だからである．

電磁波が固体に入射すると，その振動電場によって結晶内の各原子に電子の双極子振動が誘起され，この双極子振動が新たな電磁波の波源となって，さらに同じ振動数の電磁波の球面波が放射される．電磁波の波長が光学領域にあるときは，波長が結晶の格子定数に比べて大きいために，各原子によって散乱された波が重ね合わされて通常の屈折が起こることになる．しかし，X 線のように，波長が結晶の格子定数程度か，またはそれよりも小さいときは，周期的に並んだ原子から散乱された電磁波は，入射方向に対してある特定の角度の方向で位相が揃い，その方向に強く散乱されることになる．これが X 線回折である．

固体物理学では，結晶内を伝播する波動は，このような構造解析のための X 線や粒子線だけでなく，後の章で見るように，格子振動の波（**フォノン**）や静止した結晶格子の中を伝播する電子波，結晶の中の原子に局在したスピンの励起（**スピン波**）などいろいろなタイプの波が登場する．これらの波は，いずれも結晶の並進対称性を壊すような励起が結晶内で波として伝播する現象である．

この章では，まず，結晶内を伝播する波の回折の一般理論について述べ，次にその回折の理論を使って，結晶構造をどのようにして探るかを学ぶ．最後に，結晶内の励起波について重要な**ブロッホ（Bloch）の定理**について述べる．

§2.1　回折の理論

一定の方向に伝播する平面波のような1次元の波は，その角振動数 ω と波長 λ によって特徴づけることができる．その場合，波長は波形の山と山との間隔を表しており，イメージがしやすい．しかし，3次元の空間を伝播する波の場合は，波長だけでなく，波の伝わる方向と向きをも問題にしなければならない．そこで，波動の数学的な取扱いにおいては，波動を特徴づける量として，波長に代わって**波動（波数）ベクトル** $\boldsymbol{k}$ なる量が用いられる．これは大きさが $2\pi/\lambda$ で，波の伝播する方向と向きをもったベクトル量である．この節では，原点を任意にとったとき，位置ベクトル $\boldsymbol{r}$ で示される点における波動の振幅を $A\exp\{i(\boldsymbol{k}\cdot\boldsymbol{r}-\omega t)\}$ のように複素数形式で表現することにする．

ブラッグの法則

回折の数学的な取扱いに入る前に，結晶による，X線（粒子線の場合も事情は同じである）の回折条件をわかりやすい式で表した**ブラッグの法則**について述べておこう．

前章で見たように，結晶では，同じミラー指数で指定される同等な格子面が等間隔で並んでいる．そこで，そのような平行な格子面の組にX線が面から測って角度 θ で入射した場合を考えてみよう．格子面は薄く銀メッキした鏡のように入射波の一部しか反射しないと仮定すると，入射したX線は，図2.1(a) のように，互いに相続いて並んだ格子面によって反射される．しかし，角度 θ が任意の場合は，そのようにして各面から反射されたX線は，一般には位相が揃っていないために互いに打ち消し合ってしまう．しかし，各面から反射されてきたX線の位相が揃っていると，反射波は干渉して互いに強め合うため，回折波を生ずる．

この回折波が生ずる条件は次のようにして導かれる．いま，図2.1(b) のように，間隔が d に保たれた一組の平行な格子面A，Bを考えよう．X線

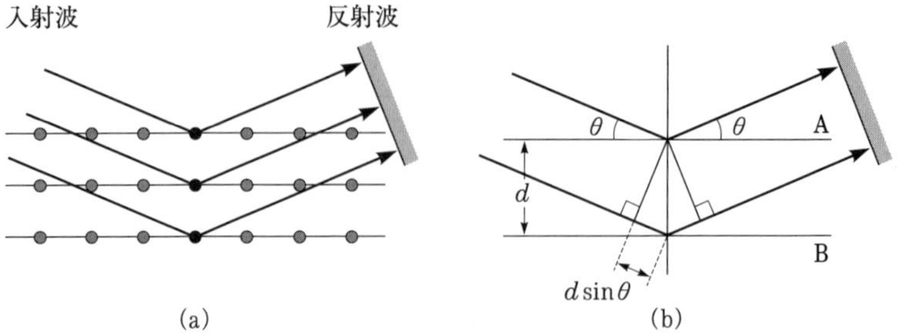

図2.1　ブラッグの条件

は紙面に沿って入射し，各格子面の反射では入射角と反射角は等しい．この場合，2つの格子面A，Bから反射された波の行路差は $2d\sin\theta$ である．また，各面の反射の機構は同じなので，反射の際に相対的な位相差が生じることはない．したがって，2つの反射が干渉して強め合うためには，その行路差が波長 λ の整数（n）倍であればよいことがわかる．すなわち，

$$2d\sin\theta = n\lambda \tag{2.1}$$

が満たされるとき，角度 θ の方向に回折線を観測することが期待される．これが，1912年に**ブラッグ**（**Bragg**）父子によって見出された有名な**ブラッグの法則**である．n は回折の次数で，(2.1) が成立する角度 θ は**ブラッグ角**とよばれる．

(2.1) から，ブラッグ反射には波長に上限のあることがわかる．$\sin\theta \leqq 1$ であるから，1次の回折の場合は $\lambda \leqq 2d$ である．したがって，考えている格子面に対して使用できるX線の波長は，その面間隔の2倍よりも短くなければならない．結晶には無数の平行な面の組が存在するが，一般に大きなミラー指数の組をもつ面ほど次数の高い回折線しか現れないことになる．しかも，そのような面は原子の面密度が小さいために，散乱の強度は極めて小さくなる．入射したX線が，結晶内の如何なる平行格子面に対しても(2.1) を満足できないとき，X線は可視光線の場合のように結晶内を進路から逸れずに伝播する．

散乱波の強度

ブラッグの法則（2.1）は，結晶格子からの散乱波が干渉して強め合う条件を簡潔に表現しており，極めて有効な式である．しかし，格子面を鏡面に見立てているために，(2.1) は散乱の強度に関しての情報を含んでいない．したがって，X 線などの結晶による散乱強度を求めるには，結晶の対称性を考慮した，さらに詳しい解析が必要になる．

以下では，結晶による波動の回折の数学的な取扱いについて述べるが，その前に次の仮定をしておこう．すなわち，結晶に入射した波動（平面波）は，結晶内部のあらゆる格子点で，入射波と同位相にある球面波を放射する．その場合，放射された球面波がさらに散乱されることは無視できるものとする．この単一散乱の仮定は，X 線や中性子線の場合には有効であることが知られている．

さて，結晶に波数ベクトル $\boldsymbol{k}$（波長 λ）の平面波が入射して，波数ベクトル $\boldsymbol{k}'$ の波が弾性散乱される場合の，散乱波の振幅を求めることを考えてみよう．まず，初めに結晶内で原点 O に対して相対的な位置 $\boldsymbol{r}'$ にある微小体積 dv' を考え，この体積内の電子による散乱を調べてみる．dv' 内の電子は入射した平面波によって励起されて，新たに $\boldsymbol{r}'$ から平面波と同位相にある球面波を放射する．このとき放射される球面波（散乱波）の振幅は，$\boldsymbol{r}'$ の位置での入射波の振幅に比例し，dv' 内の電子数にも比例する．したがって，$\boldsymbol{r}'$ の位置での電子密度を $\rho(\boldsymbol{r}')$ とすると散乱波の振幅は，

$$\rho(\boldsymbol{r}')\exp\{i(\boldsymbol{k}\cdot\boldsymbol{r}'-\omega t)\}\,dv'$$

に比例することになる．

ところで，この球面波（散乱波）を $\boldsymbol{r}'$ から十分遠く離れた点 P($\boldsymbol{r}$) で観測する場合を考えてみる（図 2.2）．その場合は，散乱波は，十分遠くまで伝播しているから，その波面を平面と見なすことができ，平面波として扱うことができる．したがって，点 $\boldsymbol{r}$ で観測される散乱波は $\boldsymbol{r}'$ から $\boldsymbol{r}$ へ向かう

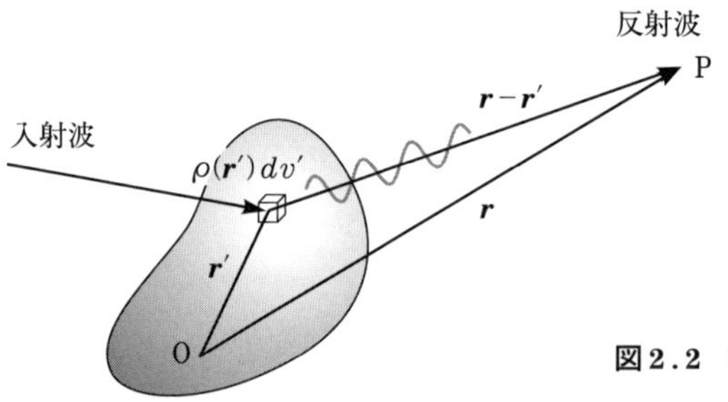

図 2.2　結晶による電磁波の散乱

平面波であって，

$$\rho(\boldsymbol{r}')\exp(i\boldsymbol{k}\cdot\boldsymbol{r}')\exp\{i\boldsymbol{k}'\cdot(\boldsymbol{r}-\boldsymbol{r}')-i\omega t\}\,dv' \qquad (2.2)$$

に比例した振幅をもつ．ここで，$\boldsymbol{k}'$ は $\boldsymbol{r}-\boldsymbol{r}'$ に平行な波数ベクトルであって，一般には，入射波の波数ベクトル $\boldsymbol{k}$ とは方向は異なるが，弾性散乱ならば大きさは等しくなり $|\boldsymbol{k}|=|\boldsymbol{k}'|$ となる．(2.2) で $\boldsymbol{r}'$ に依存する因子だけを残すと，

$$\rho(\boldsymbol{r}')\exp\{-i(\boldsymbol{k}'-\boldsymbol{k})\cdot\boldsymbol{r}'\}\,dv' \qquad (2.3)$$

となる．すなわち，波数ベクトル $\boldsymbol{k}$ の平面波が入射したとき，結晶内の点 $\boldsymbol{r}'$ の周りの微小体積 dv' によって，$\boldsymbol{k}'$ の方向に散乱される波の振幅は (2.3) に比例することになる．ここで，$\Delta\boldsymbol{k}=\boldsymbol{k}'-\boldsymbol{k}$ とおくと，$\Delta\boldsymbol{k}$ は**散乱ベクトル**とよばれる．

観測点 $\boldsymbol{r}$ が結晶から十分遠くに離れているという条件のもとでは，結晶のどの部分から散乱される波も，$\boldsymbol{r}$ に向かう散乱波はすべて同一の波数ベクトル $\boldsymbol{k}'$ をもっていると考えてよい．したがって，結晶全体からの散乱波を点 $\boldsymbol{r}$ で観測したときの振幅は，(2.3) を結晶全体にわたって積分したもの，すなわち，

$$A=\int\rho(\boldsymbol{r}')\exp(-i\Delta\boldsymbol{k}\cdot\boldsymbol{r}')\,dv' \qquad (2.4)$$

に比例する．この積分値 A は**散乱振幅**とよばれる．すなわち，結晶に波数ベクトル $\boldsymbol{k}$ の平面波が入射したとき，$\boldsymbol{k}'$ の方向へ向かう散乱波の合成振幅

は散乱振幅 (2.4) に比例し，その強度は散乱振幅の 2 乗に比例する．

ここまでの散乱の取扱いでは，散乱体を必ずしも結晶に限る必要はない．実際に (2.4) は，結晶だけでなく液体や気体でも成立する．

結晶による回折

散乱体が結晶である場合の特徴は，電子密度分布 $\rho(\boldsymbol{r}')$ が，結晶の対称性を反映して周期性をもつことにある．すなわち，任意の格子ベクトル

$$\boldsymbol{R} = m_1\boldsymbol{a} + m_2\boldsymbol{b} + m_3\boldsymbol{c}$$

に対して，

$$\rho(\boldsymbol{r}') = \rho(\boldsymbol{r}' + \boldsymbol{R}) \tag{2.5}$$

が満たされる．これは 3 次元周期関数であって，前章で述べたように，逆格子ベクトル

$$\boldsymbol{K} = n_1\boldsymbol{A} + n_2\boldsymbol{B} + n_3\boldsymbol{C}$$

を用いて次のようにフーリエ級数に展開することができる.*

$$\rho(\boldsymbol{r}') = \sum_{\boldsymbol{K}} \{\rho_{\boldsymbol{K}} \exp\,(i\boldsymbol{K}\cdot\boldsymbol{r}')\} \tag{2.6}$$

ここに，$\boldsymbol{A}$，$\boldsymbol{B}$，$\boldsymbol{C}$ は基本逆格子ベクトルであって，基本格子ベクトル $\boldsymbol{a}$，$\boldsymbol{b}$，$\boldsymbol{c}$ を用いて (1.9) で定義されている．

さて，電子密度分布のフーリエ級数展開 (2.6) を (2.4) に代入すると，散乱振幅 A は

$$A = \sum_{\boldsymbol{K}} \int \rho_{\boldsymbol{K}} \exp\{i(\boldsymbol{K} - \Delta\boldsymbol{k})\cdot\boldsymbol{r}'\}\,dv' \tag{2.7}$$

と書き表すことができる．これは，結晶の体積 V が十分に大きく，その内部に十分多くの格子点が含まれている場合は，

$$\boxed{\Delta\boldsymbol{k} = \boldsymbol{K}} \tag{2.8}$$

のときのみ有限の値 $A = \rho_{\boldsymbol{K}}V$ をとり，$\Delta\boldsymbol{k} \neq \boldsymbol{K}$ では $A = 0$ となる．すなわち，結晶に波数ベクトル $\boldsymbol{k}$ の平面波が入射するとき，散乱波は，散乱

* フーリエ解析については，本シリーズの「物理数学」を参照されたい．

ベクトルが逆格子ベクトルに一致する方向，つまり $\boldsymbol{k}' = \boldsymbol{k} + \boldsymbol{K}$ の波数ベクトルの方向にのみ回折される．

例題 2.1

(2.8) からブラッグの回折条件 (2.1) を導け．

［**解**］ 散乱ベクトルの定義から，

$$\boldsymbol{k} + \boldsymbol{K} = \boldsymbol{k}', \qquad \therefore \quad (\boldsymbol{k} + \boldsymbol{K})^2 = k'^2$$

となる．弾性散乱ではフォトンのエネルギーは保存されるため，$|\boldsymbol{k}'| = |\boldsymbol{k}| = k$ が成り立つ．したがって，上式は

$$2\,\boldsymbol{k}\cdot\boldsymbol{K} + K^2 = 0 \tag{2.9}$$

と書ける．ところで，$\boldsymbol{K}$ が格子ベクトル $\boldsymbol{R}$ の逆格子ベクトルであれば，$-\boldsymbol{K}$ もまた格子ベクトル $\boldsymbol{R}$ の逆格子ベクトルである．したがって，同じ逆格子ベクトルであるから，第1項の $\boldsymbol{K}$ を $-\boldsymbol{K}$ で置換することができるので，(2.9) は

$$2\,\boldsymbol{k}\cdot\boldsymbol{K} = K^2 \tag{2.10}$$

となる．

(2.10) がブラッグの回折条件 (2.1) のもう1つの表現になっていることは，次のようにして示される．

まず，図2.3のように，逆格子ベクトル

$$\boldsymbol{K} = n_1\boldsymbol{A} + n_2\boldsymbol{B} + n_3\boldsymbol{C}$$

に垂直な結晶格子面を考える．そのような格子面は指数 $(n_1\,n_2\,n_3)$ で表され，隣り合った面間隔は

$$d\,(n_1\,n_2\,n_3) = \frac{2\pi}{|\boldsymbol{K}|}$$

で与えられる（第1章の演習問題［2］，［3］を参照）．そこで，これを (2.10) に代入する．図2.3から

$$-\,\boldsymbol{k}\cdot\boldsymbol{K} = kK\cos\left(\frac{\pi}{2} - \theta\right) = kK\sin\theta$$

であるから，$k = 2\pi/\lambda$ とおくと，

$$2d\,(n_1\,n_2\,n_3)\sin\theta = \lambda \tag{2.11}$$

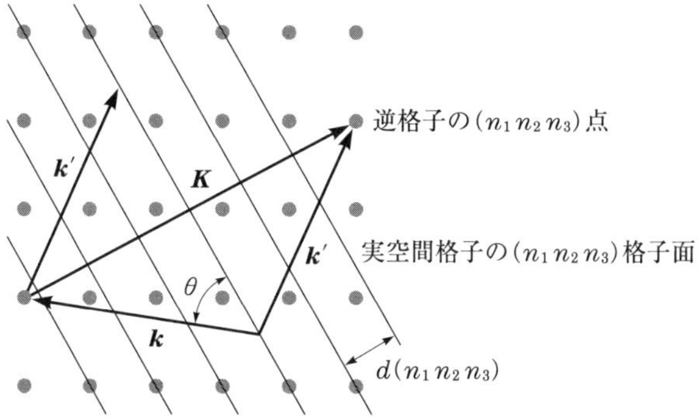

図2.3　格子面と散乱ベクトル

となる．ここで，θ は入射波の波数ベクトル $\boldsymbol{k}$ と格子面との成す角である．

$\boldsymbol{K}$ を定義する整数組（$n_1\ n_2\ n_3$）は，一般には格子面のミラー指数と等しくなく，公約数 n をもっている．そこで最大公約数 n で約した

$$(h\ k\ l) = \left(\frac{n_1}{n}\ \frac{n_2}{n}\ \frac{n_3}{n}\right)$$

をミラー指数にもつ隣り合った面の間隔を d とすると，

$$d(h\ k\ l) = n\, d(n_1\ n_2\ n_3)$$

となる．したがって，これを（2.11）に代入すると，

$$2d(h\ k\ l)\sin\theta = n\lambda$$

となり，ブラッグの回折条件（2.1）が得られる．

（2.8）は**ラウエ（Laue）の回折条件**とよばれ，散乱ベクトル $\varDelta\boldsymbol{k}$ に要求される幾何学的条件を与える．（2.8）は，両辺に基本格子ベクトル $\boldsymbol{a}$, $\boldsymbol{b}$, $\boldsymbol{c}$ を掛けてスカラー積をつくると，次の3つの条件式に書き表される．

$$\boldsymbol{a}\cdot\varDelta\boldsymbol{k} = 2\pi n_1, \quad \boldsymbol{b}\cdot\varDelta\boldsymbol{k} = 2\pi n_2, \quad \boldsymbol{c}\cdot\varDelta\boldsymbol{k} = 2\pi n_3 \qquad (2.12)$$

これらの式は，第1式は，$\varDelta\boldsymbol{k}$ が $\boldsymbol{a}$ を軸とする円錐面上にあって，円錐の底面は $\boldsymbol{a}$ 軸を $2\pi n_1/a$ で切ることを表している（図2.4）．同様にして第2，第3式も，$\varDelta\boldsymbol{k}$ が $\boldsymbol{b}$ と $\boldsymbol{c}$ をそれぞれ軸とする円錐面上にあって，それぞれの円

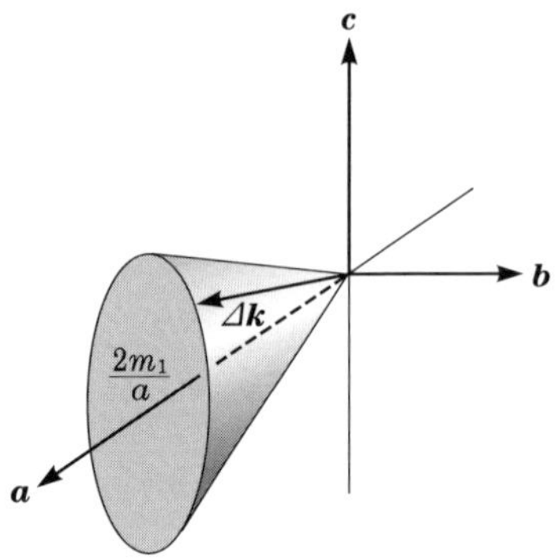

図 2.4　散乱ベクトル $\Delta\boldsymbol{k}$ の幾何学的条件

錐の底面は，$\boldsymbol{b}$ および $\boldsymbol{c}$ 軸を $2\pi n_2/b$ および $2\pi n_3/c$ で切ることを表している．すなわち，1 つの回折線に対して，$\Delta\boldsymbol{k}$ はこれらの 3 つの円錐面の共通の交線上にあって，3 つの円錐の底面がそれぞれの軸を切る点は

$$\left(\frac{2\pi n_1}{a}, 0, 0\right), \quad \left(0, \frac{2\pi n_2}{b}, 0\right), \quad \left(0, 0, \frac{2\pi n_3}{c}\right)$$

でなければならない．しかし，このような幾何学的条件が満たされるのは，余程の偶然がなければ起こらないであろう．したがって，X 線や粒子線の回折実験では，結晶の回折像を得るために，連続スペクトルをもつ X 線や粒子線を結晶に照射したり，結晶を固定軸の周りで回転させながら，一定の波長の X 線や粒子線を照射したりして回折像を得ている．

エヴァルトの作図

ここで，(2.8) のラウエの回折条件を幾何学的に表現する便利な作図について紹介しておこう．手順は以下のように簡単である（図 2.5 を参照）．初めに結晶の逆格子を描いておき，そこに入射波の波数ベクトル $\boldsymbol{k}$ を，その入射方向に描き入れる．その場合，$\boldsymbol{k}$ はその先端が逆格子点の 1 つ（これを原点とする）にくるようにその起点を選ぶ．ついで，$\boldsymbol{k}$ の起点を中心に半径 $k = 2\pi/\lambda$ の球面を描く．もし，この球面が他の格子点 $\boldsymbol{K}$ を通るならば，$\boldsymbol{k}$ の起点から $\boldsymbol{K}$ に向かうベクトルを $\boldsymbol{k}'$ にとると，3 つのベクトル $\boldsymbol{k}$，$\boldsymbol{k}'$，$\boldsymbol{K}$

の間に

$$\boldsymbol{k}' - \boldsymbol{k} = \boldsymbol{K}, \qquad k = k'$$

の関係が成り立つ．したがって，逆格子ベクトル $\boldsymbol{K}$ に対応する格子面はラウエの回折条件を満たしており，回折線は

$$\boldsymbol{k}' = \boldsymbol{k} + \boldsymbol{K}$$

の方向だけに生ずることがわかる．

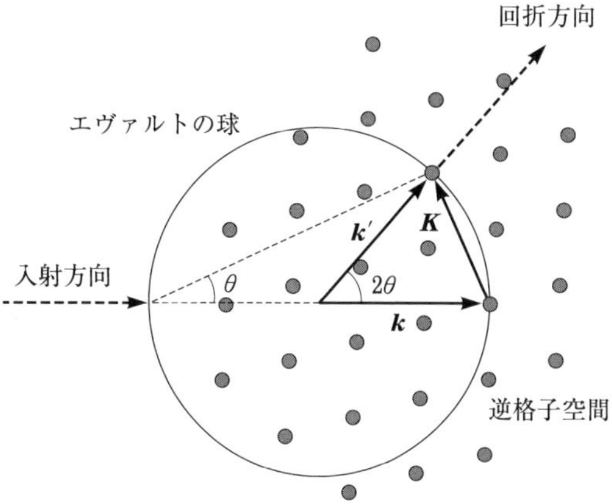

図 2.5　エヴァルトの作図

この作図は，提案者の名をとって**エヴァルト**（**Ewart**）**の作図**とよばれ，逆格子点が乗っている球面を**エヴァルトの球**という．また，図中の角度 θ は図 2.1 のブラッグ角である．

結晶構造因子

ラウエの回折条件の式（2.8）は回折線の現れる位置しか予測しない．前にも述べたように，回折線の強度は散乱振幅の 2 乗に比例するので，その強度を求めるには，まず，散乱振幅（2.7），特にその中に現れる電子密度のフーリエ係数

$$\rho_{\boldsymbol{K}} = \frac{1}{V}\int \rho(\boldsymbol{r}) \exp\,(-\,i\boldsymbol{K}\cdot\boldsymbol{r})\,dv \qquad (2.13)$$

を求める必要がある．ここで，V は結晶の体積で，$\boldsymbol{K}$ は逆格子ベクトル

$$\boldsymbol{K} = n_1\boldsymbol{A} + n_2\boldsymbol{B} + n_3\boldsymbol{C}$$

である．また，これまで結晶内の位置を指定するのに用いてきた $\boldsymbol{r}'$ を，ここでは単に $\boldsymbol{r}$ と表している．

ところで，結晶では散乱源である電子は，その大多数が各原子の周りの小さな領域に集中して存在している．したがって，(2.13) の結晶全体にわた

る積分は，個々の原子の周りの積分に分割し，位相関係を考慮してそれらの和をとることによって求めることができる．そのために，結晶内の位置ベクトル $\boldsymbol{r}$ を図2.6に示すように，3つのベクトルに分けて，

$$\boldsymbol{r} = \boldsymbol{R}_n + \boldsymbol{r}_\alpha + \boldsymbol{r}' \qquad (2.14)$$

と表すことにしよう．ここに，$\boldsymbol{R}_n$ は n 番目の単位格子の位置を指定するベクトル，$\boldsymbol{r}_\alpha$ は単位格子内の各原子 α の位置を指定するベクトルで，$\boldsymbol{r}'$ は原子 α の周りの位置ベクトルである．

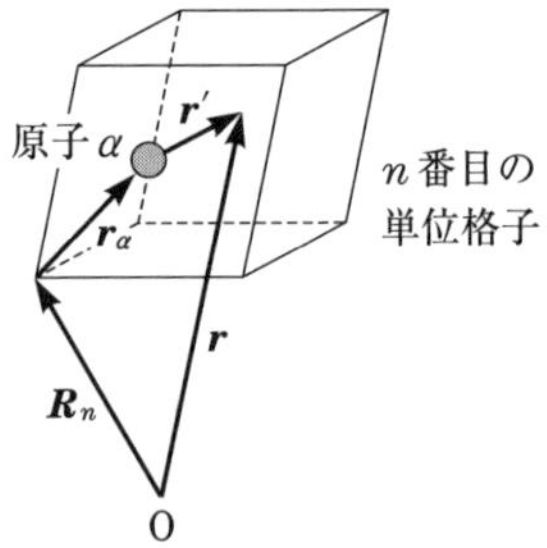

図2.6　結晶内の位置ベクトル

(2.14) を用いると電子密度のフーリエ係数 (2.13) は

$$\rho_{\boldsymbol{K}} = \frac{1}{V}\sum_{n,\alpha} \exp\left[-\,i\boldsymbol{K}\cdot(\boldsymbol{R}_n + \boldsymbol{r}_\alpha)\right]\int_{V_\alpha}\rho(\boldsymbol{r}')\exp(-\,i\boldsymbol{K}\cdot\boldsymbol{r}')\,dv'$$

となるが，これは (1.11) より，$\exp(-\,i\boldsymbol{K}\cdot\boldsymbol{R}_n) = 1$ であるから

$$\rho_{\boldsymbol{K}} = \frac{1}{V_{\mathrm{c}}}\sum_{\alpha} \exp(-\,i\boldsymbol{K}\cdot\boldsymbol{r}_\alpha)\int_{V_\alpha}\rho(\boldsymbol{r}')\exp(-\,i\boldsymbol{K}\cdot\boldsymbol{r}')\,dv' \qquad (2.15)$$

と表される．ここで，積分の範囲は1個の原子 α の領域 V_α の内部である．また，V_{c} は単位格子の体積である．この (2.15) に現れる積分

$$f_\alpha = \int_{V_\alpha}\rho(\boldsymbol{r}')\exp(-\,i\boldsymbol{K}\cdot\boldsymbol{r}')\,dv' \qquad (2.16)$$

は**原子形状因子**（または**原子散乱因子**）とよばれ，$\rho(\boldsymbol{r}')$ と同様に原子の性質を示す量である．

この原子形状因子を用いて表すと，$\rho_{\boldsymbol{K}}$ は，

$$\rho_{\boldsymbol{K}} = \frac{1}{V_{\mathrm{c}}}\sum_{\alpha} f_\alpha \exp(-\,i\boldsymbol{K}\cdot\boldsymbol{r}_\alpha) \equiv \frac{N}{V}S_{\boldsymbol{K}} \qquad (2.17)$$

となる．N は結晶内に含まれる単位格子の数である．ここで，

$$S_{\boldsymbol{K}} = \sum_{\alpha} f_{\alpha} \exp\left(-i\boldsymbol{K}\cdot\boldsymbol{r}_{\alpha}\right) \tag{2.18}$$

を**結晶構造因子**という．したがって，回折線の散乱強度はこの結晶構造因子によって決まることになる．ただし，結晶構造因子 $S_{\boldsymbol{K}}$ は散乱強度に対して常に $S_{\boldsymbol{K}}{}^{*}S_{\boldsymbol{K}}$ の形で寄与するので，必ずしも $S_{\boldsymbol{K}}$ 自身が実数である必要はない．

また結晶構造因子 $S_{\boldsymbol{K}}$ は，その定義から明らかなように，単位格子をどう選ぶかによって変わる．しかし，物理現象である散乱が，単位格子の選び方に依存することは考えられない．実際には，単位格子の選び方を変えても $S_{\boldsymbol{K}}$ は $NS_{\boldsymbol{K}}$ が一定に保たれるように変化するため，散乱強度に影響をおよぼすことはないのである．

消 滅 則

単位格子に複数の原子が含まれていると，個々の原子からの散乱波は干渉して強め合ったり，弱め合ったりする．特に，対称性が高い場合は，結晶構造因子（2.18）が特定の回折線に対してゼロになり，回折線が完全に消滅することがある．ここでは，体心立方格子を例にとって，そのことを調べてみよう．

単位格子として通常の立方単位格子をとると，体心立方格子の単位格子には同じ原子が2個含まれ，それぞれ（0 0 0）と（1/2 1/2 1/2）の位置を占めている．そこで，原子の形状因子を f とおくと，体心立方格子の構造因子 $S_{\boldsymbol{K}}$ の値は

$$\begin{aligned} S_{\boldsymbol{K}} &= f\left[1 + \exp\left\{-i(n_1\boldsymbol{A} + n_2\boldsymbol{B} + n_3\boldsymbol{C})\cdot\frac{\boldsymbol{a}+\boldsymbol{b}+\boldsymbol{c}}{2}\right\}\right] \\ &= f\left[1 + \exp\left\{-i\pi(n_1 + n_2 + n_3)\right\}\right] \end{aligned} \tag{2.19}$$

となる．ただし，ここでは，基本格子ベクトルと基本逆格子ベクトルとの内積について成り立つ（1.10）の関係を用いている．（2.19）の第2式は指数関数が -1，すなわち，$\cos(n_1 + n_2 + n_3)\pi = -1$ であればゼロになる．

したがって，

$$\left.\begin{array}{ll} n_1+n_2+n_3=\text{奇数のとき}, & S_{\boldsymbol{K}}=0 \\ n_1+n_2+n_3=\text{偶数のとき}, & S_{\boldsymbol{K}}=2f \end{array}\right\} \quad (2.20)$$

となることがわかる．すなわち，$(n_1\,n_2\,n_3)$ 面がブラッグの回折条件を満たしていても，$n_1+n_2+n_3$ が奇数であれば回折線は消滅することになる．(2.20) のように面指数と回折線の消滅との関係を与える規則を**消滅則**という．実際に，体心立方構造をもつ金属ナトリウムの場合，(2 0 0)，(1 1 0)，(2 2 2) などの回折線は現れるが，(1 0 0)，(3 0 0)，(1 1 1) のような回折線は現れない．

しかし，体心立方構造をもつ結晶でも，CsCl のように単位格子に入る 2 個の原子の電子配置が異なっている場合は，それぞれの原子形状因子が等しくないために回折線の消滅は起こらなくなる．いま，(0 0 0) の位置を占める原子の形状因子を f_0，(1/2 1/2 1/2) の位置を占める原子の形状因子を $f_{1/2}$ とすると，結晶構造因子 $S_{\boldsymbol{K}}$ は

$$S_{\boldsymbol{K}}=f_0+f_{1/2}\exp\{-i\pi(n_1+n_2+n_3)\}$$

となる．したがって，(2.20) の消滅則は，

$$\begin{array}{ll} n_1+n_2+n_3=\text{奇数のとき}, & S_{\boldsymbol{K}}=f_0-f_{1/2} \\ n_1+n_2+n_3=\text{偶数のとき}, & S_{\boldsymbol{K}}=f_0+f_{1/2} \end{array}$$

となり，$n_1+n_2+n_3=$ 奇数の回折線の強度は弱くはなるが，ゼロにならないことがわかる．

例題 2.2

面心立方格子のすべての格子点に同一の原子が配列しているときの，結晶構造因子 $S_{\boldsymbol{K}}$ および消滅則を求めよ．

［**解**］　面心立方格子では，単位立方格子に 4 個の原子が，(0 0 0)，(1/2 1/2 0)，(1/2 0 1/2)，(0 1/2 1/2) の位置を占めている．そこで，原子形状因子を f とすると，(2.18) は

$$S_K = f[1 + \exp\{-i\pi(n_1 + n_2)\} + \exp\{-i\pi(n_2 + n_3)\} + \exp\{-i\pi(n_3 + n_1)\}]$$

と書き表される．したがって，n_1，n_2，n_3 が

すべてが偶数またはすべてが奇数のとき　$S_K = 4f$

それ以外のとき　$S_K = 0$

となる．

原子形状因子

原子形状因子（2.16）は，原子の散乱能の尺度となる量である．いま，電子が原子 α の中心（$\boldsymbol{r}_\alpha$）に対して球対称に分布している場合について，この形状因子 f_α を求めてみよう．逆格子ベクトル $\boldsymbol{K}$ と位置ベクトル $\boldsymbol{r}'$ との成す角を ϕ とすると，（2.16）は

$$f_\alpha = 2\pi \iint \rho(\boldsymbol{r}') \exp(-iKr' \cos\phi)\, r'^2\, dr'\, d(\cos\phi) \qquad (2.21)$$

と書き表される．なお，$d(\cos\phi) = -\sin\phi\, d\phi$ である．したがって，$d(\cos\phi)$ に関しては -1 から 1 の間で積分し，r' の積分の上限を無限大（∞）とおくと次のようになる．

$$f_\alpha = 2\pi \int_0^\infty \rho(r') \frac{\exp(iKr') - \exp(-iKr')}{iKr'}\, r'^2\, dr'$$
$$= 4\pi \int_0^\infty \rho(r') \frac{\sin Kr'}{Kr'}\, r'^2\, dr' \qquad (2.22)$$

（2.22）は，もし原子 α の全電子がその中心に集中しているとしたら，積分には $r' = 0$ のみが寄与することになる．したがって，その場合は

$$\lim_{r' \to 0} \frac{\sin Kr'}{Kr'} = 1$$

より，

$$f_\alpha = 4\pi \int \rho(r')\, r'^2\, dr' = \text{原子}\ \alpha\ \text{の全電子電荷}$$

となる．

§2.2　回折の実験

結晶の中の原子の配列を調べるには，結晶による波の回折現象が利用される．前節で見てきたように，原子が周期的に規則配列している結晶格子は，電磁波（フォトン）や量子力学的な粒子の波に対して，回折格子の役割を果たすからである．ただし，結晶による回折現象が観測されるには，用いられる波の波長が格子の原子間隔と同程度であることが要請される．

歴史的には，結晶の格子間隔と同程度の波長をもつ電磁波である X 線が最初に用いられたが，その後 物質波である電子線や中性子線が登場し，それぞれの目的に応じて使い分けられている．結晶構造解析に用いられる装置は，測定線源の種類によって異なってはいるが，測定の方法は原理的にはすべての線源について共通している．

結晶解析に使われる波（X 線，電子線，中性子線）

結晶の構造を調べるには，X 線，電子線，中性子線などが線源として用いられるが，いずれの場合も波長はブラッグ反射が生じる領域になければならない．すなわち，結晶中の原子間隔が 0.1 nm 程度であるから，用いられる線源もまた同程度の波長をもつことが要求される．波長が原子間隔に比べて非常に長いと原子の配列は平均化して見えてしまい，また，原子間隔よりも極端に短くなると回折角が非常に小さくなり測定が難しくなる．

結晶回折に用いられる線源は，波長に対するこの条件のために，エネルギー領域がそれぞれ決まってしまう．ここに，それぞれの線源について波長とエネルギーとの簡単な換算式をまとめて示しておこう．

$$\text{X 線（フォトン）：}\quad \lambda[\mathrm{nm}] = \frac{1.24}{E[\mathrm{eV}]}$$

$$\text{電子線：}\quad \lambda[\mathrm{nm}] = \frac{0.028}{\sqrt{E[\mathrm{eV}]}}$$

$$\text{中性子線：}\quad \lambda[\mathrm{nm}] = \frac{1.2}{\sqrt{E[\mathrm{eV}]}}$$

X 線は波長が 1 nm～0.01 nm 程度の電磁波である．これは，加速電子を金属陽極に当てることによって，実験室で容易に発生させることができる．このとき，電子は陽極との衝突によって減速され，そのとき失われたエネルギーが電磁波（**X 線**）として放出（**制動放射**）される．陽極に衝突した電子は，一度の衝突で運動エネルギーのすべてを失って静止してしまうものもあれば，陽極の内部にある程度進入して，陽極の原子と何度か衝突をくり返しながらエネルギーを失っていくものもある．したがって，制動放射によって生ずる X 線は連続スペクトルになる．ただし，放出される X 線のエネルギー $h\nu$ は，電子が初めもっていた運動エネルギーを超えることはできないので，X 線には最大エネルギー（最短波長）が存在する．すなわち，電子の電荷を e，加速電圧を V[V] とすると，

$$h\nu = \frac{hc}{\lambda} \leqq eV \tag{2.23}$$

となる．

電子の加速電圧が高くなると，図 2.7 のように連続スペクトルの中に何本

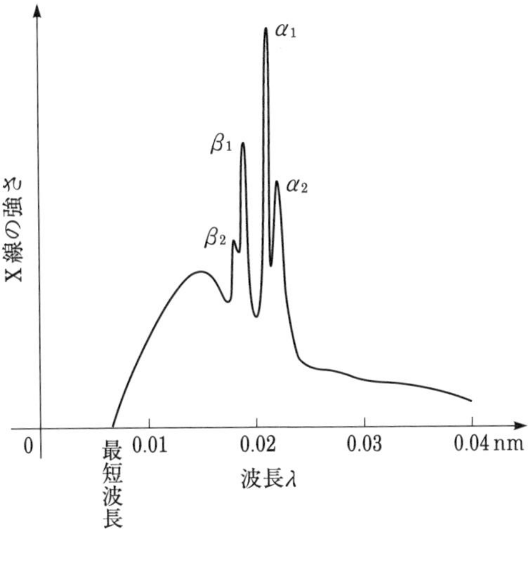

図 2.7 X 線のスペクトル
（X 線管球の陽極タングステン）

かの鋭いピークが現れる．これは，電子線によって陽極の金属原子の内殻電子（例えばＫ殻：$n = 1$）がたたき出されて，その空になった内殻へ，その外側の殻（例えばＬ殻：$n = 2$）から電子が落ち込んでくる際に放出される，一定のエネルギーをもった**特性Ｘ線**である．この特性Ｘ線の波長は陽極に用いられる金属の種類によって異なっている．このようにＸ線には連続スペクトルの**白色Ｘ線**と鋭いピークを示す特性Ｘ線とがあって，この2種類のＸ線は実験によって使い分けられている．

Ｘ線を発生させるには，1913年にアメリカのクーリッジ（Coollidge）によって開発された熱真空管を改良した**クーリッジ管**が広く使われている．これは補助電流によって陰極を加熱し，放出される電子線を水冷した陽極（対陰極）に集束させてＸ線を発生させる．したがって，Ｘ線の強度を増すには，熱陰極の温度を上げて管球を流れる電流値を大きくすればよい．しかし，電流を増やしすぎると陽極の金属が融けてしまうので電流値には制限があり，数mAから十数mAが限度である．さらにこれよりも強力なＸ線を得るには，陽極を回転させて電子が当たる面をたえず新しくする方法がある．このような回転陽極を用いると100 mA以上の電流を流すこともできる．

Ｘ線管球に比べて，その10^3～10^7倍も強力なＸ線を発生させる装置が，近年世界の各地でつくられている．これは電子加速器の１つである**シンクロトロン**からとり出された電子ビームを，**蓄積リング**とよばれる磁場を掛けたドーナツ状の真空容器に入れて，磁場によって電子をリングの中心に向けて曲げながら，容器の中を高速回転させる．このとき電子は図2.8のように加速度運動するため，制動放射によって進行方向に強力な電磁波を放出する．この電磁波は，0.1 nm～10 nmの波長にピークをもつ連続スペクトルで，**シンクロトロン**

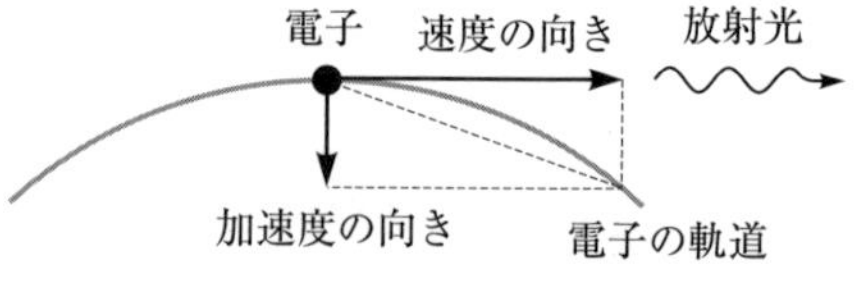

図2.8　放射光の発生原理

図2.9　大型放射光施設 SPring-8
（提供：RIKEN/JASRI）

放射光（単に放射光：SOR）とよばれる．図2.9は，この放射光を用いる施設で，1997年に播磨科学公園都市に建設されたSpring-8の愛称でよばれる大型放射光施設である．

X線は大変利用しやすい線源なので，構造解析では最も広く用いられている．しかし，前節で見たように，X線の散乱は電子密度に依存するため，原子の形状因子は原子の電子数（原子番号 Z）に比例しており，その散乱強度は Z^2 に比例して変化する．したがって，水素原子のような軽い原子は散乱強度が弱いので，重い原子と一緒に結晶を構成していると，X線によってその軽い原子を検出することは困難である．そのような場合には一般に**中性子線**が使われる．

中性子線は主として原子核によって散乱されるため，散乱は原子番号には関係せず，原子核の種類に強く依存する．したがって，中性子線を用いると，結晶中の水素原子の位置を決定することができ，またX線では区別することが難しい鉄，ニッケル，コバルトのような原子番号の隣り合った元素原子を区別することも可能になる．さらに，中性子線は磁性原子や磁性イオンの磁気モーメントと相互作用して散乱を受けるため，磁性体の磁気構造の解析にも用いられる．したがって，中性子線回折とX線回折は相補的に使われることが多い．

さて，中性子線を構造解析に用いるためには，そのド・ブロイ波長は0.1 nm程度でなければならない．そこで，そのような中性子線のエネルギーがどの程度になるかを当たってみよう．ド・ブロイの法則によれば，質量 M の粒子が速さ v で運動しているとき，これにともなうド・ブロイ波の波長は

$$\lambda = \frac{h}{Mv} = \frac{h}{\sqrt{2ME}} \tag{2.24}$$

で与えられる．ここに，E は粒子の運動エネルギーで h はプランク定数である．そこで，(2.24) に中性子の質量 $M = 1.675 \times 10^{-27}\,[\mathrm{kg}]$ とプランク定数 $h = 6.626 \times 10^{-34}\,[\mathrm{J \cdot s}]$ を代入し，$\lambda = 0.1\,[\mathrm{nm}]$ とおくと，中性子のエネルギーは $E = 0.08\,[\mathrm{eV}]$ となる．このようなエネルギーの低い（遅い）中性子線は**熱中性子線**とよばれる．実際に構造回折では，原子炉の炉心部でつくられた高速中性子を重水で減速して熱中性子とし，その一部を，コリメーターを通して炉の外にとり出して用いられている．300 K に相当する熱中性子のエネルギーは 0.04 eV 程度で，ちょうど回折実験に使いやすい波長をもっている．

上で述べたX線，中性子線回折に並んで，電子線回折もまた結晶構造解析の有力な手段として広く用いられている．特に，電子線の場合は，加電圧によってそのエネルギーを自由に選べるため，回折実験に使いやすいド・ブロイ波長を容易に得ることができる．電子の質量（0.911×10^{-31} kg）は中性子に比べてかなり小さく，ド・ブロイ波長が 0.1 nm の電子線を得るには，(2.24) より電子を 150 V で加速すればよいことがわかる．このような

低エネルギーの電子線は**低速電子線**とよばれる．低速電子線は物質中の電荷と強い相互作用を起こすため，物質の内部まで入ることはできない．したがって，**低速電子線回折**（low energy electron diffraction: LEED）は表面の数原子層の構造を調べるのに適しており，結晶の表面構造の研究に用いられる．

結晶構造解析の手法

前節で見てきたように，同じ周期性をもつ結晶格子では同じ方向に回折線が現れる．しかし，個々の回折線の強度は，各格子点にどんな単位構造が配置しているかによって違ってくる．結晶構造解析は，この回折線の強度を手掛かりに構造の詳細を決めていくことになる．しかし，回折線の強度から単位構造の内部構造が一義的に決まるわけではない．そこで，あらかじめその内部構造を推定しておき，それについて回折線の強度を計算で求めて，それを観測された回折線の強度と比較する．この作業は両者の結果が良い一致を得られるまで繰り返される．こうして最終的に最も妥当な構造が決められる．このように，結晶構造解析は，多数のデータについてフーリエ変換と最小二乗法の計算を必要とするため，コンピュータの利用は不可欠である．

ところで，結晶に単色のX線や中性子線を照射しても，一般には回折線は現れない．回折線が現れるのは逆格子点がちょうどエヴァルトの球面上にくるときに限られるからである．そして，それは特定の波長または特定の入射角の場合にのみ実現される．以下に，X線の回折像を得るための2つの代表的な方法について紹介しておこう．

デバイ－シェラーの粉末法

この方法は，粉末試料に特性X線（単色X線）を照射する方法で，デバイ（Debye）とシェラー（Scherrer）によって開発されたので，**デバイ－シェラーの粉末法**と呼ばれている．

粉末試料は微結晶の集合であり，個々の微結晶はランダムな方向を向いている．したがって，その中には，単色X線の照射に対して，ブラッグの条

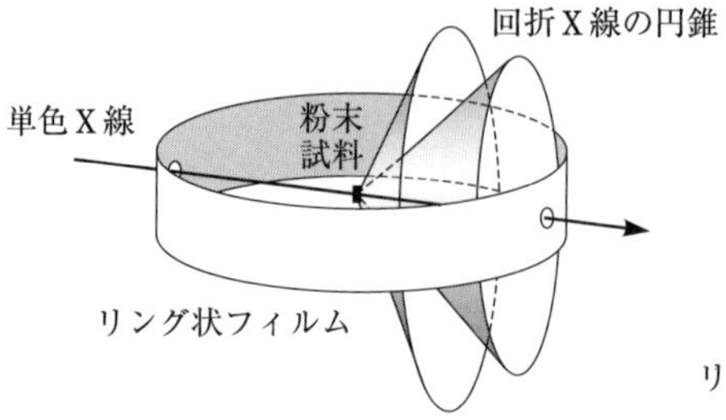

(a) デバイ - シェラーカメラ

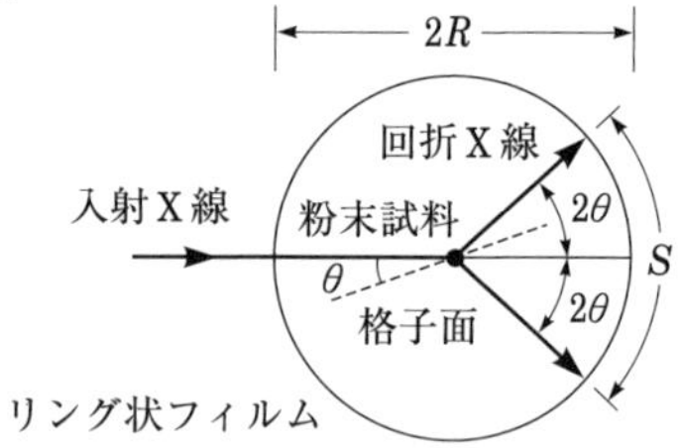

(b) 粉末回折法の原理

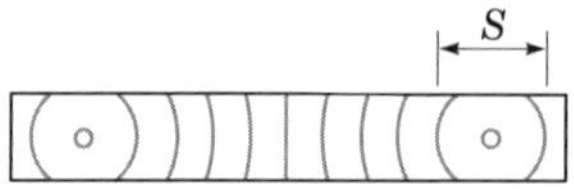

(a) デバイ - シェラー写真

図2.10　デバイ - シェラー粉末法

件を満たす面方位をもった微結晶がたくさん含まれている．ブラッグの条件を満たすこれらの格子面からの回折線は，入射X線と角 2θ（θ はブラッグ角）を成す円錐の母線に沿って進む（図2.10を参照）．そこで，入射X線に対して垂直にフィルムを置くと，フィルム上に円錐の切り口が同心円として記録される．この同心円は**デバイ - シェラー環**[*] と呼ばれる．

デバイ - シェラー法では，図2.10に示すように，入射X線に対して細い棒状の試料（粉末試料を細くて薄いガラス管に入れる）を垂直に置き，それを中心軸として試料をとり巻くように円筒状にフィルムが置かれる．したがって，フィルム上には回折線の円錐の切り口が円弧として観測される．この場合，フィルム上の対称な円弧の対が1つの反射に対応しているので，その1対の円弧の間隔を S，フィルムの円筒の半径を R とすると，その反射のブラッグ角 θ は

$$\theta = \frac{S}{4R}$$

＊　デバイ-シェラー環は1916年にP. P. DebyeとP. Scherrerによって発見されたことになっているが，1913年にすでに西川正治と小野澄之助によって見出されていた．

から求められる．

X線粉末回折法としては，このような写真法の他に，フィルムの代わりに計数管を用いる自動回折計が一般に広く用いられている．これは，図2.11のように，目盛り円盤の中央に平板状に成形された粉末試料を立てて置き，回折線の強度を円盤の周囲にとり付けられた計数管でカウントする．計数管は円盤の周囲に沿って自動的に回転し，計数管の角度が 2θ 回転すると，試料も同時に θ だけ回転する．この方法では，試料による散乱強度が 2θ の関数として計数され，チャート上に記録される．したがって，チャート上のピークの位置と高さから，回折線のブラッグ角と強度が求められる．図2.12に一例としてNaClの**回折パターン**を示しておく．中性子回折でも同じ原理の回折計が用いられているが，装置の大きさはX線回折計に比べてはるかに大きくなる．

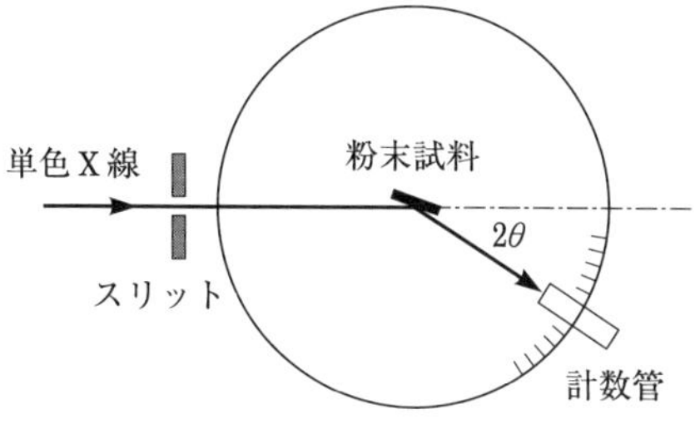

図2.11 粉末自動回折計

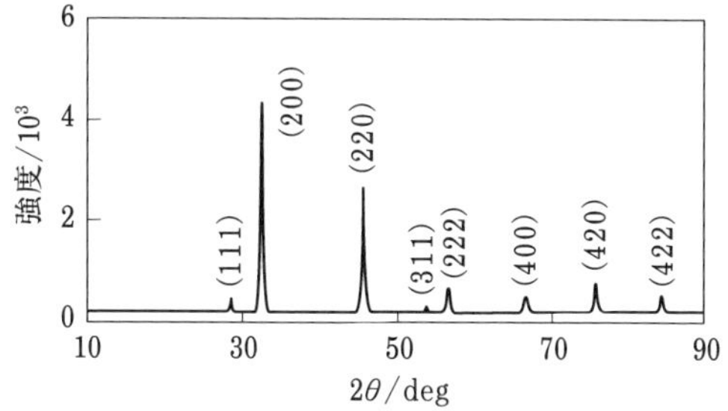

図2.12 NaClの回折パターン

ラウエ法

この方法では，白色X線を単結晶に照射する．白色X線は連続スペクトルなので，その波長領域の中に，結晶のいろいろな格子面に対して回折条件を満たす波長が含まれていれば，それらの波長のX線が反射されて，特定の方向に回折線が観測される．この場合は，照射X線の最小波数ベクトルと最大波数ベクトルに相当する半径をもつ，2つのエヴァルト球の間にあるすべての逆格子点に対応した回折線を観測することができる．

図2.13はラウエ法の原理を示したもので，入射X線に対してフィルムを垂直に置き，その前に試料の単結晶が置かれる．結晶からの回折線は，フィルム上に離散的なスポット（ラウエ点）として記録される．したがって，各スポットがそれぞれ1つの格子面に対応している．ラウエ法は，すでに構造のわかっている単結晶の方位を決定するのに用いられることが多い．例えば，X線が結晶の n 回回転軸に平行に入射すると，ラウエ点の配列も n 回回転対称性を示すからである．したがって，フィルム上に n 回対称からずれた回折パターンが現れたときは，正確な対称パターンが現れるまで結晶を少しずつ回転させて，結晶の方位を決める．

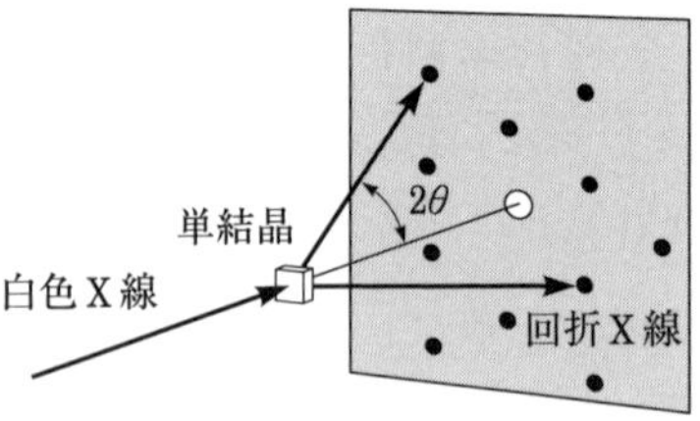

図2.13　ラウエ法

回折法には，この他にも，**ワイセンベルグ法**や**プレセッションカメラ法**などがあるが，それらについては専門書を参照されたい．

§2.3　ブロッホの定理

前章で見てきたように，結晶は単位構造を規則正しく周期的に並べた周期的構造物と考えることができる．固体物理学では，そのような周期的構造物を舞台にして繰り広げられるさまざまな現象を扱う．

その中でも特に重要なのが，格子の並進対称性を壊すようないろいろな型の励起である．それらの励起はいずれも波として結晶格子の中を伝播するのが特徴である．特に，格子波，電子波，スピン波はその中でも重要である．格子波は各原子がその平衡位置の周りに行う熱振動が波として伝播する現象であり，電子波は静止した結晶格子の中で行われる電子の運動である．また，スピン波は結晶の中の原子に局在したスピンの励起が波として結晶格子の中を伝播する現象である．

ブロッホの定理

結晶中を伝播するこれらの波を記述する運動方程式やシュレーディンガー方程式は，格子の並進対称操作のもとでは不変に保たれる．例えば，電子波の場合を考えてみよう．結晶中の電子に対するポテンシャル $V(\boldsymbol{r})$ は，結晶と同じ並進対称性をもつため，すべての結晶並進ベクトル

$$\boldsymbol{T} = m_1\boldsymbol{a} + m_2\boldsymbol{b} + m_3\boldsymbol{c}$$

に対して，

$$V(\boldsymbol{r}) = V(\boldsymbol{r} + \boldsymbol{T})$$

となる．したがって，電子の運動を記述するシュレーディンガー方程式

$$\left\{-\frac{\hbar^2}{2m}\nabla^2 + V(\boldsymbol{r})\right\}\psi(\boldsymbol{r}) = \varepsilon\,\psi(\boldsymbol{r}) \tag{2.25}$$

は，電子の波動関数 $\psi(\boldsymbol{r})$ に作用するハミルトニアンの中の $\boldsymbol{r}$ の代わりに，$\boldsymbol{r} + \boldsymbol{T}$ を代入しても不変に保たれる．

格子波やスピン波の場合は，それらを記述する運動方程式やスピンハミルトニアンは，各格子点（$1, 2, \cdots, n, \cdots$）にある原子の変位

$$(u_1, u_2, \cdots, u_n, \cdots)$$

やスピンの変位

$$(S_1, S_2, \cdots, S_n, \cdots)$$

を含んでいるが，格子を $\boldsymbol{T}$ だけ並進移動させて，$\boldsymbol{u}_n$（または $\boldsymbol{S}_n$）を，$\boldsymbol{u}_{n+T}$（または $\boldsymbol{S}_{n+T}$）におきかえてもその違いを見分けることはできない．

そこで，この性質をブロッホにならって定式化してみることにしよう．そのために，並進対称操作を施す前のハミルトニアンと波動関数を $H(0)$ および $\psi(\boldsymbol{r})$ で表し，並進対称操作を施した後のそれらを $H(\boldsymbol{T})$ および $\psi(\boldsymbol{r} + \boldsymbol{T})$ で表すことにする．系は並進不変であるから，

$$H(\boldsymbol{T}) = H(0) \tag{2.26}$$

となる．また，系の固有状態は

$$H(0)\,\psi(\boldsymbol{r}) = \varepsilon\,\psi(\boldsymbol{r}) \tag{2.27}$$

の形の波動方程式を満足する.* この方程式は並進対称操作 $\boldsymbol{T}$ を施すと

$$H(\boldsymbol{T})\,\psi(\boldsymbol{r}+\boldsymbol{T}) = \varepsilon\,\psi(\boldsymbol{r}+\boldsymbol{T}) \tag{2.28}$$

となるが，これは (2.26) から

$$H(0)\,\psi(\boldsymbol{r}+\boldsymbol{T}) = \varepsilon\,\psi(\boldsymbol{r}+\boldsymbol{T}) \tag{2.29}$$

とも書ける．したがって，$\psi(\boldsymbol{r}+\boldsymbol{T})$ は $\psi(\boldsymbol{r})$ の満たす方程式の解でもある．このことは，これらの2つの波動関数が同等であって互いに識別できないことを意味している．なぜならば，もし2つの波動関数が等しくなければ，偶然に見つかった1つの解に並進操作を施すだけで，エネルギー的に縮退した無数の波動方程式の解をつくり出すことができてしまうからである．

それでは，$\psi(\boldsymbol{r}+\boldsymbol{T})$ と $\psi(\boldsymbol{r})$ が物理的に識別できないとすれば，どのような可能性があるだろうか．$\psi(\boldsymbol{r})$ が縮退していない場合について考えてみよう．1つの可能性は，$\psi(\boldsymbol{r}+\boldsymbol{T})$ が $\psi(\boldsymbol{r})$ の単に何倍かになっている場合である．そこで，いま，基本格子ベクトル $\boldsymbol{a}$ だけ並進移動させたとすると，

$$\psi(\boldsymbol{r}+\boldsymbol{a}) = c_1\,\psi(\boldsymbol{r}) \tag{2.30}$$

と書ける．ただし，c_1 は波動関数に対する規格化の要請から

$$c_1{}^* c_1 = 1 \tag{2.31}$$

を満たす複素数でなければならない．したがって，k_1 を実数として

$$c_1 = \exp\,(ik_1)$$

と書ける．同様にして，他の2つの基本格子ベクトルを $\boldsymbol{b}$，$\boldsymbol{c}$ だけ並進させた場合についても，k_2，k_3 を実数として

$$\psi(\boldsymbol{r}+\boldsymbol{b}) = \exp\,(ik_2)\,\psi(\boldsymbol{r}), \qquad \psi(\boldsymbol{r}+\boldsymbol{c}) = \exp\,(ik_3)\,\psi(\boldsymbol{r})$$

を得る．したがって，一般の並進操作

$$\boldsymbol{T} = m_1\boldsymbol{a} + m_2\boldsymbol{b} + m_3\boldsymbol{c}$$

に対しては次の関係が導かれる（例題2.3を参照）．

＊　古典的な格子波の運動方程式の場合は，次章で見るように，ハミルトニアンは原子の平衡位置からの微小変位に対して導かれる連立微分方程式の行列である．

$$\psi(\boldsymbol{r} + \boldsymbol{T}) = \exp\{i(k_1m_1 + k_2m_2 + k_3m_3)\}\,\psi(\boldsymbol{r}) \tag{2.32}$$

ここで,

$$\boldsymbol{k} = \frac{1}{2\pi}(k_1\boldsymbol{A} + k_2\boldsymbol{B} + k_3\boldsymbol{C}) \tag{2.33}$$

で定義されるベクトル $\boldsymbol{k}$ を導入すると,(2.32) は

$$\psi(\boldsymbol{r} + \boldsymbol{T}) = \exp(i\boldsymbol{k}\cdot\boldsymbol{T})\,\psi(\boldsymbol{r}) \tag{2.34}$$

と表される.この結果を**ブロッホの定理**という.

$\psi_1(\boldsymbol{r})$ と $\psi_2(\boldsymbol{r})$ が縮退しているときは,それらの波動関数の1次結合を適当にとり,並進操作によって現れる位相因子を対角化して縮退のない状態へ変換し,上に述べた縮退のない場合についての議論をそのまま適用すればよい.

例題 2.3

3つの基本格子ベクトルに関する並進操作の結果を用いて,(2.32) を導出せよ.

[**解**] $\psi(\boldsymbol{r})$ を $\boldsymbol{a}$ の方向へ $m_1\boldsymbol{a}$ だけ並進させると,(2.30) から

$$\begin{aligned}\psi(\boldsymbol{r} + m_1\boldsymbol{a}) &= \exp(ik_1)\,\psi(\boldsymbol{r} + m_1\boldsymbol{a} - \boldsymbol{a})\\ &= \exp(i2k_1)\,\psi(\boldsymbol{r} + m_1\boldsymbol{a} - 2\boldsymbol{a})\\ &= \exp(ik_1m_1)\,\psi(\boldsymbol{r} + m_1\boldsymbol{a} - m_1\boldsymbol{a})\\ &= \exp(ik_1m_1)\,\psi(\boldsymbol{r})\end{aligned}$$

したがって,これをさらに,$\boldsymbol{b}$ の方向へ $m_2\boldsymbol{b}$,$\boldsymbol{c}$ の方向へ $m_3\boldsymbol{c}$ だけ並進させると,

$$\begin{aligned}\psi(\boldsymbol{r} + \boldsymbol{T}) &= \psi(\boldsymbol{r} + m_1\boldsymbol{a} + m_2\boldsymbol{b} + m_3\boldsymbol{c})\\ &= \exp\{i(k_1m_1 + k_2m_2 + k_3m_3)\}\,\psi(\boldsymbol{r})\end{aligned}$$

が導かれる.

ブリユアンゾーンへの還元

並進ベクトル $\boldsymbol{T}$ と格子ベクトル $\boldsymbol{R} = m_1\boldsymbol{a} + m_2\boldsymbol{b} + m_3\boldsymbol{c}$ とは同じ形で

与えられることから，ブロッホの定理に現れている因数 $\exp(ik\cdot\boldsymbol{T})$ は $\exp(i\boldsymbol{k}\cdot\boldsymbol{R})$ と書くこともできる．これからわかるように，上で導入したベクトル $\boldsymbol{k}$ は波数ベクトルの意味をもっている．したがって，電子波などの状態はその波数ベクトル $\boldsymbol{k}$ によって分類される．すなわち，ブロッホの定理は

$$\psi_{\boldsymbol{k}}(\boldsymbol{r}+\boldsymbol{R}) = \exp(i\boldsymbol{k}\cdot\boldsymbol{R})\,\psi_{\boldsymbol{k}}(\boldsymbol{r}) \tag{2.35}$$

と書き表すこともできる．

ところで，(2.35) に現れる因子 $\exp(i\boldsymbol{k}\cdot\boldsymbol{R})$ は，§1.2 で周期関数を学んだときに出てきた因子 $\exp(i\boldsymbol{K}\cdot\boldsymbol{R})$ に似ていることから，波数ベクトル $\boldsymbol{k}$ は逆格子ベクトル $\boldsymbol{K}$ と同じ次元をもち，逆格子空間に属していることがわかる．また，波数ベクトル $\boldsymbol{k}$ がたまたま逆格子ベクトル $\boldsymbol{K}$ に一致する場合には，(2.35) は

$$\psi_{\boldsymbol{K}}(\boldsymbol{r}+\boldsymbol{R}) = \psi_{\boldsymbol{K}}(\boldsymbol{r}) \tag{2.36}$$

となり，$\psi_{\boldsymbol{K}}(\boldsymbol{r})$ は格子の周期関数となる．

さて，状態 $\psi_{\boldsymbol{k}}(\boldsymbol{r})$ が，

$$\boldsymbol{k} = \boldsymbol{K} + \boldsymbol{k}' \tag{2.37}$$

で与えられる波数ベクトル $\boldsymbol{k}$ をもつ場合を考えよう．この場合は，(2.35) より

$$\psi_{\boldsymbol{k}}(\boldsymbol{r}+\boldsymbol{R}) = \exp\{i(\boldsymbol{K}+\boldsymbol{k}')\cdot\boldsymbol{R}\}\,\psi_{\boldsymbol{k}}(\boldsymbol{r}) \tag{2.38}$$

となる．すなわち，状態 $\psi_{\boldsymbol{k}}(\boldsymbol{r})$ はあたかも波数ベクトル $\boldsymbol{k}'$ をもっているかのようにブロッホの定理を満たしている．これからわかるように，状態を指定する波数ベクトル $\boldsymbol{k}$ は1通りには決まらない．どの状態も，互いに逆格子ベクトルだけ異なる無数の可能な波数ベクトルをもっているのである．そこで，与えられた状態の波数ベクトルを $\boldsymbol{k}$ として，それらの無数の波数ベクトルの中からどれを選べばよいかが問題になる．

まず，1次元の場合を考えてみよう．周期 a をもつ1次元格子の逆格子点は，波数直線上に間隔 $2\pi/a$ で等間隔に並んでいる．したがって，3次元の

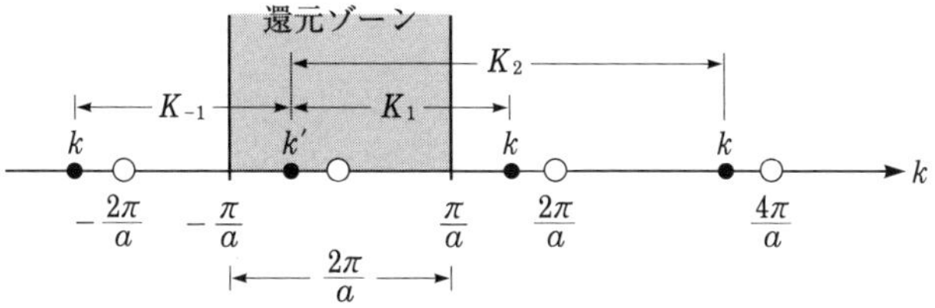

図2.14 1次元逆格子空間において，すべての波数ベクトル$\boldsymbol{k}$は第1ブリユアンゾーンの中の$\boldsymbol{k}'$へ還元される．

逆格子ベクトル$\boldsymbol{K}_m$に相当するのは，1次元の場合，任意の2つの逆格子点間の距離である．そのような逆格子点間の距離の集合は

$$K_m = m\frac{2\pi}{a} \qquad (m = 0, \pm 1, \pm 2, \cdots) \tag{2.39}$$

で与えられる．したがって，1つの状態k'に対して

$$k = m\frac{2\pi}{a} + k' \tag{2.40}$$

で与えられるものであれば，どのkを割り当ててもよい．すなわち，kの値は，図2.14に示すように，波数（k）直線上においては$2\pi/a$の間隔で周期的になっている．

ところで，後の“状態の数え方”の項で述べるように，k直線上の1周期の区間には，ちょうど格子点の数Nに等しいだけの，本質的に異なるkの値が存在している．したがって，kの値は長さ$2\pi/a$の区間内に制限してもよく，この区間の外のkをとっても新しい情報は得られないことになる．また，その場合，区間としては長さが$2\pi/a$であればk直線上のどこをとってもよい．そこで，便宜上この区間を$k = 0$について対称にとって，(2.40)のすべてのkの代表として，

$$-\frac{\pi}{a} \leqq k < \frac{\pi}{a} \tag{2.41}$$

となるkを選ぶことにする．

この区間は，第1章で学んだ1次元格子の第1ブリユアンゾーンに他なら

ない．したがって，1次元系のすべての波数ベクトル $\boldsymbol{k}$ は，第1ブリユアンゾーンの中のベクトル $\boldsymbol{k}'$ に還元される．この事情は，2次元，3次元系の場合にも同じである．すなわち，“逆格子空間の中のどの $\boldsymbol{k}$ 点も第1ブリユアンゾーンの中の点に還元することができる”．そこで，この第1ブリユアンゾーンのことを**還元ゾーン**といい，状態を還元ゾーンの中の波数ベクトルで表す方式を**還元ゾーン方式**という．

周期的境界条件

これまでの議論では完全並進対称性を前提として進めてきた．これは，無限に広がった結晶格子を仮定している．このような無限に大きな系では，無限の原子が含まれており，状態の数も無限に多く，その数学的取扱いがやっかいである．しかし，有限個の原子を扱うために，結晶の広がりを有限にすると，今度は表面が存在するために並進対称性は破れてしまう．

この問題は，次のように考えることによって解決することができる．すなわち，N 個の単位格子から成る有限な結晶を考え，これを，これと同じ結晶を周期的にくり返し無限に並べた結晶の一部分と考えるのである．例えば，N 個の単位格子から成る長さ $L = Na$ の1次元結晶の場合であれば，図2.15(a) のように，同じ長さ L の仮想的な結晶をもとの結晶の両側にくり返しつないで無限に長い結晶をつくる．これは，図2.15(b) のように結晶の両端がつながって輪になっていると考えてもよい．こうすれば，距離 L だけ離れた点での，電子の状態あるいは原子やスピンの変位は同じになる．すなわち，電子波ならば電子の波動関数について

$$\phi_k(x + Na) = \phi_k(x) \tag{2.42}$$

が成り立つ．

そこで，長さが L の有限長の1次元結晶の場合，境界条件として (2.42) を課せば，両端が存在するために生ずる面倒な物理的効果はうまく回避することができる．この周期的な境界条件 (2.42) は**ボルン－フォン・カルマン**

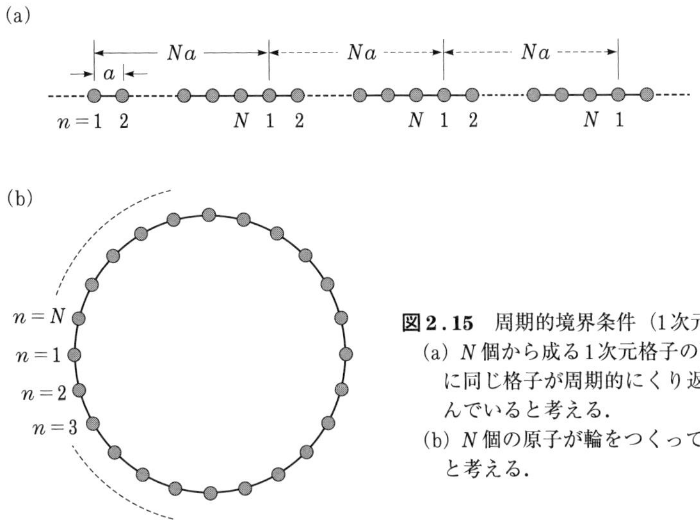

図 2.15 周期的境界条件（1次元系）
(a) N 個から成る1次元格子の両側に同じ格子が周期的にくり返し並んでいると考える．
(b) N 個の原子が輪をつくっていると考える．

の境界条件とよばれる．

状態の数え方

上の周期的境界条件 (2.42) を用いると，還元ゾーンの中に存在する状態の数を数えることができる．ここでも，まず1次元格子から考えよう．(2.42) によれば，N 個の単位格子から成る1次元格子の電子の波動関数 $\psi_k(x)$ は，周期が Na の周期関数と見なすことができる．したがって，ブロッホの定理から

$$\psi_k(x+Na) = \exp(ikNa)\,\psi_k(x) \tag{2.43}$$

と書くことができる．これを (2.42) と比べると，

$$\exp(ikNa) = 1 \tag{2.44}$$

が得られる．すなわち，m を整数とすると，電子の状態を指定する波数ベクトル k は

$$k = \frac{2\pi m}{Na} \tag{2.45}$$

と表される．ここで，m の範囲は，k が還元ゾーンの中にあるという条件

(2.41) から，領域

$$-\frac{1}{2}N \leqq m < \frac{1}{2}N \tag{2.46}$$

の中に制限される．この範囲の中にある m の数はちょうど格子点の数 N に等しい．したがって，還元ゾーンに含まれている状態の数は N 個であって，それらの波数ベクトル k は $2\pi/Na$ だけ隔たって分布している．N が十分に大きければ，この波数ベクトルの逆格子空間における分布は一様で，実際上連続と見なすことができる．

この議論を3次元結晶に拡張するには，次のようにすればよい．基本ベクトル $\boldsymbol{a}$，$\boldsymbol{b}$，$\boldsymbol{c}$ の方向に，長さ N_1a，N_2b，N_3c をもつ結晶を考えて，それぞれの方向について周期境界条件

$$\psi_k(\boldsymbol{r}+N_1\boldsymbol{a})=\psi_k(\boldsymbol{r}),\quad \psi_k(\boldsymbol{r}+N_2\boldsymbol{b})=\psi_k(\boldsymbol{r}),\quad \psi_k(\boldsymbol{r}+N_3\boldsymbol{c})=\psi_k(\boldsymbol{r}) \tag{2.47}$$

を課す．これらの条件式は，波数ベクトル $\boldsymbol{k}$ のブロッホ状態に対しては

$$\exp\{i\boldsymbol{k}\cdot(N_1\boldsymbol{a})\}=\exp\{i\boldsymbol{k}\cdot(N_2\boldsymbol{b})\}=\exp\{i\boldsymbol{k}\cdot(N_3\boldsymbol{c})\}=1 \tag{2.48}$$

となる．ここで，波数ベクトル $\boldsymbol{k}$ は逆格子空間の点に対応しているから，これを

$$\boldsymbol{k}=\frac{1}{2\pi}(k_1\boldsymbol{A}+k_2\boldsymbol{B}+k_3\boldsymbol{C}) \tag{2.49}$$

と書くと，(2.48) が成り立つためには，k_1，k_2，k_3 は，

$$k_1=\frac{2\pi m_1}{N_1a},\qquad k_2=\frac{2\pi m_2}{N_2b},\qquad k_3=\frac{2\pi m_3}{N_3c} \tag{2.50}$$

の形をとることが要請される．ただし，m_1，m_2，m_3 は整数である．これより，ブロッホ状態の波数ベクトル $\boldsymbol{k}$ は，逆格子空間で，各基本逆格子ベクトルの $1/N_1$，$1/N_2$，$1/N_3$ の微小ベクトルをそれぞれ基本単位ベクトルとする格子を形成していることがわかる．したがって，これらの波数ベクトル $\boldsymbol{k}$ が第1ブリユアンゾーンの中にあるためには，m_1，m_2，m_3 は

$$-\frac{1}{2}N_1 \leqq m_1 < \frac{1}{2}N_1, \quad -\frac{1}{2}N_2 \leqq m_2 < \frac{1}{2}N_2, \quad -\frac{1}{2}N_3 \leqq m_3 < \frac{1}{2}N_3 \tag{2.51}$$

の範囲になければならない．これから第1ブリユアンゾーンの中の還元波数ベクトルの数は，

$$N_1 \times N_2 \times N_3 = N$$

となり，これは結晶の中の単位格子の数に等しいことがわかる．

逆格子空間の中での許容波数ベクトルの分布は一様である．したがって，逆格子空間の或る体積の中に含まれる波数ベクトルの数，つまりブロッホ状態の数は，その体積を1波数ベクトル当りの体積で割ればよい．前章で求めたように，結晶の単位格子の体積を V_c とすると，第1ブリユアンゾーンの体積は $8\pi^3/V_c$ で与えられ，また V_c は，体積 V の結晶の中に単位格子が N 個あるので，$V_c = V/N$ である．これから，$\boldsymbol{k}$ 空間の中で1波数ベクトルが占める体積は

$$\frac{8\pi^3}{NV_c} = \frac{8\pi^3}{V} \tag{2.52}$$

と得られる．したがって，逆格子空間には，単位体積当り $V/8\pi^3$ 個のブロッホ状態が対応している．

実際には，N は非常に大きいので，この $\boldsymbol{k}$ の分布は連続であるとして扱われる．したがって，いろいろな物理量について，$\boldsymbol{k}$ に関する和をとる場合は積分で表されることが多い．この和を積分で表すには，$\boldsymbol{k}$ 空間の中の単位体積当りの許容ベクトルの数 $V/8\pi^3$ を重みの因子として，

$$\sum_k \ \rightarrow \ \frac{V}{8\pi^3}\iiint d^3\boldsymbol{k} \tag{2.53}$$

のようにして表す．

演 習 問 題

［1］ 金属ナトリウムのような体心立方構造をもつ結晶では，(100) のような回折線は現れない．このことを物理的に説明せよ．

［2］ NaCl 結晶の結晶構造因子を求めよ．

［3］ ダイヤモンド格子は (100) と (1/4 1/4 1/4) にある 2 つの原子を単位構造とする面心立方格子である．ダイヤモンド結晶の結晶構造因子を求めよ．

［4］ 基底状態にある水素原子の電子密度 $\rho(r')$ は

$$\rho(r') = \frac{1}{\pi {a_0}^3} \exp\left(-\frac{2r'}{a_0}\right)$$

で与えられる．ただし，a_0 はボーア半径である．これを用いて，水素原子の原子形状因子を求めよ．

［5］ $\boldsymbol{R}_m = m\boldsymbol{a}$ $(m = 0, 1, 2, \cdots, M-1)$ なる格子点に，点状の，同一の散乱中心が一列に並んだ 1 次元結晶があるとしよう．この系の散乱強度を求め，その散乱ベクトルに対する依存性を調べよ．

［6］ 格子点の原子は熱振動している．そのため，結晶の温度が上がると原子の電子雲の平均の広がりは増大し，散乱強度が減少する．いま，熱振動による原子の格子点からの変位の 2 乗平均を $\langle u^2 \rangle$ とすると，逆格子ベクトル $\boldsymbol{K}$ に対応する散乱強度 I_K は

$$I_K = I_{K_0} \exp\left\{-\frac{1}{3}\langle u^2 \rangle K^2\right\}$$

で与えられることを示せ．なお，この右辺の指数関数部分を**デバイ - ワラー (Debye - Waller) 因子**という．

［7］ 格子定数 a の単純立方格子，体心立方格子，面心立方格子の第 1 ブリユアンゾーンを作図せよ．

3 結晶の中の原子の動力学

格子波(フォノン)と熱的性質

第1章の初めで述べたように，固体は，おおまかに見ればイオンと電子の集合体である．すなわち，イオン（以後，これを単に原子とよぶことにする）が結晶格子という構造物をつくり，原子核の束縛から解放された一部の電子がその中で運動している．したがって，固体の物理的性質は，原子が平衡位置の周りで行う運動（格子振動）に関するものと，結晶格子の周期的ポテンシャルの中での電子の振舞いに関するものとに大別することができる．このような分類が許されるのは，固体においては，“原子核の質量が十分に大きいために，原子核の運動は電子に比べて遅く，電子の状態を調べるときは原子核は固定して考えることができる”からである．これは**“断熱近似”**とよばれる物性物理学における最も基本的な近似の1つであって，**ボルン**（**Born**）と**オッペンハイマー**（**Oppenheimer**）によって導入されたものである．

そこで，この章では，結晶中の原子の動力学について学ぶ．結晶中の原子は，それぞれの平衡位置の周りで熱振動を行っている．これがいわゆる格子振動である．格子振動では，各原子の運動は独立ではなく，周りの原子の運動の影響を受けながら運動している．したがって，格子振動は集団振動であって，結晶中を波として伝播する．この波は格子波（フォノン）とよばれるものであって，格子波のエネルギーは量子化されている．

以下では，まず，格子力学の理論について簡単に解説したのち，簡単なモデルについて格子波（フォノン）の性質を調べる．続いて，比熱や熱伝導などの結晶の熱的性質をフォノンの性質から説明する．最後に，格子振動によって電子や中性子が散乱される現象について触れ，その散乱の過程で，エネルギーや運動量がどのように保存するかを見ていくことにする．

§3.1　格子力学

結晶中の原子は，それぞれの理想化された平衡位置の周りを熱運動している．この熱運動は**格子振動**とよばれる．格子振動は格子の並進対称性のために，前章で学んだブロッホの定理を満たさなければならない．したがって，格子振動は結晶中を伝播する波，つまり格子波（フォノン）である．この節ではこの格子振動の力学，つまり格子力学を学ぶが，その前に個々の原子の平衡位置からの変位を定義しておこう．

前章で，結晶内の位置ベクトルを定義したときに用いた方法をここでも踏襲することにする（図2.6を参照）．まず，単位格子を $m, n, \cdots$ で指定しよう．ただし，それぞれの格子ベクトルは

$$\boldsymbol{r}_m = m_1\boldsymbol{a} + m_2\boldsymbol{b} + m_3\boldsymbol{c}, \qquad \boldsymbol{r}_n = n_1\boldsymbol{a} + n_2\boldsymbol{b} + n_3\boldsymbol{c}, \qquad \cdots$$

を表しているものとする．次に，個々の単位格子内の原子を $\alpha, \beta, \cdots$ で表す．このようにしておけば，m 番目の単位格子の中の α 番目の原子の，その平衡位置からの変位は $\boldsymbol{u}_{m\alpha}$ とおくことができる．

運動方程式

結晶全体のポテンシャルエネルギー V は，すべての原子の平衡位置からの変位 $\boldsymbol{u}_{m\alpha}$ の関数であって，全原子が平衡位置にあるとき極小値 V_0 をとる．そこで，このポテンシャルエネルギーを平衡位置の周りで展開して，変位ベクトル $\boldsymbol{u}_{m\alpha}$ のデカルト座標成分 $u_{m\alpha}{}^l$（$l = i, j, k$ は3個の空間座標方向を表す）のベキ級数で展開してみよう．

$$V = V_0 + \sum_{m\alpha j}\left(\frac{\partial V}{\partial u_{m\alpha}}\right)u_{m\alpha}{}^j + \sum_{mn,\alpha\beta,ij}\left(\frac{\partial^2 V}{\partial u_{m\alpha}{}^i\,\partial u_{n\beta}{}^j}\right)u_{m\alpha}{}^i u_{n\beta}{}^j + \cdots \tag{3.1}$$

ここで，第1項の V_0 は目下の議論では重要でない．また，これは平衡位置の周りでの展開であるから，変位に線形な項（変位についての1次の項）はゼロとなる．したがって，最初に重要となるのは調和項とよばれる変位に

ついての2次の項である．

そこで，3次以上の高次の項は無視できるほど小さいとすると，(3.1) は

$$V = V_0 + \sum_{mn,\alpha\beta,ij}\left(\frac{\partial^2 V}{\partial u_{m\alpha}{}^i\,\partial u_{n\beta}{}^j}\right)u_{m\alpha}{}^i u_{n\beta}{}^j \tag{3.2}$$

と書ける．これは調和振動子に対するポテンシャルを多粒子系に拡張した形になっている．また，(3.1) で高次の項を無視することを“**調和近似**”とよぶ．

ポテンシャルの係数

$$\frac{\partial^2 V}{\partial u_{m\alpha}{}^i\,\partial u_{n\beta}{}^j} \equiv \mathrm{D}_{m\alpha,n\beta}{}^{ij} \tag{3.3}$$

は力のテンソルであって，ばね定数と同じ次元をもつ量である．すなわち，

$$\mathrm{D}_{m\alpha,n\beta}{}^{ij}\ u_{n\beta}{}^j \tag{3.4}$$

は，n 番目の単位格子の原子 β が j 方向に距離 $u_{n\beta}{}^j$ だけ変位したとき，m 番目の単位格子の原子 α にはたらく i 方向の力を表す．この力のテンソル D は，結晶格子のもつ並進不変性を満たさなければならないため，個々の単位格子の絶対的な位置ベクトル $\boldsymbol{r}_m$，$\boldsymbol{r}_n$ ではなく，それらの差 $\boldsymbol{r}_n - \boldsymbol{r}_m$ のみに依存する．すなわち，

$$\mathrm{D}_{m\alpha,n\beta} \equiv \mathrm{D}_{\alpha,\beta}(\boldsymbol{h}), \qquad \boldsymbol{h} = \boldsymbol{r}_n - \boldsymbol{r}_m \tag{3.5}$$

と表される．

そこで，原子の質量を $M_\alpha, M_\beta, \cdots$ とすると，m 番目の単位格子の原子 α の変位に対する運動方程式は，(3.4) から

$$M_\alpha \frac{d^2\boldsymbol{u}_{m\alpha}}{dt^2} = -\sum_{\beta h}\mathrm{D}_{\alpha,\beta}(\boldsymbol{h})\,\boldsymbol{u}_{(m+h),\beta} \tag{3.6}$$

と書ける．この運動方程式は並進対称性をもつため，$\boldsymbol{u}_{m\alpha}$ はブロッホの定理 (2.34) を満たしている．したがって，

$$\boldsymbol{u}_{m\alpha}(t) = \exp\,(i\boldsymbol{k}\cdot\boldsymbol{r}_m)\ \boldsymbol{u}_{0\alpha}(t) \tag{3.7}$$

の関係を満たす波数ベクトル $\boldsymbol{k}$ が存在する．ここで，$\boldsymbol{u}_{0\alpha}$ は格子ベクトル $\boldsymbol{r}_m$ の原点に選ばれた単位格子における原子 α の変位ベクトルである．

いま，(3.7) を (3.6) に代入すると，

$$M_\alpha \frac{d^2 \boldsymbol{u}_{0\alpha}}{dt^2} = -\sum_\beta \mathrm{D}_{\alpha,\beta}(\boldsymbol{k})\ \boldsymbol{u}_{0\beta} \tag{3.8}$$

を得る．ただし，

$$\mathrm{D}_{\alpha,\beta}(\boldsymbol{k}) \equiv \sum_h \mathrm{D}_{\alpha,\beta}(\boldsymbol{h}) \exp\,(i\boldsymbol{k}\cdot\boldsymbol{h}) \tag{3.9}$$

は力のテンソル D のフーリエ変換である．原点にはどの単位格子を選んでもよいから，すべての単位格子内の原子 α は，同じ方向に，同じ振幅で振動し，ただ位相だけが単位格子から単位格子へと変化している．すなわち，原子の変位は，単位格子の格子ベクトル $\boldsymbol{r}_m$，波数ベクトル $\boldsymbol{k}$ をもった平面波として記述することができる．つまり，

$$u_{m\alpha}{}^i = U_\alpha{}^i(\boldsymbol{k}) \exp\{i(\boldsymbol{k}\cdot\boldsymbol{r}_m - \omega t)\} \tag{3.10}$$

と表される．ただし，ここで波数ベクトル $\boldsymbol{k}$ と角振動数 ω は互いに独立ではなく，ω は $\boldsymbol{k}$ の関数として与えられる．この関係 $\omega(\boldsymbol{k})$ は**分散関係**とよばれる．

分散関係 $\omega(\boldsymbol{k})$ は次のようにして求めることができる．(3.10) を (3.8) に代入すると，

$$-\omega^2 M_\alpha\ U_\alpha{}^i(\boldsymbol{k}) + \sum_{\beta j} \mathrm{D}_{\alpha,\beta}(\boldsymbol{k})\ U_\beta{}^j(\boldsymbol{k}) = 0 \tag{3.11}$$

が得られる．いま，単位格子内の原子数を r とすると，これは次数 $3r$ の線形同次連立方程式である．線形同次連立方程式は

$$\det\{\mathrm{D}_{\alpha,\beta}{}^{ij}(\boldsymbol{k}) - \omega^2 M_\alpha \delta_{\alpha\beta}\delta_{ij}\} = 0 \tag{3.12}$$

のときのみ固有解をもち，それぞれの $\boldsymbol{k}$ に対して，$3r$ 個の異なる解 $\omega(\boldsymbol{k})$ が存在する．これらの $3r$ 個の異なる解は，それぞれ分散関係の**分枝**（**ブランチ**）という．

単原子 1 次元格子

これから 2 つの 1 次元格子モデルについて，格子振動の分散関係を求めてみる．これらのモデルはいずれも固体のモデルとしては非現実的ではある

が，その数学的簡単さのために，格子波の物理的性質を理解する上で役に立つモデルである．

初めに，単原子1次元格子モデルをとり上げる．これは単位格子当り1個の原子をもつ1次元格子において，力が最近接原子間にのみはたらいているとするモデルである．いま，N 個の単位格子から成る1次元鎖において，原子の質量を M，平均原子間隔を a，最近接原子間の力の定数を α とし，原子が鎖方向に変位する運動を考えよう（図3.1）．この系のポテンシャルエネルギー V は，

$$V = \sum_{m-1}^{N} \frac{1}{2}\alpha(u_n - u_{n+1})^2 \tag{3.13}$$

の形をとるため，(3.3) から運動方程式 (3.6) は

$$\begin{aligned} M\frac{d^2u_n}{dt^2} &= -\frac{\partial^2 V}{\partial u_{n-1}\,\partial u_n}u_{n-1} - \frac{\partial^2 V}{\partial {u_n}^2}u_n - \frac{\partial^2 V}{\partial u_n\,\partial u_{n+1}}u_{n+1} \\ &= \frac{\alpha}{2}\frac{\partial^2(2u_{n-1}\,u_n)}{\partial u_{n-1}\,\partial u_n}u_{n-1} - \frac{\alpha}{2}\frac{\partial^2({u_n}^2 + {u_n}^2)}{\partial {u_n}^2}u_n \\ &\qquad + \frac{\alpha}{2}\frac{\partial^2(2u_n\,u_{n+1})}{\partial u_n\,\partial u_{n+1}}u_{n+1} \\ &= -\alpha(2u_n - u_{n-1} - u_{n+1}) \end{aligned} \tag{3.14}$$

となる．ここで，ブロッホの定理により

$$u_n = U_k(t)\exp(ikna) \tag{3.15}$$

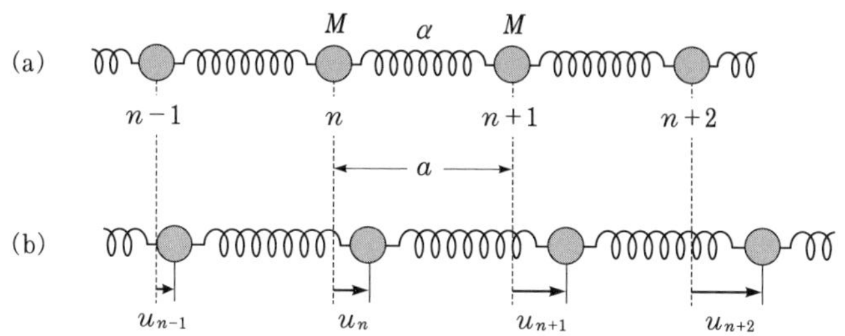

図3.1　単原子1次元格子の振動
(a) 平衡状態　(b) 振動状態

とおくと，(3.14) は次の形に変換される．

$$M\frac{d^2U_k}{dt^2} = -\{2\alpha - \alpha\exp(ika) - \alpha\exp(-ika)\}U_k$$
$$= -2\alpha(1-\cos ka)U_k$$
$$= -M\omega^2(k)U_k \qquad (3.16)$$

これは調和振動の運動方程式であって，その角振動数 $\omega(k)$ は

$$\omega(k) = 2\sqrt{\frac{\alpha}{M}}\left|\sin\frac{ka}{2}\right| \qquad (3.17)$$

である．したがって，(3.16) の解 U_k は，

$$U_k = A_k\exp\{\pm i\omega(k)t\}$$

となり，(3.15) の解は

$$u_n = A_k\exp[i\{kna \pm \omega(k)t\}] \qquad (3.18)$$

と得られる．すなわち，原子の変位は，1次元鎖に沿って＋または－方向に伝播する，波数 k をもつ格子波として記述される．ここで波数 k のとり得る値とその数は，前章で述べたように (3.18) に周期的境界条件

$$u_n = u_{n+N} \qquad (3.19)$$

を課すことによって得られる．

(3.19) は

$$\exp(ikNa) = 1 \qquad \text{すなわち} \qquad kNa = 2\pi m$$

となるため，波数 k の値は，

$$k = \frac{2\pi}{Na}m \qquad (3.20)$$

となる．すなわち，波数 k は $2\pi/a$ の間隔で周期的であって，各周期の中には N 個の異なる k の値が $2\pi/a$ の間隔で一様に分布している．これらの k の値は，前章で見たように，第1ブリユアンゾーンの中の N 個の k の値に還元されるので，普通は，

$$-\frac{\pi}{a} \leqq k < \frac{\pi}{a} \tag{3.21}$$

のように選ばれる（図 2.14 を参照）．したがって，この N 個の k の値に対応して，N 個の解（格子波）が存在する．

このように，原子の変位の運動が，第 1 ブリユアンゾーン内の波数 k の値をもつ N 個の格子波だけで記述できるのは，連続体と違って結晶では変位 u_n が結晶の格子点の位置だけで定義されているためである．

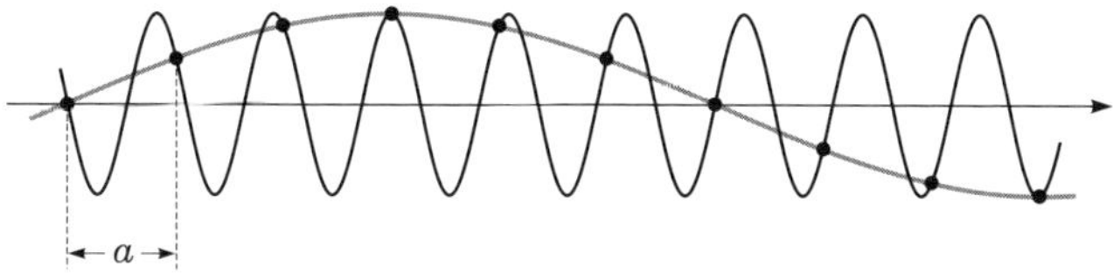

図 3.2　第1ブリユアンゾーンの外側の，波長が $2a$ よりも短い格子波は，原子変位としては，第1ブリユアンゾーン内の波長が $2a$ よりも長い格子波を再現する．

これを理解するために，単原子 1 次元格子の瞬間的な原子変位を考えよう．この原子変位は図 3.2 に示されるように，変数 k は異なるが，原子の変位 u_n が同じになる 2 つの波（ここではわかりやすくするために横波で示してある）で表される．ここで，灰色の線の波は波長が $2a$ より長く，波数 k は第 1 ブリユアンゾーンの内部にあるが，細線の波は波長が $2a$ より短く，波数 k は第 1 ブリユアンゾーンの外部にある．これからわかるように，波数 k が第 1 ブリユアンゾーンの外側にある格子波には，それと同じ原子変位の波が第 1 ブリユアンゾーンの内部に必ず存在する．したがって，格子運動は第 1 ブリユアンゾーンの内部に波数 k をもつ N 個の格子波だけで記述することができる．

この単原子 1 次元格子における格子波の ω と k の関係，つまり分散関係は（3.17）で与えられる．また，これを図示すると，図 3.3 のようになる．この図を参照しながら，（3.17）の分散関係について，いくつかの重要な点

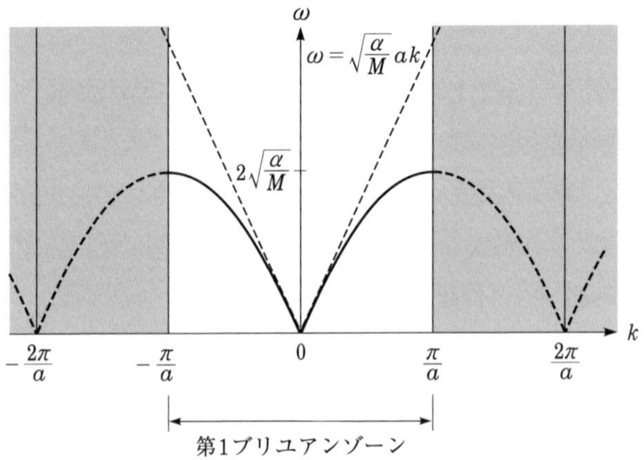

図3.3　単原子1次元格子における縦波の分散関係

を整理しておこう.

（1） $\omega(k)$ は k と $-k$ に関して対称である. すなわち, $\omega(k)=\omega(-k)$ が成り立つ. これは右へ進む波と左へ進む波のエネルギーが等しいことに対応している.

（2） $\omega(k)$ は波数 k について周期 $2\pi/a$ の周期関数である.

（3） ω には上限がある（図3.3を参照）. すなわち, **カットオフ角振動数**

$$\omega_{\max}=2\sqrt{\frac{\alpha}{M}} \qquad (3.22)$$

が存在する.

（4） 分枝は1つだけである. ここでは, 1次元鎖の方向（波の進行方向）に対して平行に原子が変位する縦波だけを考えているが, 振動の偏りの方向には3つの自由度があり, 縦波の他に変位が進行方向に垂直な横波が2つある. 縦波と横波の力の定数が等しければ, これらの3つの波の分散関係は縮退している. しかし, 普通は横波の力の定数は縦波より小さいので, 横波の ω の値は縦波の値より小さくなる.

（5） $k\cong 0$（長波長の極限）では, (3.17) を ka で展開すると,

$$\omega = \sqrt{\frac{\alpha}{M}}ka \tag{3.23}$$

となり，ω は k に比例する．このように角振動数が波数に比例することは，連続体の中を伝わる通常の弾性波の性質としてよく知られている．格子波の波長が格子間隔に比べて十分に長くなると，個々の原子の配列は見えなくなるため，1 次元格子は連続体の性質をもつ．したがって，単原子 1 次元格子を伝わるこのような波長の長い波の速さは，

$$v = \frac{\omega}{k} = \sqrt{\frac{\alpha}{M}}a \tag{3.24}$$

である．このように，長波長で弾性波と見なせる格子波は**音響モード**とよばれ，その分散関係は**音響分枝**（**音響ブランチ**）とよばれる．

2 原子 1 次元格子

今度は，質量が M と m の 2 種類の原子が交互に並んだ 1 次元鎖を考えよう．単位格子の中に 2 個の原子がある点が単原子の場合と異なる．いま N 個の単位格子，つまり $2N$ 個の原子から成る 1 次元鎖を考え，格子間隔は $2a$（したがって，原子間隔は a）とする．前と同様に力は最近接原子間のみにはたらくとし，縦波を考える．

図 3.4 のように，質量 M の原子が偶数番目（$2n$）に，質量 m の原子が奇数番目（$2n+1$）に配列するとして，それぞれの変位を u_{2n}，u_{2n+1}，

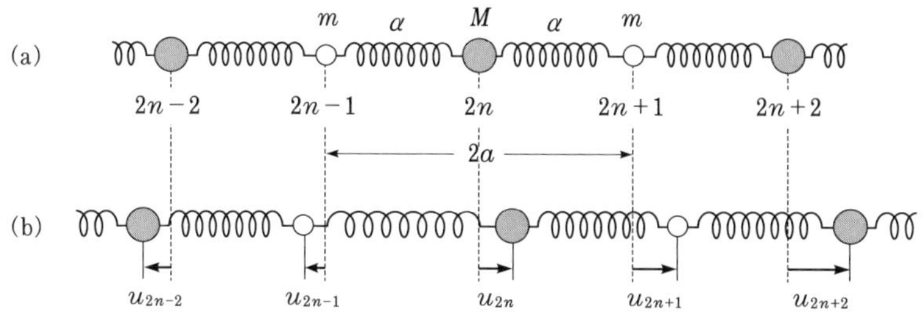

図 3.4　2 原子 1 次元格子の振動
(a) 平衡状態　(b) 振動状態

力の比例定数を α とすると，ポテンシャルエネルギー V は

$$V = \sum_{n=1}^{2N} \frac{1}{2} \alpha (u_n - u_{n+1})^2 \tag{3.25}$$

となる．これは本質的には（3.13）と同じである．したがって，2種類の原子についての運動方程式はそれぞれ，

$$\left.\begin{aligned} M \frac{d^2 u_{2n}}{dt^2} &= -\alpha(2u_{2n} - u_{2n-1} - u_{2n+1}) \\ m \frac{d^2 u_{2n+1}}{dt^2} &= -\alpha(2u_{2n+1} - u_{2n} - u_{2n+2}) \end{aligned}\right\} \tag{3.26}$$

と書き下される．これらの運動方程式は並進対称性を満たしているため，ブロッホの定理より，

$$u_{2n} = U_{1k}(t) \exp(ik2na), \qquad u_{2n+1} = U_{2k}(t) \exp\{ik(2n+1)a\} \tag{3.27}$$

とおくことができる．ここで，さらに

$$U_{1k} = A_{1k} \exp(-i\omega t), \qquad U_{2k} = A_{2k} \exp(-i\omega t)$$

とおいて，（3.27）を（3.26）に代入すると，

$$\left.\begin{aligned} -M\omega^2 A_{1k} + 2\alpha A_{1k} - 2\alpha \cos ka \cdot A_{2k} &= 0 \\ -m\omega^2 A_{2k} + 2\alpha A_{2k} - 2\alpha \cos ka \cdot A_{1k} &= 0 \end{aligned}\right\} \tag{3.28}$$

が得られる．

この線形同次連立方程式を解いて，固有角振動数 $\omega(k)$ を求めるには，次の行列式の方程式を解けばよい．

$$\begin{vmatrix} 2\alpha - \omega^2 M & -2\alpha \cos ka \\ -2\alpha \cos ka & 2\alpha - \omega^2 m \end{vmatrix} = 0 \tag{3.29}$$

これを ω^2 について解くと，2つの固有振動数 ω_+ と ω_- が求まる．

$$\omega_\pm{}^2(k) = \alpha\left(\frac{1}{M} + \frac{1}{m}\right) \pm \alpha\sqrt{\left(\frac{1}{M} + \frac{1}{m}\right)^2 - \frac{4\sin^2 ka}{Mm}} \quad \text{（複号同順）} \tag{3.30}$$

この2つの解 $\omega_\pm(k)$ は k に関して周期 π/a の周期関数である．いま，第1

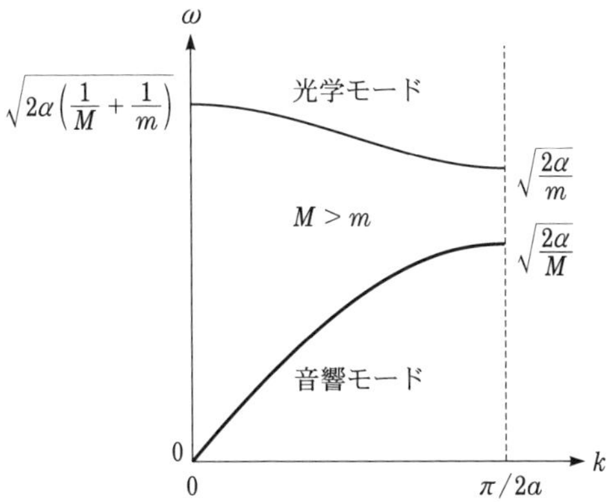

図3.5　2原子1次元格子における縦波の分散関数

ブリユアンゾーンの半分 $(0 \leqq k < \pi/2a)$ についてこれを示すと図3.5となる.

$ka \ll 1$ の極限, すなわち, 長波長 $(\lambda = 2\pi/k \gg a)$ での $\omega_\pm(k)$ の振舞いについては, (3.30) を ka で展開してみればよい. すなわち, 1に比べて $(ka)^2$ は十分に小さいとすると, (3.30) は

$$\omega_\pm{}^2(k) \approx \alpha\left(\frac{1}{M}+\frac{1}{m}\right)\left\{1 \pm \sqrt{1-\frac{4Mm}{(M+m)^2}(ka)^2}\right\}$$
$$\approx \alpha\left(\frac{1}{M}+\frac{1}{m}\right)\left[1 \pm \left\{1-\frac{2Mm}{(M+m)^2}(ka)^2\right\}\right]$$

となるので, これを整理すると

$$\omega_- \approx \sqrt{\frac{2\alpha a^2}{M+m}}\,k \tag{3.31}$$

$$\omega_+ \approx \sqrt{2\alpha\left(\frac{1}{M}+\frac{1}{m}\right)} \tag{3.32}$$

となる. そこで, これらの値を (3.28) のどちらか一方の式に代入すると, それぞれのモードにおける原子の変位が,

$$\omega_-: \quad u_{2n} \approx u_{2n+1} \tag{3.33}$$

$$\omega_+: \quad Mu_{2n} \approx -\,mu_{2n+1} \tag{3.34}$$

と得られる. これらの2つの波における原子変位の様子を見やすくするため

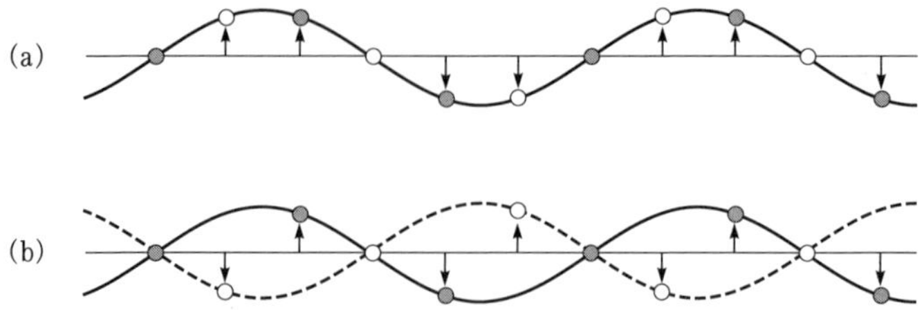

図 3.6　2原子1次元格子の (a) 音響モード と (b) 光学モード．いずれも横波の場合についての変位を示した．

に横波で図示すると，図 3.6 のようになる．ただし，簡単のために図では 2 種類の原子の振幅は等しく描かれている．

したがって，ω_- のモード（図 3.6(a)）は，単原子 1 次元鎖の場合と同様に，近隣の原子はすべて同位相で同じ方向に動き，ちょうど原子の鎖を弾性弦と見なしたときの長波長振動に対応している．そこで，このモードは**音響モード**とよばれる．

一方，ω_+ のモード（図 3.6(b)）は，隣り合った 2 種類の原子が，その重心の位置を変えないで互いに逆位相で振動している．そこで，もし，イオン結晶のように，これらの 2 種類の原子がそれぞれ符号の異なる電荷をもっているとすると，この振動によって 1 次元鎖に長波長（$\lambda \gg a$）の電気双極子モーメントの波が誘起される．この電気双極子モーメントの波は，これと同じ振動数（遠赤外領域）をもつ電磁波と強く相互作用し，電磁波のエネルギーを吸収して励起される．光に対するこのような性質は**光学活性**とよばれる．したがって，ω_+ の分枝を光学活性であるという意味で，**光学分枝**（**光学ブランチ**）といい，この分枝に対応する格子波を**光学モード**とよぶ．

例題 3.1

原子論的な立場の 2 原子 1 次元鎖モデルにおける長波長の音響モードの群速度（位相速度も同じ）と，連続体モデルによる弾性棒を伝わる弾性波（縦波）の伝播速度を比較せよ．

［**解**］（3.31）より長波長の音響モードの群速度は，

$$v_{\rm g} = \frac{d\omega_-(k)}{dk} = \sqrt{\frac{2\alpha a^2}{M+m}} \tag{3.35}$$

と得られる．一方，断面積 S，密度 ρ，ヤング率 E の弾性棒を伝わる縦波の波動方程式は，棒に沿って x 軸をとり，位置 x における変位を $u(x, t)$ とすると，

$$\rho \frac{\partial^2 u}{\partial t^2} = E \frac{\partial^2 u}{\partial x^2}$$

と書ける．したがって，弾性棒を伝わる縦波の伝播速度 v は

$$v = \sqrt{\frac{E}{\rho}} \tag{3.36}$$

となる．ここで，（3.35）と（3.36）を比べてみると，1次元鎖モデルと弾性棒の連続体モデルの間に，次の対応関係が成り立つことがわかる．

$$\text{単位長さ当りの質量：}\quad \rho S \;\Leftrightarrow\; \frac{M+m}{2a}$$

$$\text{変位}\,u\,\text{による力：}\quad \frac{ES}{a}u \;\Leftrightarrow\; \alpha u$$

したがって，

$$\rho = \frac{M+m}{2aS}, \qquad E = \frac{\alpha a}{S}$$

とおいて，これを（3.36）に代入すると，（3.35）が導かれる．

ブリユアンゾーンの折りたたみ

2原子1次元格子において，m の値を M に近づけたらどうなるかを調べてみることは興味深い．

まず，$M = m$ の場合を考えてみよう．これは単原子1次元格子に帰着されるが，一応，原子の質量が等しいことを無視して，原子2個ずつをまとめて単位格子と見ることにする．分散曲線は，音響モードと光学モードがゾーン境界（$\pm\pi/2a$）で一致していて，図3.7(a) となる．これを図3.3と比較すると，図3.7(a) のモードの数が2倍になっているように見えるが，それ

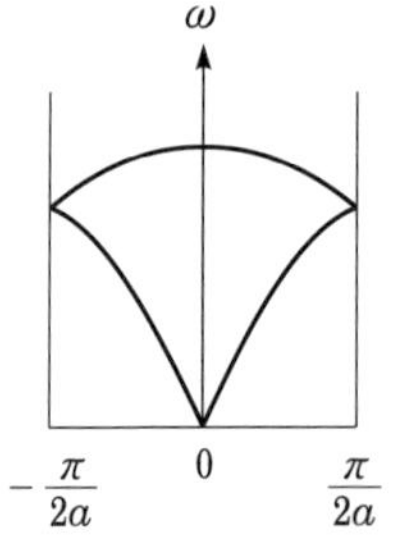

(a)

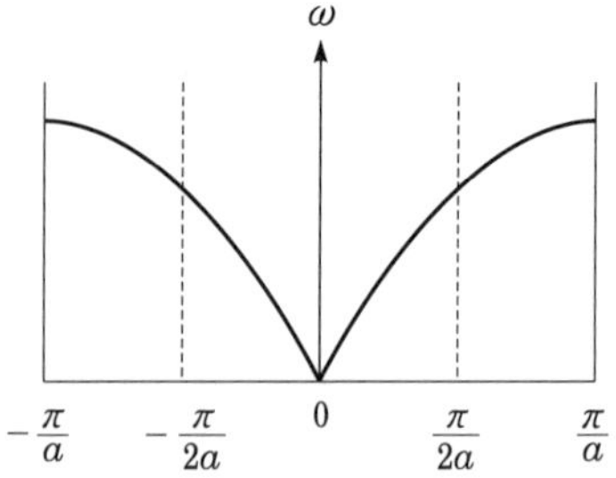

(b)

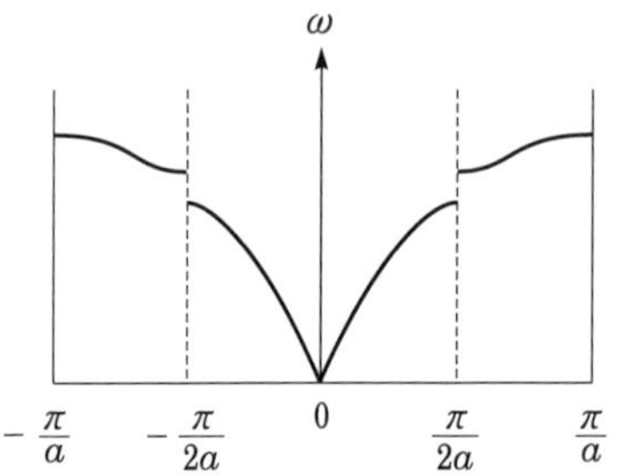

(c)

図 3.7　ブリユアンゾーンの折りたたみ
(a) 2原子鎖と見なした単原子1次元鎖の分散曲線.
(b) (a)の上の分枝を$\pm\pi/a$だけ並進移動して展開すると，図3.3が得られる.
(c) 2原子1次元鎖で第2ブリユアンゾーンを$\pm\pi/a$だけ並進移動して第1ブリユアンゾーンに折りたたむと図3.5が得られる.

は単位格子の長さを図3.3のときの2倍にとったために，ブリユアンゾーンの大きさが見かけ上半分になっていることによる．原子の総数が同じであれば，格子振動の自由度は等しくなければならないから，図3.7(a) の2つの分枝の自由度を合わせたものは図3.3と等しくなる．そこで，図3.7(a)の上の分枝に対して，2原子を単位格子にとったときの逆格子ベクトル$\pm 2\pi/a$だけ並進移動して展開すると，音響分枝と光学分枝が連続的につながって，図3.7(b) が得られる．ここではaを原子間隔にとっているので，これは図3.3の第1ブリユアンゾーンと一致している．したがって，図3.7(a) は還元ゾーンを正しい大きさの半分にとっていることになる．

次に，$M \neq m$としてみよう．今度は基本単位格子の大きさ$2a$をきちんと原子間隔の2倍にとらなければならない．したがって，第1ブリユアンゾーン

は $-\pi/2a \leqq k < \pi/2a$ であって，図 3.7(b)のように展開した波数空間では，図 3.7(c) のように $\pm\pi/2a$ のところに新しいゾーン境界が現れる．この境界のところでは，$\omega(k)$ はもはや連続ではなくなりギャップが生じる．そこで，このゾーン境界の外側，つまり第 2 ブリユアンゾーンを波数空間の中で逆格子ベクトル $\pm\pi/a$ だけ並進移動させると図 3.5 となり，光学分枝が得られる．このように，第 2 ブリユアンゾーンを第 1 ブリユアンゾーンの内部に移動させることを **“ブリユアンゾーンの折りたたみ”** といい，後の章でもしばしば出会うことになる重要な現象である．ゾーン境界が正しくとられているか否かは，次の項で見るように，そこで $\omega(k)$ の勾配がゼロになっているかどうかで判定できる．

ゾーン境界における格子波の反射

図 3.3 および図 3.5 からもわかるように，一般に $\omega(k)$ はゾーン境界で勾配がゼロになる．このことは，ゾーン境界では，格子波の群速度 v_g が

$$v_g = \frac{d\omega(k)}{dk} = 0 \tag{3.37}$$

となり，波が結晶内を伝播できないことを意味する．実際に，(3.18) に $k = \pm\pi/a$，(3.27) に $k = \pm\pi/2a$ を代入すると，原子の変位はただ時間的に振動するだけで，進行ではなく，定常波となることがわかる．

これは，前章で見た X 線のブラッグ反射と全く同じ現象である．一般にブラッグの条件が満たされるときは，波は進行波として結晶内を伝播することはできず，反射されて定常波をつくる．このことは格子波も例外ではないのである．単原子格子の場合，$k = \pm\pi/a$ がブラッグの条件

$$2d\sin\theta = n\lambda \tag{3.38}$$

を満たしていることは，

$$\theta = \frac{\pi}{2}, \quad d = a, \quad k = \pm\frac{2\pi}{\lambda}, \quad n = 1$$

を (3.38) に代入すると，$k = \pm \pi/a$ が得られることからも確かめられる．ただし，格子波の場合は，変位の振幅が原子の位置でしか意味をもたないために，n は 1 しかとらない．

3 次元結晶

これまで見てきた 1 次元格子では，鎖の長さ方向の変位だけを考えた．このような波は**縦波**とよばれ，波の進行方向と変位とが平行になっている．これに対して，進行方向に垂直な方向に変位する波を**横波**という．1 次元格子の場合は，原子が鎖軸と垂直方向に変位しても，1 次近似では隣接原子による復元力ははたらかない．したがって，1 次元格子では横波は通常は無視される．しかし，3 次元格子の場合は，各原子は多数の隣接原子と結合するため，その変位に対する復元力は複雑になる．その結果，縦波の他に 2 個の横波が加わる．この 2 個の波は，進行方向に垂直な 2 つの自由度に対応するものである．

一般に，3 次元結晶の格子振動の分散関係 $\omega(\boldsymbol{k})$ は極めて複雑である．ここでは，そのような $\omega(\boldsymbol{k})$ の詳細には立ち入らないで，いくつかの重要な性質を述べるだけに留めておこう．

3 次元結晶には必ず 3 個の音響分枝が存在し，それらは，長波長に対しては弾性理論の音波に相当している．これらの 3 個の分枝は，結晶の特定の対称方向を除いては，一般に 1 個の縦波と 2 個の横波とに明確には分離されないで，むしろ両者の混合した特性を示す．また，3 個の分枝はいつも異なる角振動数 $\omega(\boldsymbol{k})$ をもっているわけではなく，方向によっては縮退していることもある．

単位格子に 2 個の原子が存在していると，それらの原子が逆位相で振動する振動モードが可能になる．そのため，単位格子に原子が 1 個加わるごとに，新たに 3 個の光学分枝が現れる．ただし，この場合の単位格子は最小のものを選ばなければならない．例えば，面心立方格子の場合，通常の立方晶の単位格子には 4 個の原子が含まれるが，ウィグナー－ザイツ単位格子をとれば，その中には1個の原子しか含まれない．したがって，面心立方構造をとっている金属のような場合は光学分枝は現れない．同様のことは体心立方構造についてもいえる．

単位格子に2個以上の原子が含まれている場合には，必ず光学分枝が存在するが，ここでいう「光学」という言葉は，必ずしも光学的活性を意味しているのではなく，単に，$k=0$ でゼロでない角振動数をもつ分枝という意味で用いられていることに注意しなければならない．例えば，ダイヤモンド構造を例にとってみよう．この構造は，前にも述べたように2つの面心立方格子を対角線方向に1/4だけずらして重ねた複合構造をしている．したがって，1つの単位格子には同じ原子が2個含まれており，光学分枝が現れる．すなわち，この光学分枝は，$k=0$ では2つの面心立方構造が互いに逆向きに振動するモードである．しかし，2つの面心立方構造は同じ原子でできているため，この振動によって電気双極子モーメントが誘起されることはなく，したがって，ダイヤモンドは光学不活性である．

ダイヤモンド構造をとるものには，他にもシリコン（Si）やゲルマニウム（Ge）がある．図3.8は，Siの［111］方向における分散曲線のモデル計算の結果を示したものである．光学分枝は，$k=0$ で2つの横波分枝と1つの

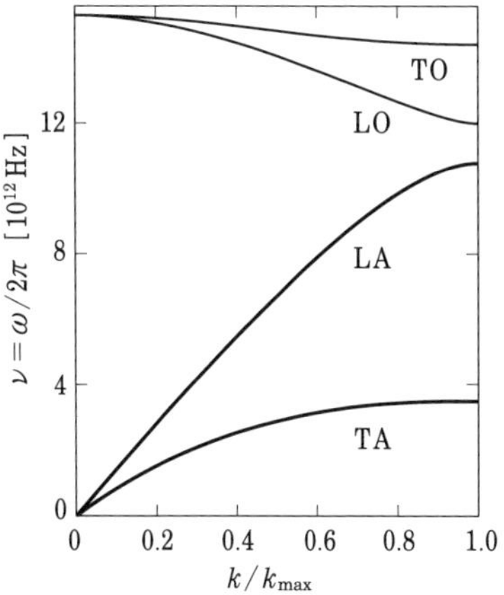

図3.8　Siの[111]方向におけるフォノンの分散曲線（DollingとCowleyのモデル計算の結果）．横軸の波数 k の値はゾーン境界の値 $k_{\max}$ で規格化してある．縦軸は振動数 $\nu=\omega/2\pi$ ［10^{12} Hz］．TAは横波音響分枝，LAは縦波音響分枝，TOは横波光学分枝，LOは縦波光学分枝を表す．

縦波分枝が縮退していることがわかる．

前章で紹介したように，このダイヤモンド構造と同様に，2つの面心立方格子の重ね合わせによる複合構造をとるものに**ジンクブレンド構造**（**閃亜鉛鉱構造**）がある（図1.21）．このジンクブレンド構造では，2つの部分格子が異なる原子で占められるために，$k=0$ においてそれぞれの部分格子の原子が互いに逆位相で振動（光学的振動）すると，振動電気双極子モーメントが生じてこの領域の光を吸収する．この構造をとるものに，ZnS，ZnO，GaAs, InSb, CdSe などがあり，これらの結晶はいずれも光学的活性である．

§3.2　音響フォノンと格子比熱

フォノン

前節では，内部に r 個の原子を含む N 個の単位格子が，周期的に規則配列した結晶格子を考え，その格子振動を調べた．それは隣接原子と互いに相互作用する $3Nr$ 個の運動方程式で記述されるが，個々の原子の変位を用いて表したのでは複雑になる．そこで，平面波の表現と調和近似を仮定することによって，$3Nr$ 個の独立な運動方程式に書き換え，波数ベクトル $\boldsymbol{k}$ で分類される $3Nr$ 個の基準モードに分解した．これらの基準モードは，いずれも他のモードとは独立にエネルギーを得たり，失ったりすることができる．

簡単のために，縦波の音響モードだけを考えると，波数ベクトル $\boldsymbol{k}$ の基準モードのエネルギー ε_k の大きさは単一調和振動子の場合と同じように，

$$\varepsilon_{\boldsymbol{k}} = \left(n_{\boldsymbol{k}} + \frac{1}{2}\right)\hbar\omega(\boldsymbol{k}) \qquad (n_{\boldsymbol{k}} = 0, 1, 2, \cdots) \tag{3.39}$$

の形に量子化される．したがって，結晶の格子振動の全エネルギーは，個々のモードのエネルギーの和

$$\varepsilon_{\text{total}} = \sum_{\boldsymbol{k}} \varepsilon_{\boldsymbol{k}} \tag{3.40}$$

となる．

(3.39) の形の量子化の特徴は，**零点エネルギー**

$$\varepsilon_{\boldsymbol{k}0} = \frac{1}{2}\hbar\omega(\boldsymbol{k}) \tag{3.41}$$

が現れることである．量子力学では，不確定性原理のために原子は変位と運動量の積をゼロにすることができない．そのために，基準モードは絶対零度でも有限の零点エネルギーをもつことになる．しかし，これは物理現象には多くの場合影響を与えないので，以下では零点エネルギーは考えないことにして，基準モードのエネルギーの原点を $\varepsilon_{\boldsymbol{k}0}$ にとることにしよう．

(3.39) の量子化のもう1つの特徴は，エネルギーが等間隔になっていることである．したがって，波数ベクトル $\boldsymbol{k}$ の基準モードが $n_{\boldsymbol{k}}$ 番目の状態に励起されたということは，あたかも $\hbar\omega(\boldsymbol{k})$ のエネルギーをもつ粒子が $n_{\boldsymbol{k}}$ 個生じたと見ることができる．そこで，この励起あるいは量子を**“フォノン”**とよぶ．例えば，結晶の量子状態が量子数の組 $\{n_{\boldsymbol{k}}\}$ で与えられているということは，波数ベクトル $\boldsymbol{k}$ の基準モードに $n_{\boldsymbol{k}}$ 個のフォノンが励起されていることを意味している．

フォノン比熱

格子波（フォノン）は熱によって励起され，それが結晶の比熱の一部として観測される．この固体の比熱に対するフォノンの寄与は**格子比熱**とよばれる．温度 T における結晶のフォノンの全エネルギーは，各々のフォノンモードのエネルギーの総和で与えられる．

そこで，占有率の小さい光学分枝を無視して，各フォノンモードを，波数ベクトル $\boldsymbol{k}$ と分枝（縦波，横波）の指標 p で表すことにしよう．例えば，波数ベクトル $\boldsymbol{k}$ と分極 p のフォノンのもつエネルギー量子は $\hbar\omega_{\boldsymbol{k}p}$，フォノンモードのエネルギーは $E_{\boldsymbol{k}p}$，フォノンのモードに対する占有率は $\langle n_{\boldsymbol{k}p}\rangle$ のように表すと，

$$E_{\boldsymbol{k}p} = \langle n_{\boldsymbol{k}p}\rangle\hbar\omega_{\boldsymbol{k}p}$$

となり，結晶のフォノンの全エネルギーは

$$E = \sum_{\boldsymbol{k}}\sum_{p}\langle n_{\boldsymbol{k}p}\rangle\hbar\omega_{\boldsymbol{k}p} \tag{3.42}$$

となる．ここで，〈 〉は熱平衡状態での平均値を表す．

フォノンはフォトンと同様に**ボース－アインシュタイン**（**Bose－Einstein**）**統計**に従い，その占有率は

$$\langle n_{kp} \rangle = \frac{1}{\exp\left(\dfrac{\hbar\omega_{kp}}{k_B T}\right) - 1} \tag{3.43}$$

で与えられる（例題3.2を参照）．(3.43) は**プランク**（**Planck**）によって初めてフォトンに対して導かれたので，**プランクの分布関数**とよばれる．

例題 3.2

波数ベクトル $\boldsymbol{k}$ のフォノンの，温度 T における占有率 (3.43) を求めよ．また，基準モードにおける零点エネルギーはこの占有率には寄与せず，平均エネルギーの原点を決めているだけであることを示せ．ただし，フォノンはエネルギー量子 $\hbar\omega(\boldsymbol{k})$ をもち，ボース－アインシュタイン統計に従う粒子である．

［**解**］ フォノンはボース－アインシュタイン統計に従う粒子であるから，1つの基準モードを占有できるフォノンの数はすべての正整数をとりうる．いま，波数ベクトル $\boldsymbol{k}$ の基準モードを n 個のフォノンが占有しているとき，その基準モードの全エネルギーを

$$\varepsilon_{\boldsymbol{k}}(n) = \left(n + \frac{1}{2}\right)\hbar\omega(\boldsymbol{k})$$

で表すと，温度 T の結晶において，エネルギー $\hbar\omega(\boldsymbol{k})$ をもつフォノンが n 個励起されている確率 P_n はボルツマン（Boltzmann）分布

$$P_n = A\exp\left[-\frac{\varepsilon_{\boldsymbol{k}}(n)}{k_B T}\right]$$

で与えられる．ただし，この式の比例係数 A は

$$\sum_{n=0}^{\infty} P_n = 1$$

から決められる．すなわち，

$$\sum_{n=0}^{\infty} P_n = A\sum_{n=0}^{\infty} \exp\left[-\frac{\varepsilon_{\boldsymbol{k}}(n)}{k_{\mathrm{B}}T}\right] = A\exp\left[-\frac{\hbar\omega(\boldsymbol{k})}{2k_{\mathrm{B}}T}\right]\sum_{n=0}^{\infty}\left\{\exp\left[-\frac{\hbar\omega(\boldsymbol{k})}{k_{\mathrm{B}}T}\right]\right\}^n$$
$$= A\exp\left[-\frac{\hbar\omega(\boldsymbol{k})}{2k_{\mathrm{B}}T}\right]\frac{1}{1-\exp\left[-\dfrac{\hbar\omega(\boldsymbol{k})}{k_{\mathrm{B}}T}\right]} = 1$$

より

$$A = \left\{1-\exp\left[-\frac{\hbar\omega(\boldsymbol{k})}{k_{\mathrm{B}}T}\right]\right\}\exp\left[\frac{\hbar\omega(\boldsymbol{k})}{2k_{\mathrm{B}}T}\right]$$

と決まる．この A を用いると，

$$P_n = A\exp\left[-\frac{\hbar\omega(\boldsymbol{k})}{2k_{\mathrm{B}}T}-\frac{n\hbar\omega(\boldsymbol{k})}{k_{\mathrm{B}}T}\right]$$
$$= \left\{1-\exp\left[-\frac{\hbar\omega(\boldsymbol{k})}{k_{\mathrm{B}}T}\right]\right\}\exp\left[-\frac{n\hbar\omega(\boldsymbol{k})}{k_{\mathrm{B}}T}\right]$$

となる．したがって，占有率は $x = -\hbar\omega(\boldsymbol{k})/k_{\mathrm{B}}T$ とおくと，

$$\langle n_{\boldsymbol{k}}\rangle = \sum_{n=0}^{\infty} nP_n = (1-\exp x)\sum_{n=0}^{\infty} n\exp(nx)$$
$$= (1-\exp x)\sum_{n=0}^{\infty}\frac{\partial}{\partial x}\exp(nx) = (1-\exp x)\frac{\partial}{\partial x}\sum_{n=0}^{\infty}\exp(nx)$$
$$= (1-\exp x)\frac{\partial}{\partial x}\frac{1}{1-\exp x} = (1-\exp x)\frac{\exp x}{(1-\exp x)^2}$$
$$= \frac{1}{\exp\left[\dfrac{\hbar\omega(\boldsymbol{k})}{k_{\mathrm{B}}T}\right]-1} \tag{3.44}$$

となり，零点エネルギーの寄与は現れない．また，モードの平均エネルギーは，

$$\langle E_{\boldsymbol{k}}\rangle = \sum_{n=0}^{\infty}\left(n+\frac{1}{2}\right)\hbar\omega(\boldsymbol{k})P_n$$
$$= \left\{\frac{1}{2}+\frac{1}{\exp\left[\dfrac{\hbar\omega(\boldsymbol{k})}{k_{\mathrm{B}}T}\right]-1}\right\}\hbar\omega(\boldsymbol{k}) \tag{3.45}$$

と得られる．右辺の｛　｝内の第1項は零点エネルギーによる寄与であって，平均エネルギーの原点を与えている．よって題意が示せた．

熱平衡にあるときの結晶のフォノンの全エネルギー E は零点エネルギーの部分を除くと，(3.42) と (3.43) から

$$E = \sum_{\boldsymbol{k}} \sum_{p} \frac{\hbar \omega_{\boldsymbol{k}p}}{\exp\left(\dfrac{\hbar \omega_{\boldsymbol{k}p}}{k_B T}\right) - 1} \tag{3.46}$$

で与えられる．ここで，結晶を構成している原子の数 N が非常に大きいことを考えると，波数ベクトル $\boldsymbol{k}$ の分布は連続と見なせて，(3.46) の $\boldsymbol{k}$ に関する和は積分で表すことができる．ただし，その場合は，前章で見たように逆格子空間における波数ベクトル $\boldsymbol{k}$ の分布密度 $V/8\pi^3$ を係数として掛けておかなくてはならない．したがって，(3.46) は

$$E = \frac{V}{8\pi^3} \sum_{p} \iiint \frac{\hbar \omega_{\boldsymbol{k}p}}{\exp\left(\dfrac{\hbar \omega_{\boldsymbol{k}p}}{k_B T}\right) - 1} d^3\boldsymbol{k} \tag{3.47}$$

と書き表される．

比熱には，よく知られているように**定積比熱**と**定圧比熱**があるが，結晶の場合，通常

$$C_V = \left(\frac{\partial E}{\partial T}\right)_V$$

で定義される定積比熱が扱われる．そこで，(3.47) を温度 T で微分して定積比熱を求めると，

$$C_V = \frac{1}{k_B T^2} \frac{V}{8\pi^3} \sum_{p} \iiint \frac{(\hbar \omega_{\boldsymbol{k}p})^2 \exp\left(\dfrac{\hbar \omega_{\boldsymbol{k}p}}{k_B T}\right)}{\left\{\exp\left(\dfrac{\hbar \omega_{\boldsymbol{k}p}}{k_B T}\right) - 1\right\}^2} d^3\boldsymbol{k} \tag{3.48}$$

となる．

角振動数が ω と $\omega + d\omega$ の間にあるモードの数を $D(\omega)\,d\omega$ のように表したとき，この $D(\omega)$ は単位周波数領域当りのモード数であって，**状態密度**とよばれる．(3.48) はこの状態密度 $D(\omega)$ を用いると，形式的には簡単化することができる．すなわち，(3.48) の波数ベクトル $\boldsymbol{k}$ についての積分を ω についての積分に変換すると，

$$C_V = k_B \int \left(\frac{\hbar\omega}{k_B T} \right)^2 \frac{\exp\left(\frac{\hbar\omega}{k_B T} \right)}{\left\{ \exp\left(\frac{\hbar\omega}{k_B T} \right) - 1 \right\}^2} D(\omega)\, d\omega \qquad (3.49)$$

となる．しかし，この変換は，単にフォノンの分散 $\omega_{\boldsymbol{k}p}$ を求める問題を状態密度 $D(\omega)$ の計算の問題に移し替えしただけにすぎないことがわかる．したがって，比熱を計算で求めるには，フォノンの分散 $\omega_{\boldsymbol{k}p}$か状態密度 $D(\omega)$ のいずれかを知らなければならない．

状態密度に対するデバイモデル

状態密度 $D(\omega)$ を求めるには，すべてのフォノンモードの分散関係を完全に解かなければならない．しかし，ここでは，ある簡単な仮定をすることによって，$D(\omega)$ を近似的に求める方法について述べよう．この近似は**デバイ**（**Debye**）**近似**とよばれている．

まず，次の2つの仮定をする．

（1）　音響モードだけを考えることにし，異なる分枝の3つのモードは同じ分散関係，

$$\omega = v|k| \qquad (3.50)$$

をもつと仮定する．すなわち，縦波と横波の音速をそれぞれ v_l，v_t とすると，各モードは

$$\frac{1}{v^3} = \frac{1}{v_l^{\,3}} + \frac{2}{v_t^{\,3}} \qquad (3.51)$$

で定義される同じ音速 v をもつものとする．

（2）　第1ブリユアンゾーンを逆格子空間内の同じ体積の球（**デバイ球**）で近似し，その球の内部にある波数ベクトルのモードだけを考える．すなわち，格子波には最大波数（**デバイ波数**）k_D，したがって，最短波長

$$\lambda_D = \frac{2\pi}{k_D}$$

が存在し，それよりも波長の短い格子波は考えない．このデバイ波数 k_{D} は，結晶の体積 V の中に N 個の単位格子があるとすると，

$$N = \frac{V}{8\pi^3}\frac{4\pi}{3}{k_{\mathrm{D}}}^3 \tag{3.52}$$

から求められる．したがって，

$$k_{\mathrm{D}} = \left(\frac{6\pi^2 N}{V}\right)^{1/3} \tag{3.53}$$

である．

この 2 つの仮定のもとで，状態密度 $D(\omega)$ を求めてみよう．

デバイ球内の音響モードの数は，各分枝ごとに N 個であるから，その総数は $3N$ 個である．したがって，逆格子空間（k 空間）内の半径 k_{D} のデバイ球には $3N$ 個の基準モードが含まれている．

一方，k 空間におけるフォノンの状態密度 $D(\boldsymbol{k})$ は一定であるから，k 空間の単位体積当りの基準モードの数は，$3N$ をデバイ球の体積で割ればよく

$$\frac{3N}{\dfrac{4\pi}{3}{k_{\mathrm{D}}}^3}$$

である．そこで，逆格子空間に半径が k と $k+dk$ の 2 つの球面によってつくられる球殻を考えると，この球殻内に含まれるモードの数は

$$D(k)\,dk = \frac{3N}{\dfrac{4\pi}{3}{k_{\mathrm{D}}}^3}4\pi k^2\,dk = 9N\frac{k^2}{{k_{\mathrm{D}}}^3}\,dk$$

となる．そこで，分散関係 $\omega = vk$ を用いてこれを ω で書き表すと，状態密度 $D(\omega)$ が

$$D(\omega)\,d\omega = 9N\frac{\omega^2}{{\omega_{\mathrm{D}}}^3}\,d\omega \tag{3.54}$$

と得られる．ここに，$\omega_{\mathrm{D}} = vk_{\mathrm{D}}$ は**デバイ角振動数**とよばれる．

デバイの T^3 則

状態密度（3.54）を（3.49）に代入すると，有名な比熱に対するデバイの公式が得られる．

$$C_V = 9Nk_B \int_0^{\omega_D} \frac{\left(\frac{\hbar\omega}{k_B T}\right)^2 \exp\left(\frac{\hbar\omega}{k_B T}\right)\omega^2}{\left\{\exp\left(\frac{\hbar\omega}{k_B T}\right) - 1\right\}^2 {\omega_D}^3} d\omega$$

$$= 9Nk_B \left(\frac{T}{\theta_D}\right)^3 \int_0^{\theta_D/T} \frac{x^4 \exp x}{\{\exp x - 1\}^2} dx \qquad (3.55)$$

ここで，

$$x = \frac{\hbar\omega}{k_B T}, \qquad \theta_D = \frac{\hbar\omega_D}{k_B} \qquad (3.56)$$

であり，θ_D は**デバイ温度**とよばれる．

（3.55）のデバイ比熱は，次に述べる特徴をもっている．

（1）　低温 $T \ll \theta_D$ においては，（3.55）の積分の上限 θ_D/T は十分に大きく，実際上，無限大とおくことができる．その場合，積分の値は $4\pi^4/15$ となり，比熱は

$$C_V = \frac{12\pi^4}{5} Nk_B \left(\frac{T}{\theta_D}\right)^3 \qquad (3.57)$$

となる．この結果は，**“デバイの T^3則”** としてよく知られており，実際に極低温では長波長の音響モードだけしか励起されないので，この T^3 則は極めてよく成り立っている．

例題 3.3

次に述べる簡単なモデル（2 つの仮定）を考えても，デバイの T^3 則が定性的に導けることを示せ．

（1）　$\hbar v k_T = k_B T$ で定義される波数ベクトル k_T を考え，温度 T では k_T 以下の波数ベクトルをもつ音響モードだけが励起される．

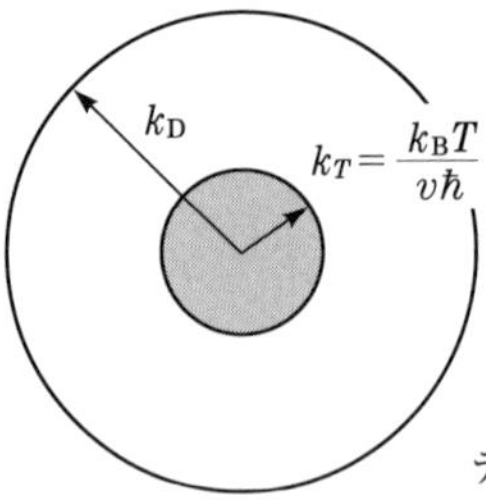

（2） 励起された全フォノンは等しく古典的熱エネルギー $k_B T$ をもつ．

［**解**］ 逆格子空間において励起されるモードによって占有される体積の，デバイ球の体積に対する割合は，

$$\left(\frac{k_T}{k_D}\right)^3 = \left(\frac{\omega_T}{\omega_D}\right)^3 = \left(\frac{T}{\theta_D}\right)^3$$

程度である．ただし，$\omega_T = vk_T$ である．したがって，結晶の単位体積中に N 個の原子があるとすると，温度 T において励起されているモードの数 N_T は，およそ半径 k_T 内の逆格子点の 3 倍（3 つの分枝分）

$$N_T \approx 3N\left(\frac{T}{\theta_D}\right)^3$$

となる．これらの各モードがそれぞれエネルギー $k_B T$ をもつとすれば，結晶の全フォノンのエネルギー E は，

$$E = 3Nk_B T\left(\frac{T}{\theta_D}\right)^3$$

となり，これを T で微分して，比熱は

$$C_V = \frac{dE}{dT} = 12Nk_B\left(\frac{T}{\theta_D}\right)^3$$

と得られる．よって，デバイの T^3 則が導かれる．

（2） 高温 $T \gg \theta_D$ においては，(3.55) の積分の上限が小さいので，積分は被積分関数を $x \ll 1$ として展開して計算することができる．その結果は

$$\int_0^{\theta_D/T} \frac{x^4 \exp x}{\{\exp x - 1\}^2} dx = \int_0^{\theta_D/T} x^2\, dx = \frac{1}{3}\left(\frac{\theta_D}{T}\right)^3$$

となる．したがって，比熱は

$$C_V = 3Nk_B \tag{3.58}$$

と得られる．これは，モル比熱で表すと $3R$（R：気体定数）であり，よく知られた**デュロン‐プティ（Dulong‐Petit）の法則**である．実際に，高温の固体では，物質に関係なく $3R$ のモル比熱が実験によって見出されている．

デバイ比熱（3.55）の温度依存性の全貌を図3.9に示す．このデバイ比熱の振舞いは多くの固体の比熱をよく再現しており，特に，デバイ温度 θ_D は

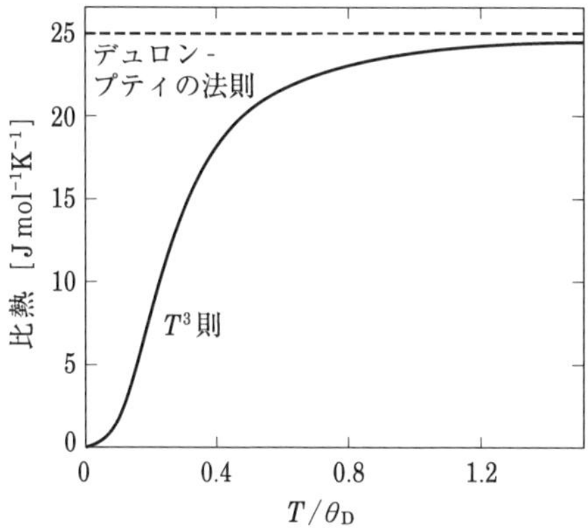

図3.9　デバイモデルによる格子比熱

表 3.1　種々の物質のデバイ温度

物質	θ_D[K]	物質	θ_D[K]	物質	θ_D[K]
ダイヤモンド	2230	ベリリウム	1440	酸化マグネシウム	946
グラファイト	420	クロム	630	塩化ナトリウム	321
ケイ素	640	鉄	467	塩化カリウム	235
ゲルマニウム	370	銅	343	ヨウ化カリウム	235
塩素	115	銀	225	臭化カリウム	174
酸素	91	金	165	臭化銀	144
窒素	68	鉛	105	臭化ルビジウム	131

固体の物理的性質を特徴づける重要なパラメータの1つである．表3.1にいくつかの物質について，低温での測定から求められた θ_D の値を示しておく．表からもわかるように，デバイ温度は100Kから1000K程度の間にあり，硬い物質ほど高い値を示す．

状態密度の一般表式

デバイモデルでは，3つの分枝から成る音響モードは同じ音速をもち，フォノンの等エネルギー面は球面であるとした．しかし，実際の結晶では弾性波の音速は方向によって異なっており，フォノンの等エネルギー面も球面ではない．ここでは，フォノンの分散関係 $\hbar\omega(\boldsymbol{k})$ が実験によって完全に求められている場合に，フォノンの状態密度 $D(\boldsymbol{k})$ の一般表現を導くことを考えてみよう．

簡単のために，音響モードの1つの分枝だけを考えることにする．いま，逆格子空間内にフォノンの各振動数が ω と $\omega + d\omega$ の2つの等エネルギー面をとり，それぞれ S_ω，$S_{\omega+d\omega}$ と名付けよう．これらの2つの閉曲面の間に挟まれた殻状の部分の体積は

$$\int_{S_\omega} dS\, dk_\perp$$

と表される．ここに，dS は閉曲面 S_ω 上の面積素片であり，$dk_\perp$ は S_ω と $S_{\omega+d\omega}$ の間に挟まれた体積要素の高さである（図3.10を参照）．したがって，フォノンの角振動数が ω と $\omega + d\omega$ の間にある波数ベクトル $\boldsymbol{k}$ の数は，上の体積に波数ベクトル $\boldsymbol{k}$ の密度を掛けることによって得

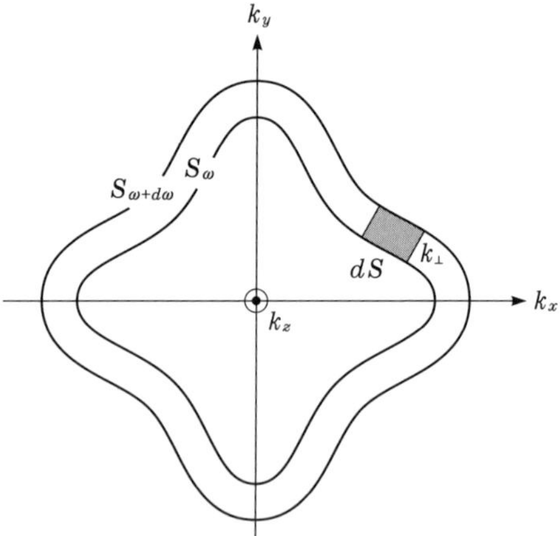

図3.10　$\boldsymbol{k}$ 空間で2つの等エネルギー面に挟まれた体積

られる．すなわち，

$$D(\omega)\ d\omega = \frac{V}{8\pi^3}\int_{S\omega} dS\ dk_\perp$$

と書ける．

ここで，2つの曲面間の角振動数の差 $d\omega$ と $k_\perp$ との関係はフォノンの群速度 v_g を用いると，

$$d\omega = |\mathrm{grad}_{\boldsymbol{k}}\ \omega|\ dk_\perp = v_g\ dk_\perp \qquad (3.59)$$

で与えられる．ただし，$\mathrm{grad}_{\boldsymbol{k}}$ の向きは $\boldsymbol{k}_\perp$ の向きである．したがって，(3.54) は

$$D(\omega)\ d\omega = \frac{V}{8\pi^3}\int_{S\omega} \frac{1}{v_g} dS\ d\omega \qquad (3.60)$$

となり，フォノンの状態密度に対する一般的な式が

$$D(\omega) = \frac{V}{8\pi^3}\int_{S\omega} \frac{1}{v_g} dS \qquad (3.61)$$

と得られる．この表式はフォノンの状態密度の計算や，後の章で見るように電子のバンド理論においてもよく使われる．

(3.61) は，格子波の群速度 v_g がゼロのところでは特異点となる．つまり，ゾーン境界以外のある波数ベクトルのところで，分散曲線 $\omega(k)$ の勾配がゼロ，つまり群速度がゼロとなると，その波数ベクトルに対応する角振動数 ω のところで状態密度が大きくなり，ω に対する $D(\omega)$ の微分が不連続になる．このような特異点は，**ファン・ホーヴェ (van Hove) の特異点**とよばれる．

図3.11は代表的な2つのモデルと実際の固体 (Kr) におけるフォノンの状態密度を示したものである．縦軸はいずれも任意スケールにとってある．

図3.11(a) の**アインシュタインモデル**は，固体の中のすべての原子が互いに独立に同一の角振動数 (**アインシュタイン角振動数**) ω_E で振動していると仮定する (章末の演習問題 [3] を参照)．したがって，状態密度は

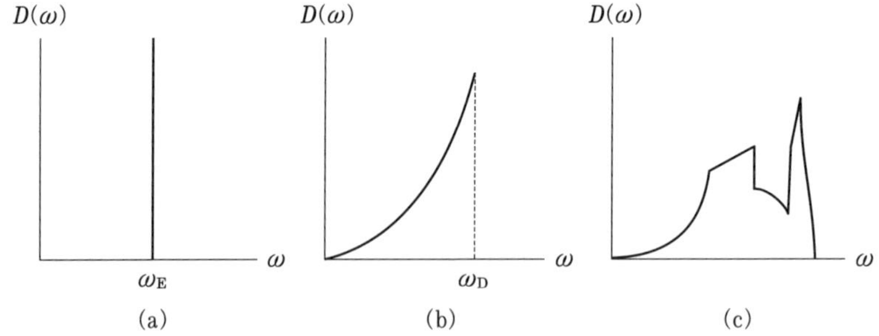

図3.11　フォノンの状態密度
(a) アインシュタインモデル　(b) デバイモデル　(c) 現実の固体(Kr)の状態密度

$$D(\omega) = 3N\,\delta(\omega - \omega_E)$$

のようにデルタ関数で表される．実際の結晶の場合（図3.11(c)）は，ω が小さい領域では $D(\omega)$ は ω^2 に比例して増大しているが，ω が大きくなると特異点で不連続が起こる．

§3.3　結晶における非調和効果

これまでは，結晶における原子の運動を調和近似の範囲内で考えてきた．すなわちポテンシャルエネルギーの展開式（3.1）において，2次の項までを考慮して，それよりも高次の項は無視してきた．しかし，固体の性質の中には，むしろ調和近似では記述できない場合が多くある．例えば，固体の熱膨張や弾性定数の温度ならびに圧力依存性，さらにはデバイ温度より高温側で見られる比熱の緩やかな上昇などは，いずれも調和近似から導くことはできない．特に調和近似では2つの格子波は互いに作用することがないため，一度波束が形成されると無限の寿命をもつことになり，それにともなって熱輸送も乱されずに続く．そのため，もし完全結晶で調和近似が成り立てば熱伝導度は無限大になる．この節では，非調和効果が特に重要となる**熱膨張**と**熱伝導**をとり上げる．

熱 膨 張

固体は，温度が上昇するとその体積や長さが増大する．温度に対する長さ l の増大する割合 α は**線膨張係数**（または**線膨張率**）とよばれ，体積 V の増大する割合 β は**体積膨張係数**（または**体膨張率**）とよばれて，それぞれ

$$\alpha = \frac{1}{l}\frac{dl}{dT} \tag{3.62}$$

$$\beta = \frac{1}{V}\frac{dV}{dT} \tag{3.63}$$

で定義されている．固体の線膨張係数 α の典型的な値は約 $10^{-5}\,\mathrm{K}^{-1}$ である．等方的な固体の場合は α は β の 1/3 に等しい．

この固体の熱膨張は，ポテンシャルエネルギーの非調和項（3 次以上の項）が関係した現象として最もよく知られている物理現象の 1 つである．しかし，これを (3.1) から直接導くことは容易ではない．ここでは，温度における一対の原子間の平均距離に対するポテンシャルエネルギーの非調和項を考えることによって，固体の熱膨張を導いてみよう．簡単のために，再び 1 次元格子モデルで考える．

いま，つり合い状態からの原子間隔の変位を x として，各原子は独立にポテンシャルエネルギー

$$V(x) = cx^2 - gx^3 \tag{3.64}$$

の中を運動しているものとする．ここに，c，g は正の値をとる．非調和項があるために原子間隔の変位の熱平均値 $\langle x \rangle$ はゼロではなく，温度の上昇とともに変化する．この熱平均値の温度 T[K] における値は，ボルツマン分布関数を用いると，

$$\langle x \rangle = \frac{\displaystyle\int_{-\infty}^{+\infty} x \exp\left\{-\frac{V(x)}{k_{\mathrm{B}}T}\right\} dx}{\displaystyle\int_{-\infty}^{+\infty} \exp\left\{-\frac{V(x)}{k_{\mathrm{B}}T}\right\} dx} \tag{3.65}$$

で与えられる．ここで，

$$\beta \equiv \frac{1}{k_{\mathrm{B}} T}, \qquad g x^3 \ll \frac{1}{\beta}$$

として，分母，分子の指数関数の非調和項の部分だけを展開すると，

$$\text{分子} \cong \int_{-\infty}^{+\infty} \exp\,(-\,\beta c x^2)\,(x + \beta g x^4)\;dx$$

$$= \frac{3\sqrt{\pi}}{4}\frac{g}{c^{5/2}}\beta^{-3/2}$$

$$\text{分母} \cong \int_{-\infty}^{\infty} \exp(-\,\beta c x^2)\,(1 + \beta g x^3)\;dx = \left(\frac{\pi}{\beta c}\right)^{1/2}$$

となる．これより，一対の原子間距離に対する熱膨張の大きさは

$$\langle x \rangle = \frac{3g}{4c^2} k_{\mathrm{B}} T \tag{3.66}$$

となって，温度に比例することがわかる．

(3.66) に見られるように，熱膨張には非調和項の中の対称項 fx^4 は寄与せず，非対称項の gx^3 だけが寄与している．すなわち，原子が非対称ポテンシャルの中で熱振動していると，温度の上昇にともなって振動の中心が外側にずれていく．固体の熱膨張はその結果として生じるのである．

(3.66) から得られる古典的な熱膨張係数は温度によらず一定である．しかし，実際には，$T \to 0$ の極限で熱膨張係数はゼロに漸近する．これは量子論的な効果であって，$T \sim 0$ では零点振動が残っていて $\langle x \rangle$ が温度に依存しなくなるためである．

固体の体積膨張係数 β は，定積比熱 C_V と体積圧縮率 κ に比例し，その体積 V に反比例することがわかっている．すなわち，

$$\beta = \gamma \frac{\kappa C_V}{V} \tag{3.67}$$

と書ける．この比例係数 γ は，フォノンの角振動数 $\omega(\boldsymbol{k})$ について

$$\gamma(k) = -\frac{d \ln \omega(\boldsymbol{k})}{dV} \tag{3.68}$$

で定義される**グリューナイゼン（Gruneisen）定数**を用いると

$$\gamma = \sum_{\boldsymbol{k}} \gamma(\boldsymbol{k}) \tag{3.69}$$

と表される．非調和項が存在すると，体積変化にともなって格子振動の固有モードの角振動数がわずかにずれる．この角振動数の変化の割合は体積変化の割合に比例しており，グリューナイゼン定数はその比例係数である．したがって，(3.67) の比例係数 γ は温度によらない定数で，格子振動の非調和性を表すパラメータである．

熱 伝 導

長さに比べて小さな断面積をもつ棒の両端に温度差を与えた場合を考えてみよう．棒には長さの方向（x 方向）に沿って，高温側から低温側へ定常的な熱の流れができる．このとき，棒の断面の単位面積を単位時間に通過する熱量 Q は，温度勾配に比例して

$$Q = -K\frac{dT}{dx} \tag{3.70}$$

となる．**熱伝導率** K は，ここに現れる比例係数として定義される．金属の場合，この熱は主として電子によって伝えられるが，絶縁体の場合はフォノンによって伝えられる．ここではフォノンによる固体の熱伝導について考える．

まず，熱伝導が起こるためには，結晶の一部に熱平衡からずれた領域ができることが必要である．しかし，波数ベクトル $\boldsymbol{k}$ の1つのフォノンモードは結晶全体にわたって広がっており，結晶中の全原子が運動に参加している．したがって，1つのフォノンモードだけでは，そのような熱平衡からのずれを表現することはできない．そこで，波数ベクトル $\boldsymbol{k}$ の近傍で，$\varDelta\boldsymbol{k}$ というブリユアンゾーンに比べて小さな幅の中にあるフォノンからつくられた波束を考える．そのような波束は $\varDelta x = 1/\varDelta k$ という狭い領域で振幅をもち，局在したフォノンである．

いま，結晶の一部を加熱すると，高温部でそのような波束が形成され，それらの波束は低温部へ向かって移動する．その場合，もし結晶が完全に調和

的であれば，フォノン間で衝突が起こらないため，波束は波形を変えないで進行する．したがって，すぐ後で述べるように，熱伝導率は無限大になってしまう．しかし，実際には，フォノンは結晶中を伝播する過程でさまざまな原因により散乱され，波束の形は崩れていく．そのために熱伝導率も有限になる．

(3.70) で，熱流が温度勾配に比例しているということは，熱伝導の現象がランダムな過程であることを表している．すなわち，固体中のフォノンは，気体中の分子運動のように，ランダムな衝突をくり返しながら拡散的にエネルギーを運んでいる．そこで，フォノンを **“フォノン気体”** と考えて，気体の分子運動論の類推から熱伝導率 K の表式を導いてみよう．

フォノンの平均速度（音速）を $\langle v \rangle$，格子比熱を C_V とし，フォノンが衝突と衝突の間に走る平均距離（**フォノンの平均自由行程**）を l とすると，x 方向に流れるエネルギー Q は

$$Q = -\frac{1}{3} l \langle v \rangle \frac{dE}{dx} = -\frac{1}{3} l \langle v \rangle \frac{dE}{dT} \frac{dT}{dx} \tag{3.71}$$

で与えられる．ここで，E はエネルギー密度であり，1/3 は速度ベクトルの角度平均によって現れた因子である．また，右辺の dE/dT は単位体積当りの格子比熱 C_V を表す．そこで，(3.71) を (3.70) と比べると，固体のフォノンによる熱伝導率を K として

$$K = \frac{1}{3} C_V \langle v \rangle l \tag{3.72}$$

が得られる．したがって，結晶が完全に調和的であれば，フォノン同士の衝突がないため，フォノンの平均自由行程 l が無限大になり，熱伝導率 K は無限大になる．

熱伝導率の温度依存性は，(3.72) から定性的に説明することができる．(3.72) の右辺の中で，音速は顕著な温度変化を示さないので，熱伝導率 K の温度特性は格子比熱 C_V とフォノンの平均自由行程 l によって決まる．

デバイ温度 θ_D よりも高い温度領域では，デュロン－プティの法則が成り立っており C_V は一定である．したがって，K の温度依存性は l の温度依存性をそのまま反映することになる．この場合，l を決めているのはフォノン－フォノン散乱であって，l は着目するフォノンの衝突回数に反比例するが，衝突回数は衝突可能なフォノンの数に比例する．高温 T では励起された波数ベクトル $\boldsymbol{k}$ のフォノン数は

$$\langle n_{\boldsymbol{k}} \rangle = \frac{1}{\exp\left(\dfrac{\hbar\omega}{k_B T}\right) - 1} \approx \frac{k_B T}{\hbar\omega} \tag{3.73}$$

である．したがって，フォノンの総数は T に比例する．これより，l は T^{-1} に従って減少し，熱伝導率 K も同様に T^{-1} に比例する（図 3.12）．

一方，低温では励起されたフォノンの総数が減少するため，フォノン－フォノン散乱は無視できるようになり，l の値は，結晶の境界における散乱（結晶のサイズで決まる散乱）または不純物散乱によって決まる．この場合，両者の散乱はどちらもその間隔が一定であるため，l は温度によらず一定となる．したがって，低温領域では K の温度依存性は格子比熱 C_V のみで決まる．前節で見たように，低温では C_V は T^3 に比例するから，熱伝導率 K も T^3 に比例して増大する（図 3.12）．

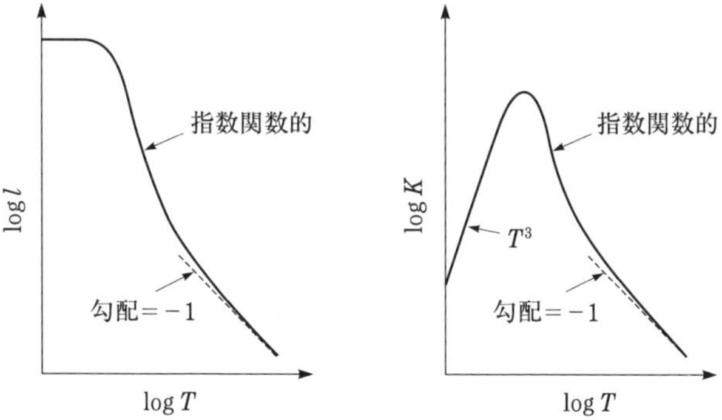

図 3.12　フォノンの平均自由行程と熱伝導率の温度特性

§3.4　結晶運動量

結晶運動量の保存則

周期的な格子の中では，互いに相互作用し合う波動の波数ベクトルの総和は，ある逆格子ベクトル $\boldsymbol{K}$ を付け加えることを含めて保存される．第2章に出てきた結晶による X 線の弾性散乱における**波数ベクトルの保存則**，つまり，ラウエの回折条件（2.8）

$$\boldsymbol{k}' = \boldsymbol{k} + \boldsymbol{K} \tag{3.74}$$

は，その最も簡単な例の1つである．

この波数ベクトルの保存則は，フォノンの場合にも当てはまる．すでに見てきたように，結晶のポテンシャルエネルギーを原子変位で展開したとき，原子変位の3次以上の高次の項，すなわち非調和項があればフォノンは互いに相互作用することができる．例えば，原子変位についての3次の項があれば，2個のフォノン $\boldsymbol{k}_1$ と $\boldsymbol{k}_2$ は，この非調和項を通して相互作用し，両者は消滅して新たに第3のフォノン $\boldsymbol{k}_3$ が生成される．この場合も波数ベクトルの保存則

$$\boldsymbol{k}_1 + \boldsymbol{k}_2 + \boldsymbol{K} = \boldsymbol{k}_3 \tag{3.75}$$

が成り立つ．次の例題3.4で，（3.75）を数学的に導いてみよう．

例題3.4

2個のフォノン $\boldsymbol{k}_1$ と $\boldsymbol{k}_2$ から，第3のフォノン $\boldsymbol{k}_3$ が生成される**3フォノン過程**において，（3.75）の波数ベクトルの保存則が成り立つことを数学的に導け．

［**解**］　3フォノン過程が起こる確率には，3個のフォノン，つまり k_1 の入射フォノン，k_2 の入射フォノンと k_3 の放出フォノンの各格子点での振幅の積を全格子点についてとった総和

$$\sum_n A \exp(-i\boldsymbol{k}_1\cdot\boldsymbol{r}_n)\exp(-i\boldsymbol{k}_2\cdot\boldsymbol{r}_n)\exp(+i\boldsymbol{k}_3\cdot\boldsymbol{r}_n)$$
$$= \sum_n A \exp\{-i(\boldsymbol{k}_1+\boldsymbol{k}_2-\boldsymbol{k}_3)\cdot\boldsymbol{r}_n\} \quad (3.76)$$

が含まれている．ここで，A は3個のフォノンの振幅の積であって，格子点にはよらない．そこで，第1章で学んだ逆格子ベクトル $\boldsymbol{k}$ の性質，$\exp(i\boldsymbol{k}\cdot\boldsymbol{r}_n)=1$ (1.11) を思い出すと，格子点の数が無限に大きくなった極限での (3.76) の和がゼロにならないためには，

$$\boldsymbol{k}_3=\boldsymbol{k}_1+\boldsymbol{k}_2 \quad \text{または} \quad \boldsymbol{k}_3=\boldsymbol{k}_1+\boldsymbol{k}_2+\boldsymbol{K}$$

でなければならないことがわかる．ここで，最初の式は $\boldsymbol{K}=0$ の特別な場合と考えれば，2個のフォノン $\boldsymbol{k}_1$ と $\boldsymbol{k}_2$ が衝突して，第3のフォノン $\boldsymbol{k}_3$ が生成される3フォノン過程では

$$\boldsymbol{k}_1+\boldsymbol{k}_2+\boldsymbol{K}=\boldsymbol{k}_3$$

が満たされている．

(3.75) は両辺に $\hbar$ を掛けると運動量保存則のように見える．実際に，自由粒子の場合には $\hbar\boldsymbol{k}$ は運動量を表す．そこで，フォノンの場合も，$\hbar\boldsymbol{k}$ を**結晶運動量**とよび，運動量のように扱う．しかし，この結晶運動量は物理的な意味での運動量は運ばないため，本当の運動量ではない．

その理由は，フォノンの座標が原子間の距離だけしか含まないためである．したがって，波長が有限（$\boldsymbol{k}\neq 0$）の場合は，原子間の座標は相対座標になり，結晶全体の重心は決して動くことはなく，系の全運動量は運ばれない．ただし，音響分枝（$\boldsymbol{k}=0$）のときだけは系全体の重心は，$\boldsymbol{k}=0$ のモードに対応して動き，全運動量が運ばれるので本当の運動量になる．しかし，その場合の結晶運動量はゼロである．

しかし，波数ベクトル $\boldsymbol{k}$ をもった1個のフォノンは，あたかも運動量 $\hbar\boldsymbol{k}$ をもっているかのように振舞い，フォトンや中性子，電子などの粒子と相互作用し合う．したがって，フォノンの場合も $\hbar\boldsymbol{k}$ を運動量とよび，(3.75) を単に運動量の保存則とよぶことが多い．

フォノンの平均自由行程

フォノンの平均自由行程 l は，フォノンの散乱によって短くなる．このフォノンの散乱は，前節でも見たように，大別して2つの原因によって起こる．1つは，結晶の非調和相互作用を通して起こるフォノン同士の散乱であり，残る1つは，結晶中の不純物や格子欠陥，結晶表面などによる散乱である．この項では，フォノン同士の散乱について調べよう．

再び，波数ベクトル $\boldsymbol{k}_1$ と $\boldsymbol{k}_2$ をもつ2つのフォノンが衝突して，両者が消滅し，波数ベクトル $\boldsymbol{k}_3$ の第3のフォノンが生成される3フォノン過程を考えよう．結晶運動量およびエネルギー保存則から，

$$\boldsymbol{k}_1 + \boldsymbol{k}_2 + \boldsymbol{K} = \boldsymbol{k}_3 \tag{3.77}$$

$$\hbar\omega_{\boldsymbol{k}_1} + \hbar\omega_{\boldsymbol{k}_2} = \hbar\omega_{\boldsymbol{k}_3} \tag{3.78}$$

が成立する．

まず，$\boldsymbol{k}_1$ と $\boldsymbol{k}_2$ がブリユアンゾーンに比べて小さくて，その結果，図3.13(a) のように，$\boldsymbol{k}_1 + \boldsymbol{k}_2 = \boldsymbol{k}_3$ が第1ブリユアンゾーンの内部にある場合を考える．これは (3.77) において，$\boldsymbol{K} = 0$ とおいたことに当たる．このような散乱過程は**正常過程**（または**N過程**）とよばれる．いま，波数

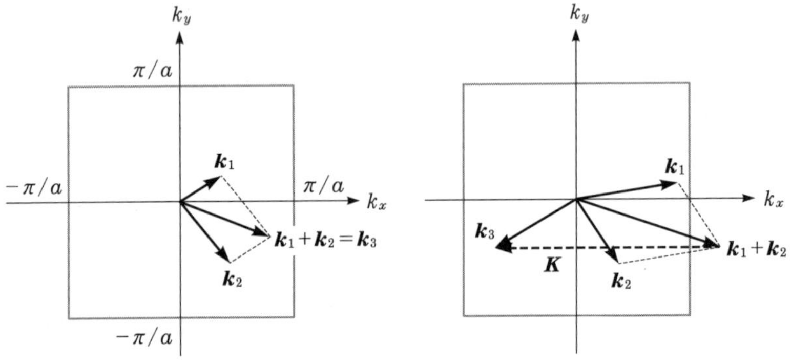

(a) 正常過程　　　(b) ウムクラップ過程

図3.13　フォノン同士の散乱過程

ベクトル $\boldsymbol{k}$ をもつフォノンの数を $n_{\boldsymbol{k}}$ とすると，全フォノンの運動量は

$$\boldsymbol{J} = \sum_{\boldsymbol{k}} n_{\boldsymbol{k}} \hbar \boldsymbol{k} \tag{3.79}$$

である．正常過程の場合は $\boldsymbol{K} = 0$ に相当するから，このフォノンの運動量は保存される．したがって，熱勾配のある棒の高温側から $\boldsymbol{J} \neq 0$ で流れていくフォノン分布は，そのまま低温側へ伝播し熱抵抗は存在しない．

次に，$\boldsymbol{k}_1$ と $\boldsymbol{k}_2$ がある程度大きくなり，そのベクトル和 $\boldsymbol{k}_1 + \boldsymbol{k}_2$ が，図 3.13(b) のように第1ブリユアンゾーンの外に出てしまう場合を考えよう．意味のあるフォノンの波数ベクトル $\boldsymbol{k}$ は，第1ブリユアンゾーンの内部に限られている．したがって，第3のフォノンの波数ベクトル $\boldsymbol{k}_3$ は，$\boldsymbol{k}_1 + \boldsymbol{k}_2$ に逆格子ベクトル $\boldsymbol{K}$ を適当に加えて，第1ブリユアンゾーンに還元されなければならない．これは (3.77) において $\boldsymbol{K} \neq 0$ とおいたことに当る．このような散乱過程は**ウムクラップ過程**（または **U 過程**）とよばれる．

ウムクラップ過程では，衝突の前後でフォノンの運動量の向きが変わるため，フォノンの平均自由行程 l は，散乱によって短くなる．ウムクラップ過程が起こるためには，$\boldsymbol{k}_1 + \boldsymbol{k}_2$ が第1ブリユアンゾーンの外に出てしまうことを前提にしているので，k_1 も k_2 もその大きさが $K/2$ 程度（これはエネルギーにして $k_B\theta_D/2$ 程度）よりも大きくなければならないから，ウムクラップ過程が起こる確率は，$\exp(-\theta_D/2T)$ に従って温度の上昇とともに増加する．したがって，フォノンの平均自由行程の温度依存性は，

$$l \propto \exp\left(\frac{\theta_D}{2T}\right)$$

となる．

1929年に，パイエルス（Peierls）はウムクラップ過程が熱抵抗の原因となるメカニズムであることを明らかにし，フォノン散乱におけるウムクラップ過程の重要性を初めて指摘した．なお，ウムクラップ（umklappen）とはドイツ語で「折りたたむ」という意味である．

フォノンによる中性子非弾性散乱

フォノンの分散曲線 $\omega(\boldsymbol{k})$ は，フォノンの生成・消滅をともなう中性子非弾性散乱の測定から決定される．フォノンの測定には熱中性子線（§2.2 を参照）が用いられる．熱中性子はフォノンのエネルギーにほぼ等しい meV 程度のエネルギーをもっているため，実験装置を適当に配置することによって，入射中性子と散乱中性子の波数ベクトルの差 $\varDelta\boldsymbol{k}$ を，第1ブリユアンゾーン内のフォノンの波数ベクトルに等しくすることができる．

図3.14は，フォノンの分散曲線を測定するのに用いられる結晶分光装置（3軸型分光装置）の概念図である．原子炉から出る熱中性子は，単結晶モノクロメーターによってブラッグ散乱を起こし，波数ベクトル $\boldsymbol{k}_i$ の単色中性子となる．この単色中性子を試料に当て，そこで散乱された中性子をアナライザーとよばれる解析用単結晶でブラッグ散乱させて，散乱中性子の波数ベクトル $\boldsymbol{k}_s$ を決め，その波数ベクトルをもつ散乱中性子を検出する．

波数ベクトル $\boldsymbol{k}$ の中性子の運動量は $\hbar\boldsymbol{k}$ であるから，入射および散乱中性子の運動エネルギーは，中性子の質量を M とすると，それぞれ $(\hbar k_i)^2/2M$ および $(\hbar k_s)^2/2M$ である．したがって，試料による散乱の過程で，

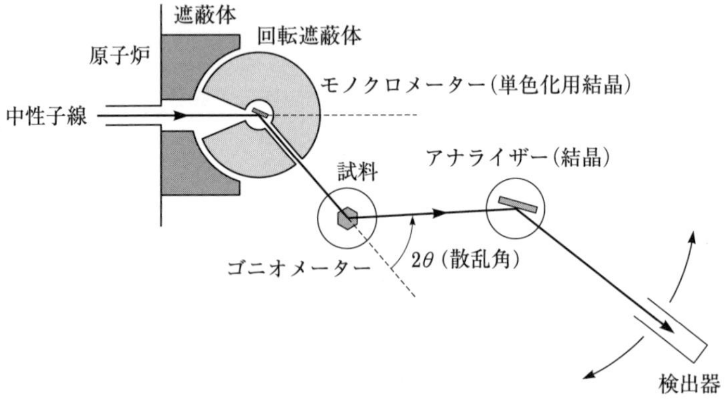

図3.14　中性子の3軸型分光装置

波数ベクトル $\boldsymbol{k}$ のフォノンが生成または消滅すると，結晶運動量とエネルギーの保存則から

$$\hbar\boldsymbol{k}_i - \hbar\boldsymbol{k}_s = \pm\,\hbar\boldsymbol{k} + \hbar\boldsymbol{K} \tag{3.80}$$

$$\frac{\hbar^2 k_i^{\,2}}{2M} - \frac{\hbar^2 k_s^{\,2}}{2M} = \pm\,\hbar\omega \tag{3.81}$$

が成り立つ．ここで，＋および－はフォノンの生成および消滅に相当する．フォノンの波数ベクトルとエネルギーとの関係を求めるには，実験によって，散乱される中性子が獲得または損失するエネルギーを散乱方向 $\boldsymbol{k}_i - \boldsymbol{k}_s$ の関数として測定し，(3.80) と (3.81) から求めればよい．$\boldsymbol{k}$ 空間の各点について測定を行うことによって，ブリユアンゾーンの全領域にわたってフォノンの分散曲線を得ることができる．

図 3.15 に体心立方構造をもつ Na 金属の分散曲線の測定結果を示しておく．図で，Γ，H，N，P は，それぞれ第1ブリユアンゾーンの特殊点 [0 0 0]，[1 0 0]，[1 1 0]，[1 1 1] を表しており（図 3.16)，図 3.15 はこれらの特殊点の間，つまり特殊線上のフォノンの波数ベクトル $\boldsymbol{k}$ に対して，フォノンのエネルギー $\hbar\omega(\boldsymbol{k})$ をプロットしたものである．

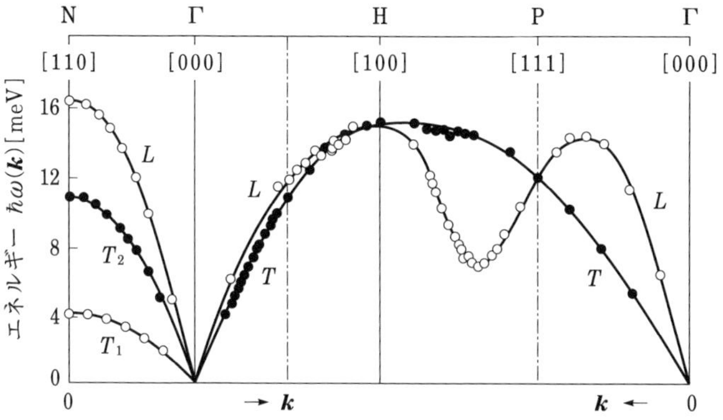

図 3.15 ナトリウムのフォノン分散曲線の測定値
(A. D. B. Woods, *et al.*：Phys. Rev. **128**, 1112 (1962) による)

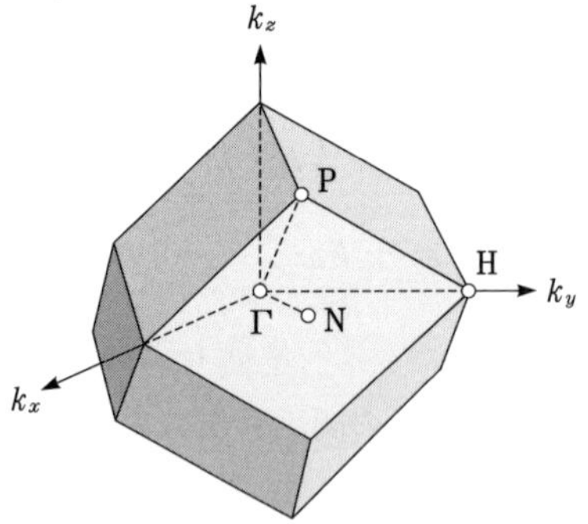

図3.16　体心立方格子の第1ブリユアンゾーンの特殊点

演習問題

［**1**］　質量 M の同種の原子が等間隔 a で周期配列している1次元格子において，隣接原子間にはたらく力の定数が鎖軸に沿って交互に α_1，α_2 と変化している場合の，縦波の格子波の分散関係を求めよ．

［**2**］　1種類の原子が，図のように縦横に N 個ずつ周期的に並んだ正方格子を考える．原子の質量を M，格子定数を a とし，l 行 m 列目の原子の面に対して垂直方向の変位を $u_{l,m}$ で表すことにする．いま，この2次元正方格子のポテンシャルエネルギーを

$$V = \sum_{l=1}^{N}\sum_{m=1}^{N}\frac{1}{2}\alpha\{(u_{l,m+1}-u_{l,m})^2+(u_{l+1,m}-u_{l,m})^2\}$$

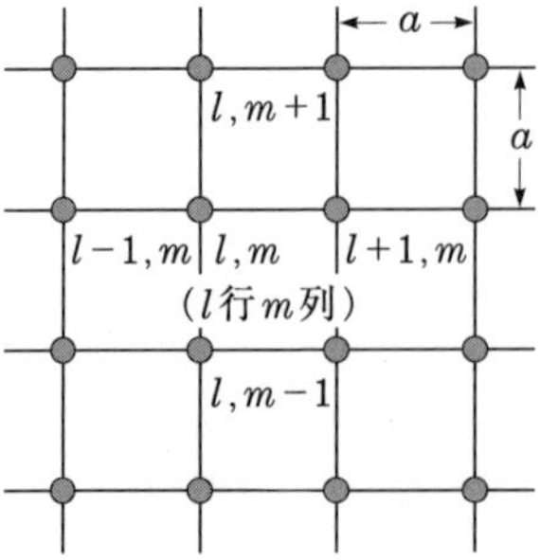

2次元正方格子における原子の番号付け

で与えられるように力の定数 α を仮定して，以下の問いに答えよ．

（1） $u_{l,m}$ の従う運動方程式を導け．

（2） （1）の運動方程式が並進不変性を満たすことを確かめ，ブロッホの定理から，解を

$$u_{l,m} = A_{\boldsymbol{k}} \exp\{i(lak_x + mak_y - \omega(\boldsymbol{k})\,t)\}$$

の形において，2次元正方格子の横波の分散関係 $\omega(\boldsymbol{k})$ を求めよ．

（3） 2次元正方格子の第1ブリユアンゾーン（図）において，波数ベクトル $\boldsymbol{k}$ を Γ 点 $(0,0)$ から X 点 $(\pi/a, 0)$，および M 点 $(\pi/a, \pi/a)$ まで変化させたときの $\omega(\boldsymbol{k})$ を，それぞれ図示せよ．

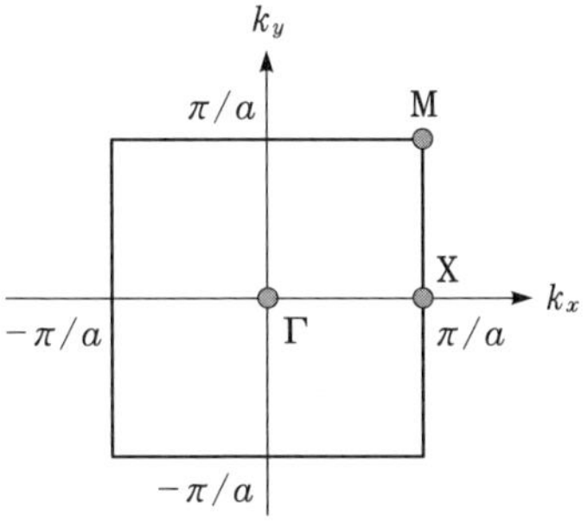

（4） Γ 点近傍における弾性波の伝播速度を求めよ．

［**3**］ アインシュタインは，格子比熱を求めるために，固体中の全ての原子は互いに独立に同じ角振動数 ω_{E} で振動していると仮定した．このモデルはアインシュタインモデル，ω_{E} はアインシュタイン角振動数とよばれる．このアインシュタインモデルを用いて，単位体積中に N 個の原子を含む結晶の格子比熱を求め，高温および低温におけるその振舞いを調べよ．

［**4**］ N 個の原子から成る単原子1次元格子の分散関係（縦波）は，原子間隔を a，質量を M，力の定数を α とすると，(3.17) より

$$\omega(k) = 2\sqrt{\frac{\alpha}{M}}\left|\sin\frac{ka}{2}\right| = \omega_{\max}\left|\sin\frac{ka}{2}\right|$$

で与えられる．周期的境界条件を用いて，この単原子1次元格子の（縦波の分枝の）フォノンの状態密度 $D(\omega)$ を求め，デバイモデルの結果と比較せよ．

4 結晶の中の電子（1）

自由電子気体モデルによる金属の理解

前章でも述べたように，固体の性質は原子の振動の力学と電子的性質に分けることができる．これは，電子に比べて質量の大きな原子核，あるいはそれに強く束縛された内殻電子との結合体であるイオンは，電子系の動力学に対しては静止していると考えてよいためである．このような扱いを断熱近似という．

しかし，たとえ原子核やイオンが静止しているとしても，周期的に配列したイオンポテンシャル中の互いに相互作用し合う膨大な数の電子の振舞いを正確に解明することは，どれほど巨大なコンピュータを駆使しても不可能である．

そこで本章では，自由電子気体モデルとよばれる１つの極めて簡単なモデルを用いて，固体，特に金属の中の電子の振舞いを調べてみよう．よく知られているように，金属では，最外殻の電子は原子核からの束縛を離れて，伝導電子として結晶の中を自由に動き回っている．このモデルでは，そのような“自由電子”を気体粒子のように考え，固体が占めている空間と同じ形をした箱の中を，それらが互いに相互作用することなく自由に動き回っていると考える．このモデルは一見乱暴なように見えるが，後で見るように，実際の金属の性質の大部分を説明することができる．

この余りにも簡単な自由電子気体モデルが成功しているのは，伝導電子が周期的に配列したイオンによっては散乱されないことと，多くの金属ではイオンとイオンの間のポテンシャルが比較的平らであって，一定と仮定することが許されるためである．

§4.1 箱の中の自由電子

金属中の伝導電子は，正イオンの規則的な周期配列がつくるポテンシャルを受けている．この周期ポテンシャルは個々のイオンのポテンシャルが重なり合っているため，孤立したイオンのつくるポテンシャルよりも深くなる．そのために，ポテンシャルは金属表面で壁のように立ち上がっており，表面から電子が外へ出ようとすると，その電子は金属内部に残っている差し引きでプラスの電荷に引き戻される．このように，金属中の伝導電子はポテンシャルの井戸の中を運動していると考えられる．

図 4.1 は，そのような金属中の伝導電子が受けるポテンシャルを模式的に描いたものである．L は結晶のサイズであり，真空準位は，電子を結晶から無限遠まで遠ざけるために，電子が励起されなければならないエネルギー準位である．

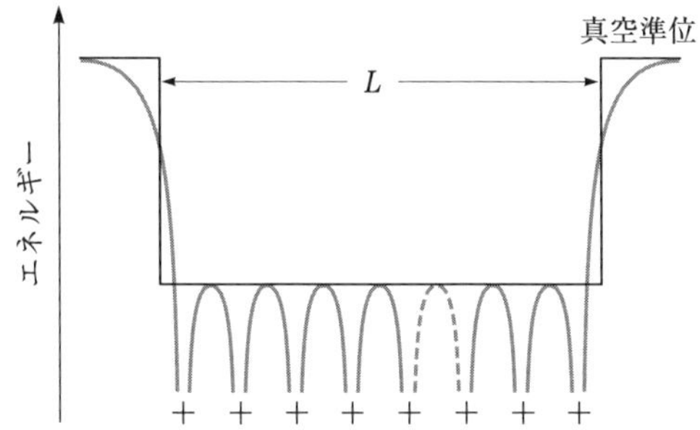

図 4.1 金属中の伝導電子に対するポテンシャルの模式図

自由電子気体モデルでは，この結晶内の周期ポテンシャルをならして平坦にし，結晶の表面には，電子を閉じ込めておく無限に高いポテンシャル障壁を考える．すなわち，金属結晶を，表面に無限の高さのポテンシャル障壁をもつ 3 次元の矩形井戸型ポテンシャルで表し，その中に閉じ込められた伝導電子は“自由電子”として振舞うものとする．以下に，そのような箱の中に閉じ込められた自由電子の性質を調べてみよう．

2 種類の境界条件

1 電子近似で，1 辺の長さが L の立方体（箱）の中に閉じ込められた電子のシュレーディンガー方程式は，

$$-\frac{\hbar^2}{2m}\nabla^2\psi(\boldsymbol{r}) + V(\boldsymbol{r})\,\psi(\boldsymbol{r}) = \varepsilon\,\psi(\boldsymbol{r}) \tag{4.1}$$

であり，ここで，ポテンシャル $V(\boldsymbol{r})$ は

$$\left.\begin{array}{rl} 0 < x, y, z < L \quad \text{のとき} & V(x, y, z) = 0 \\ \text{それ以外のとき} & V(x, y, z) = \infty \end{array}\right\} \tag{4.2}$$

で与えられる．この場合，表面における無限に高い障壁のために，電子は結晶の外に出ることができないため，$\psi(\boldsymbol{r})$ は立方体の 6 つの表面上でゼロとなる．したがって，境界条件として，

$$\begin{array}{lrll} \psi(\boldsymbol{r}) = 0: & x = 0, L & \text{のとき} & 0 \leqq y, z \leqq L \\ & y = 0, L & \text{のとき} & 0 \leqq z, x \leqq L \\ & z = 0, L & \text{のとき} & 0 \leqq x, y \leqq L \end{array} \tag{4.3}$$

とおくことができる．このような境界条件は**固定境界条件**とよばれる．

この固定境界条件を課して，シュレーディンガー方程式 (4.1) を解くと，波数ベクトル $\boldsymbol{k}$ で指定される定常波の解

$$\psi(\boldsymbol{r}) = C \sin k_x x \sin k_y y \sin k_z z \tag{4.4}$$

が得られる．ここで，C は規格化のための定数で，

$$\int_{\text{box}} \psi^*(\boldsymbol{r})\,\psi(\boldsymbol{r})\,d\boldsymbol{r} = 1 \tag{4.5}$$

から $C = (2/L)^{3/2}$ と求められ，電子のとりうるエネルギーは，

$$\varepsilon(\boldsymbol{k}) = \frac{\hbar^2|\boldsymbol{k}|^2}{2m} = \frac{\hbar^2}{2m}({k_x}^2 + {k_y}^2 + {k_z}^2) \tag{4.6}$$

となる．

箱の中の自由電子に対する境界条件としては，このような固定境界条件の他に，フォノンの場合にも採用した**周期的境界条件**をとることもでき，むしろこちらの方が便利である．この周期的境界条件は

$$\begin{aligned}\psi(x+L, y, z) &= \psi(x, y, z)\\ \psi(x, y+L, z) &= \psi(x, y, z)\\ \psi(x, y, z+L) &= \psi(x, y, z)\end{aligned} \tag{4.7}$$

で与えられる．この周期的境界条件（4.7）を課して（4.1）を解くと平面波の解

$$\psi(r) = \frac{1}{L^{3/2}}\exp(i\boldsymbol{k}\cdot\boldsymbol{r}) = \frac{1}{L^{3/2}}\exp\{i(k_x x + k_y y + k_z z)\} \tag{4.8}$$

が得られる．この場合も，波数ベクトル $\boldsymbol{k}$ をもつ電子のとりうるエネルギーは（4.6）で与えられる．

しかし，これらの2種類の境界条件では，波数ベクトル $\boldsymbol{k}$ に付く制限が違ってくる．固定境界条件の場合は，$\boldsymbol{k}$ の各成分は次の条件を満たす．

$$k_x = \frac{\pi}{L}n_x, \quad k_y = \frac{\pi}{L}n_y, \quad k_z = \frac{\pi}{L}n_z \quad (n_x, n_y, n_z = 1, 2, 3, \cdots) \tag{4.9}$$

すなわち，波数ベクトル $\boldsymbol{k}$ の各成分は，π/L を単位とする離散的な値をとり，$\boldsymbol{k}$ で指定される電子の状態は，波数空間（$\boldsymbol{k}$ 空間）の中の逆格子点で表される．ただし，この場合に許される波数ベクトル $\boldsymbol{k}$ の成分は，（4.9）より正の値をとる．したがって，そのような逆格子点は $\boldsymbol{k}$ 空間の 1/8 の部分に限られる．また，原点 $(0, 0, 0)$ が除かれているのは，それに対応する波動関数が箱の体積の領域内で規格化することができないためである．

一方，周期的境界条件の場合，波数ベクトル $\boldsymbol{k}$ に付く条件は，

$$k_x = \frac{2\pi}{L}n_x, \quad k_y = \frac{2\pi}{L}n_y, \quad k_z = \frac{2\pi}{L}n_z \quad (n_x, n_y, n_z = 0, \pm 1, \pm 2, \cdots) \tag{4.10}$$

となる．すなわち，$\boldsymbol{k}$ の各成分は $2\pi/L$ を単位とする離散的な値をとり，

電子の状態を表す逆格子点の間隔は，固定境界条件の場合に比べて2倍に広がっている．しかし今度は，$\boldsymbol{k}$ 空間内のすべての逆格子点に対応して電子状態が存在するため，エネルギーが ε と $\varepsilon + d\varepsilon$ の間に含まれる電子状態の数は2つの境界条件で同じになる．

図4.2は2種類の境界条件に対応した定常波と進行波の波動関数を示したものである．固定境界条件の定常波に比べて，周期的境界条件の進行波の方は，存在しうる波長の種類が半分になっている．しかし，後者の場合は，同一波長の波に左と右へ進行する2種類があるため，両者の波の数はほぼ同数である．

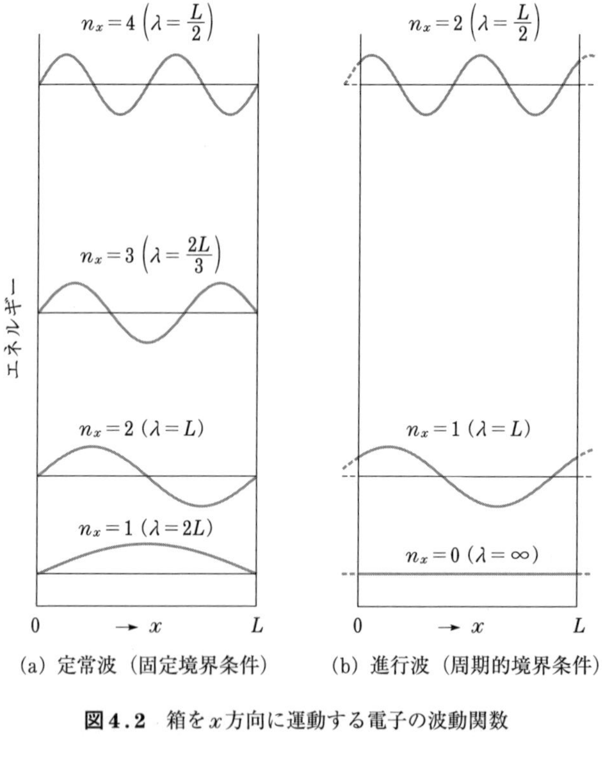

(a) 定常波（固定境界条件）　(b) 進行波（周期的境界条件）

図4.2　箱を x 方向に運動する電子の波動関数

状態密度

箱の中の自由電子の運動についても，フォノンの場合と同様にして状態密度を定義することができる．エネルギーが ε と $\varepsilon + d\varepsilon$ の範囲にある電子状態の数を，箱の単位体積当り $D(\varepsilon)\ d\varepsilon$ と書いて，この $D(\varepsilon)$ を**状態密度**とよぶ．

ここで，周期的境界条件を採用することにしよう．1辺の長さが L の箱の中の自由電子の状態密度は（4.6）と（4.10）を用いて求めることができる．（4.6）から，$\boldsymbol{k}$ 空間における等エネルギー面は，原点を中心とする球面で表される．したがって，電子の運動エネルギーが $\varepsilon(k)$ と $\varepsilon(k) + d\varepsilon$ の間にある電子状態の数は，半径が

$$k = \frac{\sqrt{2m\varepsilon}}{\hbar} \quad と \quad k + dk = \frac{\sqrt{2m(\varepsilon + d\varepsilon)}}{\hbar}$$

の2つの球面に挟まれた薄い球殻の体積に含まれる $\boldsymbol{k}$ 格子点の数（図4.3），つまり，球殻の体積 $4\pi k^2\ dk$ を $\boldsymbol{k}$ 空間の体積要素（1つの $\boldsymbol{k}$ 点に対応した体積：$(2\pi/L)^3$）で割ったものの2倍に等しい．ここで2倍をとるのは，$\boldsymbol{k}$ 空間の各点は，スピンの自由度による2つの状態を許しているためである．

したがって，結晶の単位体積当りの状態数は

$$D(\varepsilon)\ d\varepsilon = \frac{1}{L^3} \times 2 \times \left(\frac{L}{2\pi}\right)^3 \times 4\pi k^2\ dk = \frac{1}{\pi^2} k^2\ dk$$

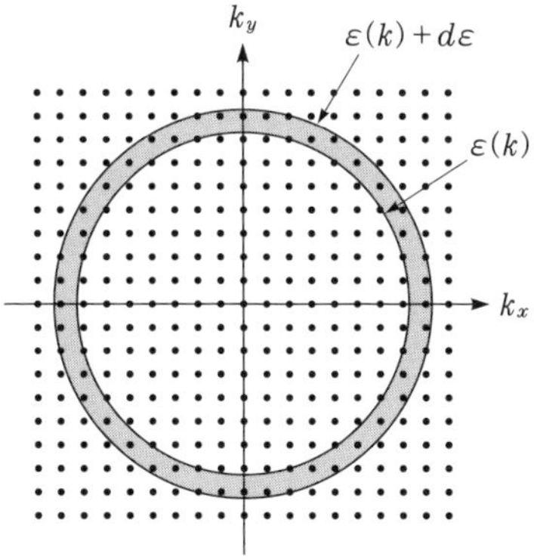

図4.3 $\boldsymbol{k}$ 空間において2つの球面で挟まれた球殻に含まれる $\boldsymbol{k}$ 点の数は，エネルギーが ε と $\varepsilon+d\varepsilon$ の範囲にある電子状態の数を与える．（図は k_z に垂直な面を示す．）

となる．これを $\varepsilon = \hbar^2k^2/2m$ を用いて ε の関数として表すと，状態密度 $D(\omega)$ は

$$D(\varepsilon) = \frac{\sqrt{2}\, m^{3/2}}{\pi^2\hbar^3}\sqrt{\varepsilon} \tag{4.11}$$

と得られる．この状態密度の表式は固定境界条件を用いた場合も同様に導かれる．したがって，箱の中の自由電子の1電子状態密度 $D(\varepsilon)$ は，図4.4のように $\sqrt{\varepsilon}$ に比例してエネルギーとともに増加する．$D(\varepsilon)$ が $\sqrt{\varepsilon}$ に比例するのは3次元系の特徴である．

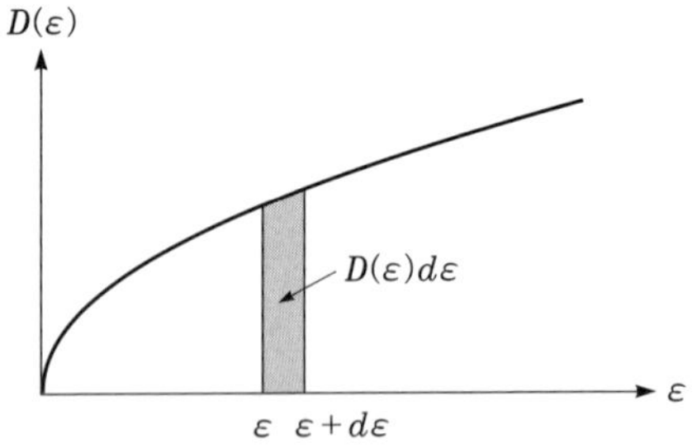

図4.4　箱の中の自由電子の1電子状態密度．$D(\varepsilon)d\varepsilon$ は，ε と $\varepsilon+d\varepsilon$ の範囲にある単位体積当りの状態数である．

例題 4.1

1辺の長さが L の箱の中の2次元電子系および1次元電子系の1電子状態密度 $D(\varepsilon)$ を求めよ．

［**解**］ 2次元電子系の場合の状態密度 $D(\varepsilon)$ は，電子の運動エネルギーが ε と $\varepsilon + d\varepsilon$ の間にある単位面積当りの電子状態の数 $D(\varepsilon)\, d\varepsilon$ から求められる．これは，図4.3の k_xk_y 平面において，2つの円の間の環状部分にある k 格子点の数を面積 L^2 で割ったものである．k 格子点の数は，環状部分の k 平面における面積 $2\pi k\, dk$ を平面の面積要素 $(2\pi/L)^2$ で割って得られる．したがって，

$$D(\varepsilon)\, d\varepsilon = \frac{1}{L^2} \times 2 \times 2\pi k\, dk \times \left(\frac{L}{2\pi}\right)^2 = \frac{k}{\pi}\frac{dk}{d\varepsilon}\, d\varepsilon = \frac{m}{\pi\hbar^2}\, d\varepsilon$$

となる．ここで，$\varepsilon = \hbar^2k^2/2m$ である．なお，2倍の因子が現れるのは，電子のスピンの自由度が2つあることに由来する（1次元の場合も同様）．これより，状態密度 $D(\varepsilon)$ は

$$D(\varepsilon) = \frac{m}{\pi\hbar^2} \tag{4.12}$$

と得られる．

1 次元電子系の場合も，同様にして

$$D(\varepsilon)\,d\varepsilon = \frac{1}{L}\times 2\times dk\times\frac{L}{2\pi} = \frac{1}{\pi}\frac{dk}{d\varepsilon}\,d\varepsilon = \frac{\sqrt{m}}{\sqrt{2}\,\pi\hbar}\,\varepsilon^{-1/2}\,d\varepsilon$$

これより，状態密度 $D(\varepsilon)$ は

$$D(\varepsilon) = \sqrt{\frac{m}{2}}\frac{1}{\pi\hbar}\,\varepsilon^{-1/2} \tag{4.13}$$

となる．

§4.2　絶対零度における自由電子フェルミ気体

金属中には，単位体積当り $n \approx 10^{22\sim24}$ [cm^{-3}] 程度の伝導電子が存在している．いま，それらの電子は自由電子として振舞い，箱の中の 1 電子状態を占めていると考えることにしよう．1 個の電子が占めうる状態はエネルギー軸上に，前節で求めた状態密度 $D(\varepsilon)$ で分布している．したがって，各電子は，それらの状態を温度に依存した占有確率 $f(T,\varepsilon)$ で占有する．もし，電子が古典的な粒子であれば，この分布関数 $f(T,\varepsilon)$ はよく知られたボルツマン分布関数であり，絶対零度では，すべての電子が最低エネルギー状態を占めることになる．

しかし，電子のように 1/2 のスピンをもつ素粒子の場合には，パウリの排他原理が適用される．したがって，1 電子近似の範囲では，1 つの電子状態は（スピンの縮退度を含めて）2 個の電子までしか収容することができない．そのため，箱の中の自由電子は 1 電子状態のエネルギーの低い方から順に状態を占めていくことになる．これは $\boldsymbol{k}$ 空間で見ると，電子状態を表す $\boldsymbol{k}$ 格子点に，電子を 2 個ずつ原点から外へ向かって順に詰めていくことに対応する．したがって，こうして電子の詰められた $\boldsymbol{k}$ 格子点は原点を中心とした球をつくる．この球を**フェルミ（Fermi）球**といい，その半径 k_F を**フェルミ波数**とよぶ．また，フェルミ波数に対応するエネルギー

$$\varepsilon_{\mathrm{F}} = \frac{\hbar^2 k_{\mathrm{F}}{}^2}{2m} \tag{4.14}$$

は**フェルミエネルギー**とよばれる．

箱の中の自由電子の総数は，フェルミ球内の $\boldsymbol{k}$ 格子点の数の 2 倍である．したがって，電子数密度 n は，

$$n = \frac{1}{L^3} \times 2 \times \left(\frac{L}{2\pi}\right)^3 \frac{4}{3}\pi k_{\mathrm{F}}{}^3 = \frac{k_{\mathrm{F}}{}^3}{3\pi^2} \tag{4.15}$$

となり，フェルミ波数 k_{F} およびフェルミエネルギー ε_{F} は，電子数密度 n と

$$k_{\mathrm{F}} = (3\pi^2 n)^{1/3} \tag{4.16}$$

$$\varepsilon_{\mathrm{F}} = \frac{\hbar^2 (3\pi^2 n)^{2/3}}{2m} \tag{4.17}$$

の関係がある．

ところで，絶対零度では，ε_{F} よりも低いエネルギー状態はすべて電子によって占有されており，ε_{F} 以上の状態は空いている．したがって，箱の中の電子数密度 n は，図 4.5 においてフェルミエネルギーまで状態密度曲線を積分したもので与えられ，

$$\int_0^{\varepsilon_{\mathrm{F}}} D(\varepsilon)\, d\varepsilon = \frac{(2m\varepsilon_{\mathrm{F}})^{3/2}}{3\pi^2 \hbar^3} \tag{4.18}$$

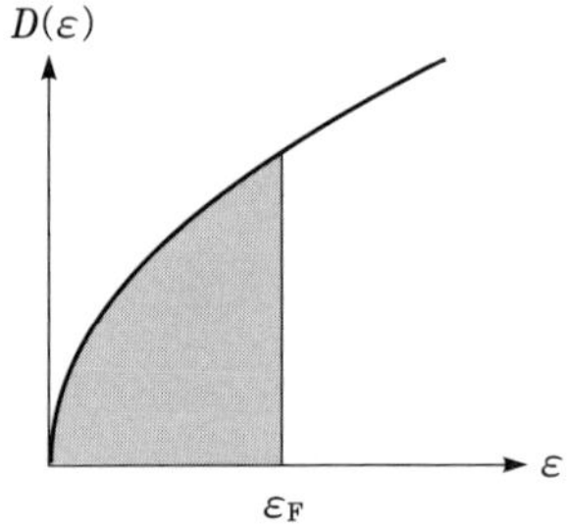

図 4.5　絶対零度での箱の中の自由電子の占有状態

と得られる．k 空間において，電子に占有されている状態と空いている状態との境目，つまりフェルミ球の表面は**フェルミ面**とよばれる．

(4.11) と (4.17) から m を消去すると，状態密度は

$$D(\varepsilon) = \frac{3n}{2\varepsilon_{\mathrm{F}}} \sqrt{\frac{\varepsilon}{\varepsilon_{\mathrm{F}}}} \tag{4.19}$$

と表すこともできる．

自由電子フェルミ気体の絶対零度における内部エネルギー密度 U は，フェルミ球に含まれる電子の全運動エネルギーであり，これは

表 4.1 金属のフェルミエネルギーとフェルミ温度

金属	価数	電子数密度 $n(\times 10^{22}\,\mathrm{cm}^{-3})$	フェルミエネルギー $\varepsilon_{\mathrm{F}}(\mathrm{eV})$	フェルミ温度 $T_{\mathrm{F}}\equiv\varepsilon_{\mathrm{F}}/k_{\mathrm{B}}(\times 10^4\mathrm{K})$
Na	1	2.65	3.23	3.75
K	1	1.40	2.12	2.46
Cu	1	8.45	7.00	8.12
Ag	1	5.85	5.48	6.36
Au	1	5.90	5.51	6.39
Mg	2	8.60	7.13	8.27
Ca	2	4.60	4.68	5.43
Al	3	18.06	11.63	13.49

$$U = \int_0^{\varepsilon_{\mathrm{F}}} \varepsilon\, D(\varepsilon)\; d\varepsilon = \frac{3}{5}\, n\varepsilon_{\mathrm{F}} \tag{4.20}$$

となる．このように，自由電子フェルミ気体の場合は古典気体と異なり，内部エネルギーは絶対零度でもゼロにはならない．表 4.1 に見られるように，自由電子のフェルミエネルギーは，300 K の古典気体分子の平均運動エネルギーに比べて 2 桁以上大きいから，金属における（4.20）の値は，300 K の古典気体の内部エネルギーよりも 2 桁以上は大きい．

§4.3 有限温度における自由電子フェルミ気体

フェルミ－ディラックの分布関数

前節で見たように，絶対零度では，自由電子は 1 電子状態のエネルギー準位を低い方から順に 2 個ずつ占めており，フェルミエネルギー以下のすべての準位は電子によって完全に占有されているが，フェルミエネルギー以上の準位はすべて空いている．このような，電子の占有確率分布 $f(\varepsilon, 0)$ をグラフで示すと図 4.6 の実線になる．

この節では，有限の温度における自由電子フェルミ気体について考えるが，そのためには，温度を上げると電子の分布がどのように変化するか，つまり，絶対零度でない温度に対する分布関数 $f(\varepsilon, T)$ を知る必要がある．

電子のエネルギーの変化は結晶との熱のやり取りによって起こる．1 個の自由電子が熱を受けとって，その運動エネルギーを増加させるということは，$\boldsymbol{k}$ 空間で考えると占有している格子点から，より原点から遠い格子点へ励起されることである．フェルミ球の中の各格子点はすでに全部占有されているため，そのような遷移はフェルミ球の外の空格子点へ行われなければならない．表 4.1 に示したように，金属のフェルミエネルギーは温度に換算すると 10^4 K 程度であって，結晶の温度に比べてはるかに大きい．そのため，自由電子のうちで，結晶から熱エネルギーを受けとってフェルミ球の外へ遷移できるのは，フェルミ球の表面付近を占有しているごく一部の電子に限られる．

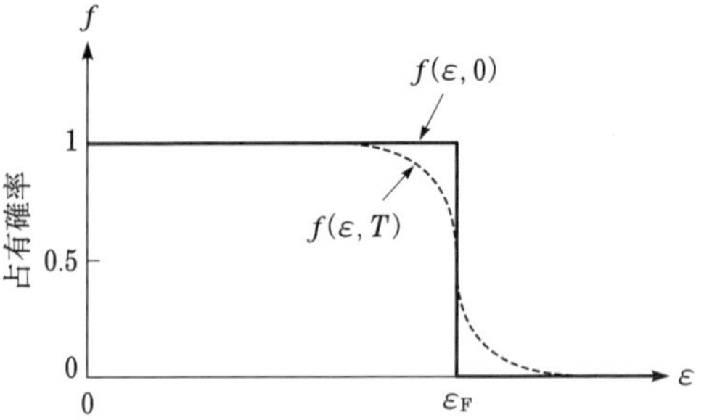

図 4.6　フェルミ分布関数

したがって，絶対零度から温度が上昇すると，フェルミ球の表面付近では，すぐ内側の電子が励起されて外側の空格子点へ遷移し，内側には電子に占有されない空格子点ができる．そのため，フェルミエネルギーのすぐ下のエネルギー準位の占有確率が少し低下し，一方，すぐ上の準位の占有確率が増加する．すなわち，有限温度における分布関数 $f(\varepsilon, T)$ は，図 4.6 の点線のようになると考えられる．

この関数は**フェルミ - ディラックの分布関数**とよばれ，

$$f(\varepsilon, T) = \frac{1}{\exp\left(\dfrac{\varepsilon - \mu}{k_{\mathrm{B}} T}\right) + 1} \qquad (4.21)$$

で与えられる．これは，各準位を占めることのできる粒子の数がただ 1 個に限られているときの分布関数である．(4.21) がどのようにして導出されるかについては，本シリーズの「統計力学」を参照して頂くことにして，ここでは省略する．

(4.21) の μ は**化学ポテンシャル**とよばれ，自由電子の総数（したがって，電子密度）が一定であるという条件

$$n = \int_0^\infty f(\varepsilon)\, D(\varepsilon)\, d\varepsilon \tag{4.22}$$

から決まる．$T = 0\,[\mathrm{K}]$ では，化学ポテンシャルはフェルミエネルギーに一致し，$\mu = \varepsilon_\mathrm{F}$ となる．このとき，フェルミ - ディラックの分布関数 $f(\varepsilon, 0)$ は

$$f(\varepsilon, 0) = \begin{cases} 1 & (\varepsilon < \varepsilon_\mathrm{F}) \\ 0 & (\varepsilon_\mathrm{F} < \varepsilon) \end{cases} \tag{4.23}$$

となり，すでに見てきたように階段関数となる．$k_\mathrm{B}T \ll \varepsilon_\mathrm{F}$ であれば，化学ポテンシャル μ の温度変化は無視できるので，その場合は μ は ε_F でおきかえてもよい．

温度が上昇すると，フェルミ - ディラックの分布関数の階段状の鋭い端は緩やかになり，μ のすぐ下の状態が空いている確率，および μ のすぐ上の状態が占有されている確率がともに有限になる．この場合，電子の占有確率が 1 と 0 の中間の値をとるのは，エネルギー ε が μ の上下の幅 $2k_\mathrm{B}T$ の中にある準位に限られる．したがって，この幅の中の電子だけが，温度や電場・磁場などに対して応答することができる．μ よりもずっと低いエネルギー準位にある電子は，少々の温度変化には全く関係しない．それは，ちょうど原子における内殻電子と同じように，上の準位から電子が落ちてこないように支える役割をしている．

$T \neq 0\,[\mathrm{K}]$ において，エネルギーが ε と $\varepsilon + d\varepsilon$ の間にある（結晶の単位体積当りの）状態密度 $N(\varepsilon)$ はフェルミ - ディラックの分布関数 (4.21) を用いて，

$$N(\varepsilon)\, d\varepsilon = f(\varepsilon)\, D(\varepsilon)\, d\varepsilon \tag{4.24}$$

で与えられる．ここで，$N(\varepsilon)$ は占有されている電子状態密度であって，

図 4.7 の破線のようになる．

ゾンマーフェルトの展開

すでに見てきたように，フェルミ-ディラックの分布関数 $f(\varepsilon)$ が 1 と 0 の中間の値をとるのは $\varepsilon = \mu$ のごく近傍に限られている．したがって，自由電子フェルミ気体のエネルギーに関係した性質については，$\varepsilon = \mu$ の周りで展開して調べることができる．このような，フェルミ-ディラックの分布関数の特徴を利用した展開を**ゾンマーフェルト**(**Sommerferd**)**の展開**とよぶ．

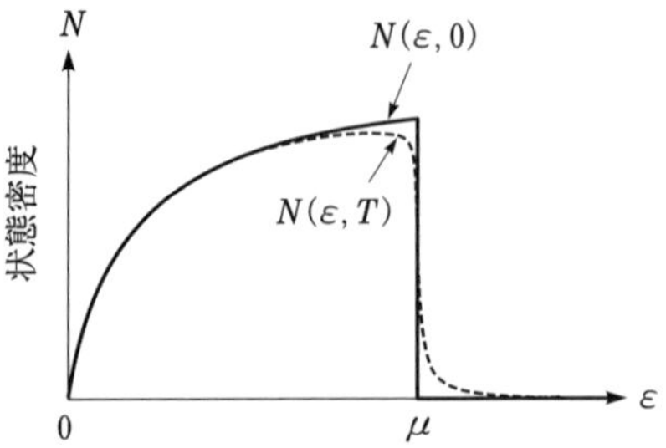

図4.7　占有されている電子状態密度

自由電子フェルミ気体の熱的性質を議論する際に，しばしば

$$I = \int_0^{\varepsilon} f(\varepsilon)\ g(\varepsilon)\ d\varepsilon \tag{4.25}$$

の形の積分が現れる．この形の積分を，ゾンマーフェルトの展開を用いて計算する方法を説明しよう．まず，$\varepsilon = 0$ でゼロになる関数 $G(\varepsilon)$ を

$$G(\varepsilon) \equiv \int_0^{\varepsilon} g(\varepsilon)\ d\varepsilon \tag{4.26}$$

で定義し，(4.25) に部分積分の方法を適用する．

$$I = [f(\varepsilon)\, G(\varepsilon)]_0^{\infty} - \int_0^{\infty} \frac{df(\varepsilon)}{d\varepsilon}\, G(\varepsilon)\ d\varepsilon \tag{4.27}$$

ここで，右辺の第 1 項は $f(\varepsilon)$ と $g(\varepsilon)$ の性質からゼロになる．また，第 2 項の $df/d\varepsilon$ は $\varepsilon = \mu$ の近傍のみゼロでない値をもち，$\varepsilon = \mu$ で鋭いピークをもつ．したがって第 2 項の積分においては，$G(\varepsilon)$ の $\varepsilon = \mu$ の近傍の ε 依存性だけが寄与することがわかる．そこで，$G(\varepsilon)$ を $\varepsilon = \mu$ の周りでテイラー級数に展開してみる．

$$G(\varepsilon) = G(\mu) + (\varepsilon - \mu)\ G'(\mu) + \frac{1}{2}(\varepsilon - \mu)^2\, G''(\mu) + \cdots \tag{4.28}$$

この結果を（4.27）に代入すると，

$$I = G(\mu)\, I_0 + G'(\mu)\, I_1 + G''(\mu)\, I_2 + \cdots \tag{4.29}$$

となる．ここで，

$$I_0 = -\int_0^\infty \frac{df(\varepsilon)}{d\varepsilon}\, d\varepsilon = -\int_0^\infty df = 1 \tag{4.30 a}$$

$$I_1 = -\int_0^\infty (\varepsilon - \mu) \frac{df(\varepsilon)}{d\varepsilon}\, d\varepsilon = 0 \tag{4.30 b}$$

$$I_2 = -\frac{1}{2}\int_0^\infty (\varepsilon - \mu)^2 \frac{df(\varepsilon)}{d\varepsilon}\, d\varepsilon = \frac{\pi^2}{6}(k_B T)^2 \tag{4.30 c}$$

である．I_1 は $df/d\varepsilon$ が（$\varepsilon - \mu$）の偶関数であるためゼロになる．I_2 については，積分の下限を $-\infty$ でおき換え，$x = (\varepsilon - \mu)/k_B T$ とおいて，定積分の公式

$$\int_{-\infty}^\infty \frac{x^2 \exp x}{(1 + \exp x)^2}\, dx = \frac{\pi^2}{3}$$

を用いると，

$$I_2 = \frac{1}{2}(k_B T)^2 \int_{-\infty}^\infty \frac{x^2 \exp x}{(1 + \exp x)^2}\, dx = \frac{\pi^2}{6}(k_B T)^2 \tag{4.31}$$

が得られる．結局，（4.25）の積分は

$$I = G(\mu) + \frac{\pi^2}{6}(k_B T)^2 G''(\mu) \tag{4.32}$$

となり，$G(\mu)$ とその 2 階微分の μ における値だけで決まる．

フェルミエネルギーの温度依存性

（4.32）を用いて，自由電子フェルミ気体の化学ポテンシャル μ（つまり，有限温度におけるフェルミエネルギー $\varepsilon_F(T)$）の温度依存性を導いてみよう．すでに述べたように，μ は（4.22）より決まる．そこで，これに上で求めた公式（4.32）を適用する．そのために，まず

$$G(\varepsilon) = \int_0^\mu D(\varepsilon)\, d\varepsilon \tag{4.33}$$

とおくと，

$$G''(\mu) = \left.\frac{dD(\varepsilon)}{d\varepsilon}\right|_{\varepsilon=\mu} = D'(\mu)$$

となる．したがって，(4.32) を利用すると (4.22) は，

$$n = \int_0^{\mu} D(\varepsilon)\, d\varepsilon + \frac{\pi^2}{6} D'(\mu)\, (k_B T)^2 \tag{4.34}$$

と書ける．

一方，自由電子密度は

$$n = \int_0^{\varepsilon_F} D(\varepsilon)\, d\varepsilon \tag{4.35}$$

で与えられる．そこで，これらの2つの式の両辺を差し引いて n を消去すると，

$$\int_{\varepsilon_F}^{\mu} D(\varepsilon)\, d\varepsilon + \frac{\pi^2}{6} D'(\mu)\, (k_B T)^2 = 0 \tag{4.36}$$

が得られる．ここで第1項は，μ と ε_F の差が非常に小さければ，この区間では $D(\varepsilon)$ は一定と見なしてもよく，これを $D(\mu)$ とおいて，

$$\int_{\varepsilon_F}^{\mu} D(\varepsilon)\, d\varepsilon \approx (\mu - \varepsilon_F)\, D(\mu)$$

のように近似することができる．したがって，(4.36) は

$$\mu = \varepsilon_F - \frac{\pi^2}{6} \frac{D'(\mu)}{D(\mu)} (k_B T)^2 \tag{4.37}$$

となる．これは，(4.11) を用いて

$$\frac{D'(\mu)}{D(\mu)} = \frac{1}{2\mu} \approx \frac{1}{2\varepsilon_F} \tag{4.38}$$

とおくと，

$$\mu = \varepsilon_F \left\{ 1 - \frac{\pi^2}{12} \left(\frac{k_B T}{\varepsilon_F} \right)^2 \right\} = \varepsilon_F \left\{ 1 - \frac{\pi^2}{12} \left(\frac{T}{T_F} \right)^2 \right\} \tag{4.39}$$

と書き表される．ここで T_F $(= \varepsilon_F / k_B)$ はフェルミ温度である．

したがって，化学ポテンシャル μ は $T = 0$ [K] では ε_F に等しく，温度の上昇とともに減少するが，その最初の補正項は $(T/T_F)^2$ のオーダーであって，これは非常に小さいことを示している．実際に，ナトリウムの場合，

表4.1に示したように $T_F = 3.75 \times 10^4$ [K] であり，室温における補正項の値は 6.4×10^{-5} である．したがって，通常は $\mu = \varepsilon_F$ とおいてよい．

電子比熱

自由電子フェルミ気体の全エネルギーは，各状態のエネルギーにその状態を占めている電子数を掛け，すべての状態についてそれらの和をとることによって求められる．したがって，有限温度における単位体積当りのエネルギー密度 U は，

$$U(T) = \int_0^\infty \varepsilon f(\varepsilon) D(\varepsilon)\, d\varepsilon \tag{4.40}$$

で与えられる．この積分もまた (4.25) と同じ形をしている．したがって，この積分計算にも公式 (4.32) が適用できる．

(4.40) の積分計算を行う前に，まず簡単な考察から $U(T)$ を求め，定性的に自由電子フェルミ気体の比熱の温度依存性を調べてみよう．これまでに見てきたように，温度が 0 K から上昇したとき状態が変化することができるのは，ε_F 近傍の $\sim k_B T$ 程度の幅の中に存在している電子に限られる．これらの電子はフォノンと相互作用して $\sim k_B T$ だけエネルギーを受けとることができる．したがって，自由電子フェルミ気体のエネルギー密度の 0 K の値からの増分 $U(T) - U(0)$ は，関与する電子数 $D(\varepsilon_F) k_B T$ と各電子が得る平均エネルギー $k_B T$ との積で与えられ，

$$U(T) - U(0) \approx D(\varepsilon_F)\,(k_B T)^2 \tag{4.41}$$

となる．このエネルギーの増分を温度 T で微分すると，単位体積当りの**電子比熱** $C(T)$ が求められ，

$$C(T) \approx 2D(\varepsilon_F)\, k_F{}^2 T \tag{4.42}$$

が得られる．

このように，自由電子フェルミ気体の比熱は温度 T に比例する．これは古典的な気体の比熱が $C = 3nk_B/2$ となり，温度に依存しないのとは対照的である．この温度 T に比例する電子比熱は，その導く過程から明らかなよ

うに，電子系がフェルミ縮退（最低エネルギーからフェルミ準位近傍までを完全に占有）していて，熱的に励起されるのがフェルミ面付近のごく一部の電子であるという事情によっている．

電子比熱を

$$C(T) = \gamma T \tag{4.43}$$

と書くとき，この比例係数 γ を**電子比熱係数**または**ゾンマーフェルト係数**とよび，その値はフェルミ面の状態密度に関する直接的な情報を与える重要な量である．そこで，(4.40) の積分計算を実行してエネルギー密度 $U(T)$ を求め，電子比熱係数 γ のより正確な表式を求めてみよう．

(4.40) の積分は，化学ポテンシャルを求めるときと同じ手法で計算することができる．すなわち，この場合も公式 (4.32) を (4.40) に適用する．計算の詳細は省略し，結果だけを記すと，自由電子フェルミ気体の単位体積当りの全エネルギーは，

$$U(T) = U(0) + \frac{\pi^2}{6} D(\varepsilon_F)(k_B T)^2 \tag{4.44}$$

と得られる（この具体的な導出については，章末の演習問題 [1] を参照）．したがって，単位体積当りの電子比熱は

$$C(T) = \frac{\partial U(T)}{\partial T} = \frac{\pi^2}{3} D(\varepsilon_F) k_B{}^2 T = \frac{\pi^2}{2} n k_B \frac{T}{T_F} \tag{4.45}$$

となり，これより電子比熱係数 γ は

$$\gamma = \frac{\pi^2}{3} D(\varepsilon_F) k_B{}^2 = \frac{\pi^2}{2} \frac{n k_B}{T_F} \tag{4.46}$$

となる．ただし，これらの式の変形では，(4.19) から得られる関係

$$D(\varepsilon_F) = \frac{3n}{2\varepsilon_F} = \frac{3n}{2k_B T_F} \tag{4.47}$$

が用いられている．

金属の比熱

金属の比熱には，このような電子比熱の他に，前章で述べたフォノンによる格子比熱がある．しかし電子比熱の場合は，熱を吸収することができるのがフェルミ面付近の一部の自由電子に限られているため，常温付近での寄与は，格子比熱に比べて1％程度と極めて小さい．このことは，(4.45) に含まれている因子 T/T_{F} と，格子比熱の (3.55) に含まれている因子 T/θ_{D} を比べてみても明らかである．しかし低温では，格子比熱は T^3 に比例するため，電子比熱よりも速やかに減少する．そのため，デバイ温度やフェルミ温度よりもはるかに低い液体ヘリウムの温度領域では，2つの比熱の寄与はほぼ同程度の大きさとなり，金属の比熱は電子からの寄与と格子からの寄与の和として，

$$C = \gamma T + AT^3 \tag{4.48}$$

と書くことができる．ここで，γ と A は物質に固有の量である．

電子の寄与である線形項を決めるには，(4.48) を

$$\frac{C}{T} = \gamma + AT^2 \tag{4.49}$$

と書き，実験値を C/T 対 T^2 でプロットするのが便利である．図4.8は

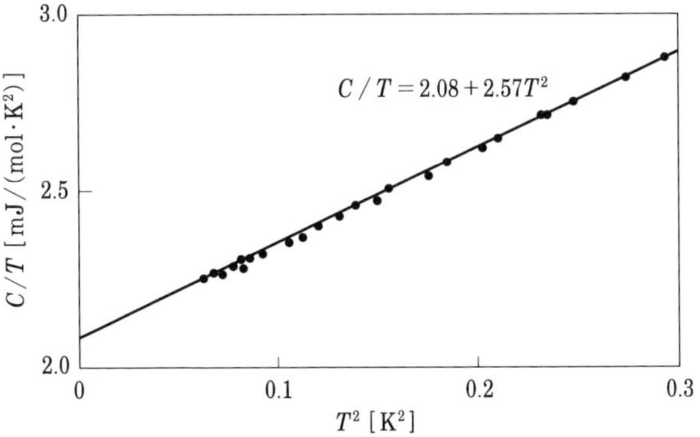

図4.8　カリウム金属の C/T 対 T^2 プロット

表 4.2　金属の電子比熱係数 γ の実験値と計算値の比較

金 属	実験値 [mJ/(mol·K²)]	計算値 [mJ/(mol·K⁴)]	(実験値)/(計算値)
Li	1.63	0.749	2.18
Na	1.38	1.094	1.26
K	2.08	1.668	1.25
Al	1.35	0.912	1.48
Cu	0.695	0.505	1.38
Ag	0.646	0.645	1.00
Au	0.729	0.642	1.14

カリウム金属の比熱の実験結果を示したものである．γ の値は縦軸の切片から，また，A は直線の勾配から決まり，

$$\gamma = 2.08\,[\mathrm{mJ/(mol{\cdot}K^2)}], \qquad A = 2.57\,[\mathrm{mJ/(mol{\cdot}K^4)}]$$

となる．表 4.2 には，いくつかの金属について，実験から決められた電子比熱係数と自由電子モデル (4.46) による計算値が比較して示されている．

§4.4　自由電子フェルミ気体の電気伝導と熱伝導

これまでは，箱の中の自由電子という理想化された系を考えてきた．しかし，ここで扱う電気伝導や電子による熱伝導の現象は，自由な電子というモデルでは説明することができない．前章では，フォノン気体が散乱体とランダムな衝突をくり返しながら拡散的にエネルギーを運ぶと考えて，フォノンによる熱伝導の現象を理解することに成功した．そこで，自由電子気体の場合にも，その自由を妨げる散乱体を導入してみる．

固体の中で散乱体として考えられるのは原子と分子である．これらは通常は規則的に配列して結晶格子をつくっており，電子に周期的なポテンシャルを与える．しかしフォノン気体でも見たように，周期ポテンシャルの中では，電子の運動の方向を変えるような散乱は起こらない．電子の運動の方向を変えるのはランダムなポテンシャルである．そのようなランダムなポテン

シャルの原因の1つは格子振動であり，他は格子欠陥や不純物，表面などの周期性を壊す原子配列の乱れである．この節では，散乱体がランダムに存在している箱の中の，互いに相互作用しない電子というモデルを考える．

ドルーデの理論

初めに，**ドルーデ**（**Drude**）による古典的な自由電子気体モデルを紹介しよう．彼がこの考えを発表したのは，**トムソン**（**J. J. Thomson**）が電子を発見したわずか3年後の1900年のことである．この理論は，古くから知られていた**オーム**（**Ohm**）**の法則**を導出するなど，いくつかの驚くべき成功を収めたが，いくつかの欠点ももっている．

まず，ドルーデの理論に従って，散乱体と衝突をくり返しながら飛び交っている自由電子気体に，一様な静電場（以下，単に電場と書く）$\boldsymbol{E}$ が印加された場合を古典的に扱ってみよう．衝突は瞬時に起こり，電子はこの衝突を通して金属の温度 T に対応する熱平衡に到達していると考える．衝突と衝突の間は，電子はニュートンの運動の法則

$$m\frac{d\boldsymbol{v}}{dt} = -e\boldsymbol{E} \tag{4.50}$$

に従って等加速度運動を続ける．そのため，衝突から t 秒後には，電子は電場と逆方向に付加的な平均速度 $\boldsymbol{v}_1 = -(e\boldsymbol{E}/m)t$ をもつことになる．

したがって，電子が衝突直後に速度 $\boldsymbol{v}_0$ をもっていたとすると，その t 秒後の速度は $\boldsymbol{v} = \boldsymbol{v}_0 + \boldsymbol{v}_1$ となる．ここで散乱は等方的に起こるので，全電子についての $\boldsymbol{v}_0$ の平均 $\langle \boldsymbol{v}_0 \rangle$ はゼロである．また，衝突から平均して τ 秒後に次の衝突が起こり，その際，それまでの速度の記憶がすべて失われるとすると，$\boldsymbol{v}_1$ の平均は $\langle \boldsymbol{v}_1 \rangle = -(e\boldsymbol{E}/m)\,\tau$ となる．したがって，静電場 $\boldsymbol{E}$ が印加されたことによって電子が得る付加的な平均速度 $\boldsymbol{v}_{\mathrm{d}}$ は，

$$\boldsymbol{v}_{\mathrm{d}} = \langle \boldsymbol{v} \rangle = \langle \boldsymbol{v}_1 \rangle = -\frac{e\boldsymbol{E}}{m}\tau \tag{4.51}$$

となる．これは**ドリフト速度**とよばれる．

したがって，自由電子気体に電場が加わると，散乱の効果と電場による加速がつり合って，定常電流

$$\boldsymbol{j} = n(-e)\boldsymbol{v}_{\mathrm{d}} = \frac{ne^2\tau}{m}\boldsymbol{E} \tag{4.52}$$

が流れる．ここで，n は自由電子気体の密度である．(4.52) はオームの法則であり，これより電気伝導度 σ は

$$\sigma = \frac{ne^2\tau}{m} \tag{4.53}$$

となる．(4.53) は**ドルーデの式**とよばれる．また，

$$\mu = \frac{\sigma}{n(-e)} = -\frac{e\tau}{m} \tag{4.54}$$

は**易動度**とよばれ，電場の下での電子の動きやすさを表す．

ドルーデの理論では，電子の散乱の詳細はすべて**緩和時間** τ の中に織り込まれている．この緩和時間 τ は衝突から次の衝突までの時間の平均値である．この τ は直接測定することはできないが，σ の測定値から (4.53) を用いて計算することはできる．銅 (Cu) の場合，常温における抵抗率 $\rho = 1/\sigma$ は $1.72 \times 10^{-8}\,\Omega/\mathrm{m}$ であるから，τ の値は $2.4 \times 10^{-14}\,\mathrm{s}$ となる．（章末の演習問題 [3] を参照）．したがって，$E = 1000$ [V/m] の電場が加わったときのドリフト速度 $\boldsymbol{v}_{\mathrm{d}}$ は 4.2 m/s となり，これは古典的なエネルギー等分配則から見積もられる常温での電子の速度 $v_{\mathrm{m}} \approx 10^5$ [m/s] に比べてはるかに小さい．

自由電子フェルミ気体の電気伝導

ドルーデの式 (4.53) は，電子を古典的粒子として導かれている．しかし，この式は，電子がフェルミ粒子であることを考慮して，フェルミ分布を使っても結果は変わらない．それは (4.43) を導く過程で，電子分布が入ってこないためである．

自由電子フェルミ気体では，電子の運動量と波数ベクトルは $m\boldsymbol{v} = \hbar\boldsymbol{k}$ で

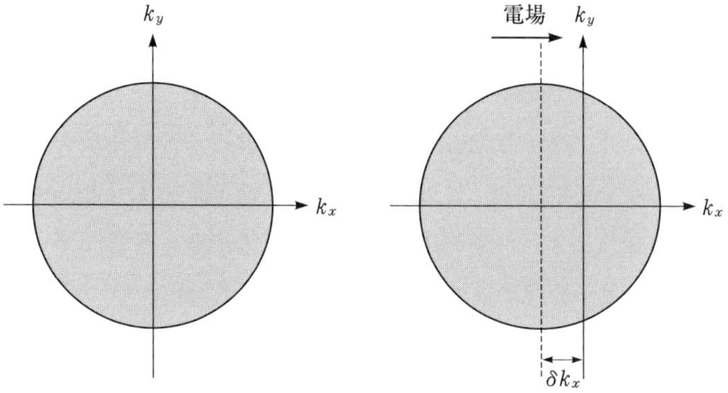

(a) 時刻 $t=0$ におけるフェルミ球　　(b) 時刻 t におけるフェルミ球

図 4.9　電場の印加によってシフトするフェルミ球（図は k_x 方向に電場が印加された場合）

結ばれている．したがって，ニュートンの運動の法則（4.50）は

$$\hbar \frac{d\boldsymbol{k}}{dt} = -e\boldsymbol{E} \tag{4.55}$$

と書ける．図 4.9(a) はフェルミ球の 2 次元的な断面を示したものである．いま，このフェルミ球を満たしている自由電子フェルミ気体に $t=0$ で電場が印加されると，$\boldsymbol{k}$ 空間のすべての $\boldsymbol{k}$ ベクトルは一定の速度 $-e\boldsymbol{E}/\hbar$ で移動を始める．したがって，もし衝突がなければ $\boldsymbol{k}$ 空間は時間 t の後には，

$$\delta\boldsymbol{k} = -\frac{e\boldsymbol{E}}{\hbar}t \tag{4.56}$$

だけシフトする．すなわち，フェルミ球全体が $\delta\boldsymbol{k}$ だけ移動することになる（図 4.9(b)）．

実際には，緩和時間 τ で衝突が起こるため，平衡状態でのフェルミ球のシフトは

$$\delta\boldsymbol{k} = -\frac{e\boldsymbol{E}}{\hbar}\tau \tag{4.57}$$

となる．これから，電子の得るドリフト速度 $\boldsymbol{v}_{\mathrm{d}}$ は，

$$\boldsymbol{v}_{\rm d}=\frac{\hbar}{m}\delta\boldsymbol{k}=-\frac{e\boldsymbol{E}}{m}\tau$$

となり，ドルーデの理論による式（4.51）と一致する．

このように，ドルーデの理論による式とフェルミ分布を用いて得られた式は同じ形をしている．しかし，緩和時間の間に電子が進む距離，すなわち平均自由行程の値は，2つのモデルの間に大きな差が見られる．平均自由行程 l は，衝突する電子の平均速度を $v_{\rm m}$ とすると，

$$l=v_{\rm m}\tau \tag{4.58}$$

で定義される．この平均速度 $v_{\rm m}$ はドルーデのモデルでは古典的なエネルギー等分配則で決まり，常温では $v_{\rm m}\approx 10^5$ [m/s] 程度であって $\sqrt{T}$ に比例して温度とともに減少する．

一方，フェルミ分布の場合は，フェルミ面に近い電子のみが衝突できるため，$v_{\rm m}$ はフェルミ速度 $v_{\rm F}\approx 10^6$ [m/s] であり，これはドルーデの常温における $v_{\rm m}$ の値よりも1桁大きい．しかも，$v_{\rm F}$ はほとんど温度にはよらない．そのため，フェルミ統計を使ったモデルでは，低温における平均自由行程 l が非常に長くなり，純度の極めて高い金属の場合は，液体ヘリウム温度において10 cmにもおよぶことになる．この平均自由行程の長さ l は試料の大きさを超えるが，電子は試料の表面で必ず散乱されるため，l は試料のサイズで決まってしまう．実際に非常に純粋な金属では，低温において電気伝導度が試料のサイズに依存することが実験的にも観測されている．

自由電子気体による熱伝導率とヴィーデマン - フランツの法則

第3章では，フォノン気体による熱伝導率を気体分子運動論の類推から導き（3.70）を得た．それによれば，平均速度 $v_{\rm m}$，単位体積当りの比熱 C，平均自由行程 l をもつ粒子による熱伝導率 κ は，

$$\kappa=\frac{1}{3}Cv_{\rm m}l=\frac{1}{3}Cv_{\rm m}{}^2\tau \tag{4.59}$$

で与えられる．

自由電子フェルミ気体の比熱はすでに求められており，(4.45) すなわち

$$C = \frac{\pi^2}{3} D(\varepsilon_F)\, k_B{}^2 T$$

と得られている．これは，(4.47) の関係を用いると，

$$C = \frac{\pi^2}{2} n \frac{k_B T}{\varepsilon_F} k_B \tag{4.60}$$

とも書くことができる．そこで，(4.60) を (4.59) に代入し，さらに v_m としてフェルミ速度 $v_F = \sqrt{2\varepsilon_F/m}$ を代入すると，自由電子による熱伝導率 κ が，

$$\kappa = \frac{\pi^2}{3} \frac{n}{m} k_B{}^2 T\tau \tag{4.61}$$

と得られる．

この κ の表式は，電気伝導率 σ に対するドルーデの表式 (4.53) と同様に，緩和時間 τ に比例した形をしている．そこで両者の比をとって，τ を消去すると

$$\frac{\kappa}{\sigma} = \frac{\pi^2}{3}\left(\frac{k_B}{e}\right)^2 T \tag{4.62}$$

となる．この比は**ヴィーデマン－フランツ (Wiedemann－Franz) の比**とよばれ，温度に比例している．また，この温度の比例係数

$$L = \frac{\pi^2}{3}\left(\frac{k_B}{e}\right)^2 = 2.45 \times 10^{-8}\ [\mathrm{W \cdot \Omega / K^2}] \tag{4.63}$$

は**ローレンツ (Lorentz) 定数**とよばれ，n や m などの物質定数によらない．表 4.3 には，いくつかの金属についてローレンツ定数 L の実験値が示されているが，これらの値はいずれも (4.63) と良く一致しており，金属の種類にはほとんどよっていない．

表 4.3　ローレンツ定数の実験値

金　属	L (0 ℃)
Ag	2.31×10^{-8}　$\mathrm{W \cdot \Omega / K^2}$
Au	2.35×10^{-8}
Cd	2.42×10^{-8}
Cu	2.23×10^{-8}
Pt	2.51×10^{-8}

§4.5 磁場中の自由電子

物質の示す一般的な磁性については，後の第8章で述べるので，ここでは，静磁場を加えた場合に自由電子フェルミ気体が示す振舞い（磁性）に話を限って述べる．

パウリのスピン常磁性

電子はスピンとよばれる固有の角運動量 $\boldsymbol{s}\hbar$ （$s_z = \pm 1/2$）と，それに付随した磁気モーメント $\boldsymbol{\mu}$ をもっている．この磁気モーメントとスピンとの間には，

$$\boldsymbol{\mu} = -g\mu_{\mathrm{B}}\boldsymbol{s} \tag{4.64}$$

の関係があり，g は $g = 2.0023$ で与えられる定数（通常は単に $g = 2$ とおかれる）であって，自由電子の **g 因子**（または g 値）とよばれる．また，μ_{B} は**ボーア**（**Bohr**）**磁子**とよばれ，その大きさは，

$$\mu_{\mathrm{B}} = \frac{e\hbar}{2m} = 0.9273 \times 10^{-23}\,[\mathrm{J/T}] \tag{4.65}$$

で与えられる．

したがって，自由電子に外部から磁束密度 $\boldsymbol{B}$ の磁場が印加されると，電子は磁気エネルギー

$$\varepsilon_{\mathrm{M}} = -\boldsymbol{\mu}\cdot\boldsymbol{B} = 2\mu_{\mathrm{B}}s_z B \tag{4.66}$$

をもつためスピン $s_z = \pm 1/2$ に対応して，固有エネルギーがそれぞれもとの値から $\pm\mu_{\mathrm{B}}B$ だけシフトすることになる．この現象は**ゼーマン**（**Zeeman**）**効果**とよばれる．

さて，フェルミ縮退した自由電子フェルミ気体に磁場を加えた場合を考えよう．i 番目のエネルギー準位にいたスピン $s_z = \pm 1/2$ の2個の電子のエネルギーは

$$\varepsilon_i \pm \mu_{\mathrm{B}}B \tag{4.67}$$

に分裂する．この分裂はすべての準位について起こるため，状態密度 $D(\varepsilon)$ は，＋ スピン（磁場に平行）の電子と － スピン（磁場に反平行）の電子で，それぞれ $\mu_B B$ だけ ε 軸上を上下することになる．このような状態密度 $D_+(\varepsilon)$ と $D_-(\varepsilon)$ において，双方の化学ポテンシャル（フェルミエネルギー）が等しくなるように，それぞれに ＋ スピンと － スピンの電子をフェルミ分布させると，図 4.10 に示すようになる．

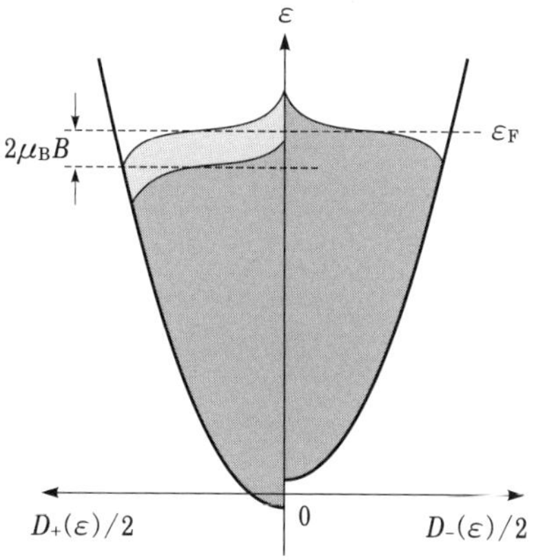

図 4.10　パウリのスピン常磁性．薄い灰色の部分の面積だけ，＋スピン（磁場に平行）の電子の数が多くなる．

すなわち，外部磁場をかけることによって ＋ スピンの電子と － スピンの電子の総数が変化して両者に差が生じる．この差は図 4.10 の薄い灰色の部分の面積に相当する．ゼーマンエネルギー $2\mu_B B$ がフェルミエネルギー ε_F に比べて十分に小さければ，この差は長方形で近似でき，磁場に平行および反平行のスピン密度を n_+，n_- とすると

$$\Delta n = n_+ - n_- = 2\mu_B B \frac{D(\varepsilon_F)}{2} \tag{4.68}$$

となる．各電子はそれぞれ磁気モーメント μ_B をもっているので，この電子数の差に対応して単位体積当り，

$$M = \mu_B \Delta n = \mu_B{}^2 D(\varepsilon_F)\, B \tag{4.69}$$

の磁化が発生する．このような機構によって，金属中の伝導電子が示す常磁性を**パウリのスピン常磁性**という．

磁化 $\boldsymbol{M}$ と磁束密度 $\boldsymbol{B}$ との間には比例関係

$$\mu_0 \boldsymbol{M} = \chi \boldsymbol{B} \tag{4.70}$$

が成り立つ．ここで，μ_0 は真空の透磁率で χ は磁化率とよばれる．(4.69)

は状態密度 $D(\varepsilon_F)$ に（4.47）を代入すると，

$$M = \frac{3n{\mu_B}^2}{2k_B T_F} B \tag{4.71}$$

となる．したがってパウリのスピン磁化率 χ_P は，$k_B T \ll \varepsilon_F$ ならば，

$$\chi_P = \frac{3n{\mu_B}^2 \mu_0}{2k_B T_F} \tag{4.72}$$

となり，温度に依存しない．

このように，スピン磁化率が温度に依存しないのは，自由電子フェルミ気体がフェルミ統計に従いフェルミ縮退していることによる．そのために，フェルミエネルギー付近の $k_B T_F$ 程度のエネルギー幅の中にある電子だけが，磁場によってスピンの向きを変え，磁化率に寄与することになる．この事情は，自由電子の電子比熱への寄与の場合と同じである．もし，この系がフェルミ統計に従わず，全電子が互いに独立に $\pm\,\mu_B B$ の2つの準位をとることができるとすると，その場合の磁化率は温度に逆比例する．しかし，それは金属についての実験結果とは全く合わない．

ランダウの反磁性

自由電子フェルミ気体は，前項で述べたスピンに由来するパウリの常磁性の他に，電子の軌道運動に由来した反磁性（磁化率の符号が負）を示す．この反磁性は**ランダウの反磁性**とよばれ，その磁化率の大きさはパウリの常磁性と同程度で，温度には依存しない．

静磁場のもとで，自由電子が磁場の方向を軸とするらせん運動をすることはよく知られている．古典力学では，磁束密度 $\boldsymbol{B}$ の磁場の中を速度 $\boldsymbol{v}$ で運動している電子の運動は，運動方程式

$$\frac{d\boldsymbol{v}}{dt} = -\frac{e}{m}(\boldsymbol{v} \times \boldsymbol{B}) = -\boldsymbol{v} \times \boldsymbol{\omega}_c \tag{4.73}$$

$$\boldsymbol{\omega}_c = \frac{e\boldsymbol{B}}{m} \tag{4.74}$$

から，z 軸を磁場の方向にとると

$$\left.\begin{aligned} x &= x_0 + a\cos\omega_c t \\ y &= y_0 + a\sin\omega_c t \\ z &= z_0 + v_z t \end{aligned}\right\} \tag{4.75}$$

のように得られる．これは，xy 面上の点 (x_0, y_0) を通り $\boldsymbol{B}$ に平行な直線を軸とするらせん運動（**サイクロトロン運動**）であり，その xy 面上への射影は，**サイクロトロン角振動数** ω_c で磁場に関して右回りに回る円運動である．この電子の円運動にともなう円電流 $-(e\omega_c/2\pi)$ は，磁場と逆方向に反磁性磁気モーメント

$$\mu_c = \frac{ea^2}{2}\omega_c \tag{4.76}$$

をつくる．

この個々の電子のらせん運動にともなう反磁性磁気モーメントを電子の集団について足し合わせると，マクロな反磁性が得られそうに見える．しかし，古典的に計算をしてみるとその和はゼロとなり，古典的な自由電子気体は反磁性を示さないことがわかる．これは，電子ガスを閉じ込めている容器の壁の影響のためである．

古典電子気体では，電子は運動エネルギーが $k_B T$ 程度になるような平均速度で運動している．そこで議論を簡単にするために，電子の速さをすべて等しいとして，空間は2次元であるとしよう．紙面に対して垂直上向きの磁場の方向から見ると，電子の運動は図4.11のようになる．すなわち，内部の電子の円電流は隣り合うもの同士が相殺し合うために，それらは周縁部の円電流の外半分をつないだ左回りの電流によって代表さ

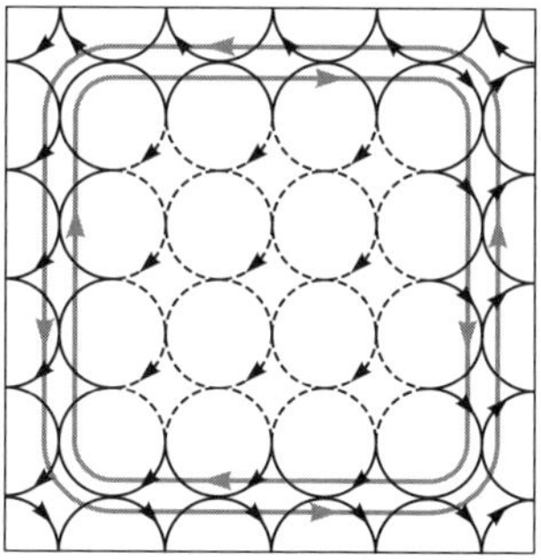

図4.11　磁場中の電子の古典的軌道

せることができる．この電流は容器の壁に沿って流れるために大きな反磁性磁気モーメントをもつ．しかし，この電流の外側には，壁に衝突して閉じない円運動をくり返しながら，全体として壁に沿って右回りに回っている電子があって，この電流が内部の電子円電流がつくる反磁性を打ち消してしまう．したがって，有限の容器の中の古典電子気体は反磁性を示さないことになる．

静磁場中の電子の軌道は量子論でもらせん運動である．したがって，単純に考えれば，量子論で扱っても反磁性は生じないように見える．しかし，量子論では壁の影響が古典論の場合と少し違ってくる．図 4.11 では，すべての電子は同じ半径の円軌道を回るように描いてあるが，最も外側の壁に跳ね返りながら回っている電子は壁に押し付けられて，壁に垂直方向の運動領域がいくぶん狭くなっている．そのため，それらの電子は内部の電子に比べて少し高いエネルギーをもつことになる．

図 4.12 はそのような壁の影響を考慮して描いた磁場中の 1 電子軌道準位である．磁場のもとでの 1 電子軌道準位は，すぐ後で見るように $k_x k_y$ 面について量子化されている．図の各線はそれぞれの量子数に対応した準位を表しており，横軸は円軌道の中心座標に対応している．フェルミ縮退しているときは，電子はフェルミエネルギー ε_F を超える準位を占有することが許されないので，図のように壁のところでエネルギーが持ち上がっていると，壁に衝突をしながら閉じない円軌道を描く電子の確率が少し少なくなる．そのため，量子論では反磁性電流の相殺が完全には行われず，反磁性

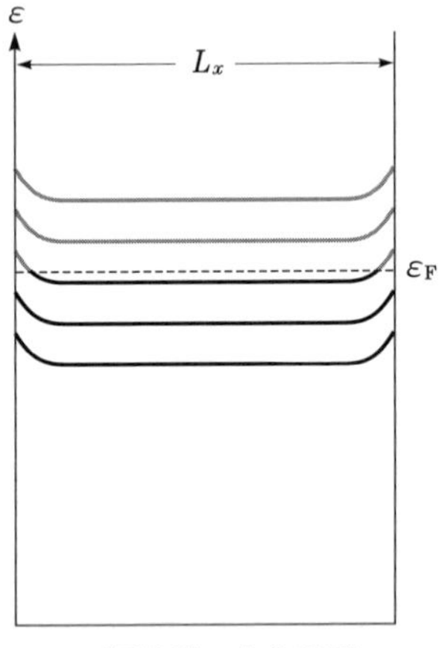

図 4.12　磁場中の軌道準位と容器壁（太い実線の部分が占有されている）

が残ることになる．

らせん運動の量子化とランダウ準位

磁場中の電子の運動を量子論的に扱うことは，数学的にかなり複雑な計算を含んでおり，本書のレベルを超えるので，ここでは，物理的に重要な事柄だけを簡単に述べることにとどめる．

自由電子モデルでは，電子のハミルトニアンは

$$H = \frac{p^2}{2m} = \frac{1}{2m}({p_x}^2 + {p_y}^2 + {p_z}^2) \tag{4.77}$$

で与えられる．磁束密度 $\boldsymbol{B}$ の磁場が印加されているときの電子のハミルトニアンは，古典力学でよく知られているように，(4.77) で運動量 $\boldsymbol{p}$ を $\boldsymbol{\Pi} = \boldsymbol{p} + e\boldsymbol{A}$ でおき換えることによって得られ，

$$H = \frac{1}{2m}(\boldsymbol{p} + e\boldsymbol{A})^2 = \frac{1}{2m}({\Pi_x}^2 + {\Pi_y}^2 + {\Pi_z}^2) \tag{4.78}$$

となる．ここで，$\boldsymbol{A}$ はベクトルポテンシャルで，磁束密度 $\boldsymbol{B}$ とは，

$$\boldsymbol{B} = \mathrm{rot}\,\boldsymbol{A} \tag{4.79}$$

の関係にある．いま，磁場を z 方向に平行で一様であるとすると，ベクトルポテンシャル $\boldsymbol{A}$ の各成分は，例えば，

$$A_x = 0, \quad A_y = Bx, \quad A_z = 0 \tag{4.80}$$

のようにとることができる．

この問題を量子論で扱うためには，まず，シュレーディンガー方程式

$$H\,\psi(x, y, z) = \varepsilon\,\psi(x, y, z)$$

を求めなければならない．これは，(4.78) の $\boldsymbol{p}$ を微分演算子 $-\,i\hbar\nabla$ におき換え，ベクトルポテンシャルを $\boldsymbol{A}$ として (4.80) を用いると，

$$\frac{\partial^2\psi}{\partial x^2} + \left(\frac{\partial}{\partial y} + \frac{ieB}{\hbar}x\right)^2\psi + \frac{\partial^2\psi}{\partial z^2} + \frac{2m\varepsilon}{\hbar^2}\psi = 0 \tag{4.81}$$

と得られる．ここで，(4.81) は y，z 座標を含んでいないため，波動関数 $\psi(x, y, z)$ は変数分離することができて，

$$\psi(x, y, z) = \exp\{i(k_y y + k_z z)\}\,u(x) \tag{4.82}$$

の形におくことができる．したがって，(4.81) から $u(x)$ に対する方程式

$$\frac{d^2u(x)}{dx^2}+\left\{\frac{2m\varepsilon^*}{\hbar^2}-\left(k_y+\frac{eB}{\hbar}x\right)^2\right\}u(x)=0 \tag{4.83}$$

が得られる．ただし，

$$\varepsilon^*=\varepsilon-\frac{\hbar^2}{2m}{k_z}^2 \tag{4.84}$$

である．

(4.83) は振動数が

$$\omega_c=\frac{eB}{m} \tag{4.85}$$

で，振動の中心が

$$x=-\frac{\hbar}{eB}k_y \tag{4.86}$$

にある調和振動の波動方程式を表しており，その固有値はよく知られているように，

$$\varepsilon^*=\left(n+\frac{1}{2}\right)\hbar\omega_c \tag{4.87}$$

となる．したがって，磁場中をらせん運動する電子のエネルギー固有値は

$$\varepsilon=\left(n+\frac{1}{2}\right)\hbar\omega_c+\frac{\hbar^2{k_z}^2}{2m} \tag{4.88}$$

で与えられる．このように，磁場がないときの自由電子のエネルギースペクトル

$$\varepsilon=\frac{\hbar^2}{2m}({k_x}^2+{k_y}^2+{k_z}^2)$$

は，磁場のもとでは k_xk_y 面内で量子化されて離散的になる．すなわち，図 4.13 に示すように，k_z の可能な値はほぼ連続的な値をとるが，xy 面内では円上になるように束ねられる．

(4.88) では磁場による軌道の量子化だけを考えているが，前にも述べた

ように電子はスピンをもっており，このスピンの自由度の量子化もとり入れなければならない．したがって，磁場のもとでの，スピンの量子化も含めた自由電子のエネルギー固有値の完全な式は，

$$\varepsilon = \left(n + \frac{1}{2}\right)\hbar\omega_{\mathrm{c}} + 2\mu_{\mathrm{B}}s_z B + \frac{\hbar^2 k_z{}^2}{2m} \tag{4.89}$$

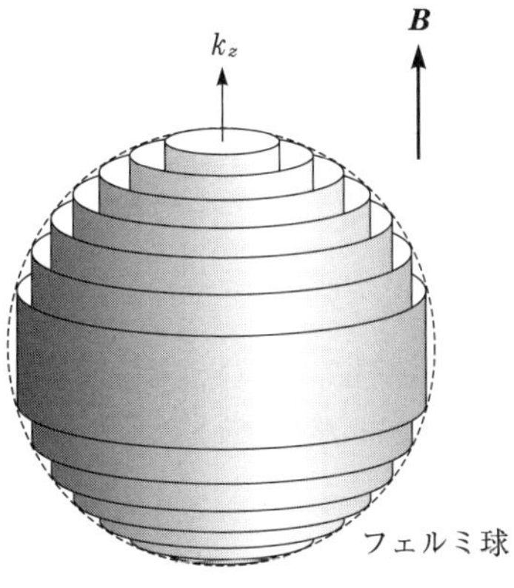

図4.13　k空間におけるランダウ準位

となる．

(4.89) で表されるエネルギー固有値を $k_z = 0$ の場合について示すと，図4.14のようになる．磁場のないときは，電子は2次元自由電子のエネルギー準位をフェルミエネルギー ε_{F} まで占有している．磁場が加わると電子は磁場に垂直な面内をサイクロトロン運動するようになり，軌道が量子化されるためエネルギーが離散的になる．この離散的なエネルギーを**ランダウ準位**

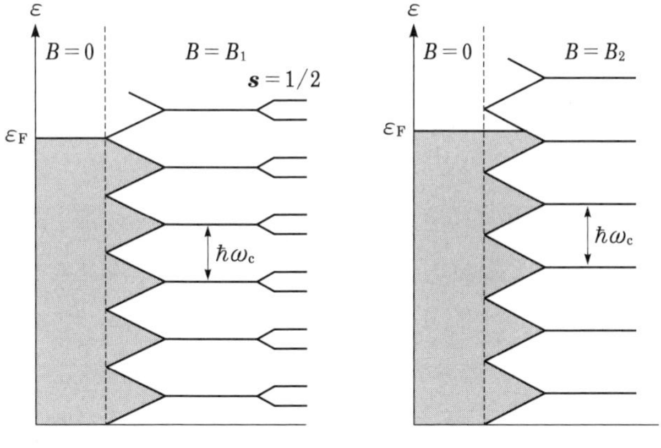

図4.14　ランダウ準位の形成（$k_z=0$）

(Landau level) とよぶ．

図は，磁場によって面内の軌道が円になるにつれて波数ベクトルの面内成分が束ねられ，ランダウ準位に相当するサブバンドが形成される様子を模式的に表している．ランダウ準位の間隔は磁場 B に比例するので，B が変われば，ランダウ準位のフェルミエネルギーに対する位置も変化する．図4.14(a) は，フェルミ準位が2つのランダウ準位のちょうど真ん中になるように磁場 B_1 が掛けられた状態を示している．灰色の部分は，磁場が存在しないときの電子が占めている軌道状態のエネルギー準位を模式的に描いたものであって，三角形の中間領域はただ形式的に描いてある．また，図4.14(a) の右側には各ランダウ準位の電子スピンによるスプリット（分裂）が示されている．

ここで，電子系の全エネルギーが磁場を加えることによってどのように変化するかをこの図4.14から調べてみよう．図からわかるように，各ランダウ準位には，$B=0$ ではそれぞれのランダウ準位から上下 $\pm\hbar\omega_c/2$ までの間の準位を占有していた電子が束ねられる．その際，準位の下側にあった電子は平均して $\hbar\omega_c/4$ だけ高エネルギー側にシフトし，上側にあった同数の電子は平均して $\hbar\omega_c/4$ だけ低エネルギー側へシフトする．したがって，図4.14(a) のように，フェルミエネルギー ε_F がちょうどランダウ準位の間隔 $\hbar\omega_c = e\hbar B_1/m$ の整数倍になっている場合には，すべてのランダウ準位で，束ねられた電子の全エネルギーは $B=0$ の場合と変わらない．すなわち，$B=B_1$ の場合は，磁場によって軌道が量子化されても，電子系の全エネルギーは $B=0$ の場合と変わることはない．実は電子系の全エネルギーはこのときが最も低くなっており，B が B_1 から増して B_2 になると，図4.14(b) に見られるように，最も高いランダウ準位に束ねられる電子は平均して高エネルギー側へシフトするため電子系の全エネルギーは増大する．

ド・ハース－ファン・アルフェン効果

(4.88) で与えられるエネルギー準位の場合の状態密度を考えてみよう．

磁場がないときの自由電子の状態密度 $D(\varepsilon)$ は，3次元では（4.11）から，

$$D(\varepsilon) \propto \sqrt{\varepsilon}$$

であった．ここでは，エネルギーの原点は可能な状態の中で最低のエネルギー，つまり $k=0$ の値をとっている．ところで，前項で見たように磁場が加わると，波数ベクトルの磁場方向（ここでは z 方向）に垂直な成分が束ねられてランダウ準位が形成されるが，その場合，各サブバンドの中では，z 方向に関しては1次元自由電子ガスと考えられる．1次元自由電子フェルミ気体の状態密度は，例題4.1で求められており，

$$D(\varepsilon) \propto \frac{1}{\sqrt{\varepsilon}}$$

となる．したがって，各サブバンド内の状態密度はバンドの底に近づくと発散し，エネルギーが増大するとともに減少する．図4.15は磁場のある場合と磁場のない場合における3次元自由電子の状態密度の違いを模式的に示したものである．各サブバンドについても $1/\sqrt{\varepsilon}$ 曲線が点線で描かれている．図で $B=0$ の破線は磁場のないときの $\sqrt{\varepsilon}$ の振舞いを表している．もちろん状態数の合計は磁場の有無に関わらず一定であるが，図に見られるように，分布はかなり違っている．

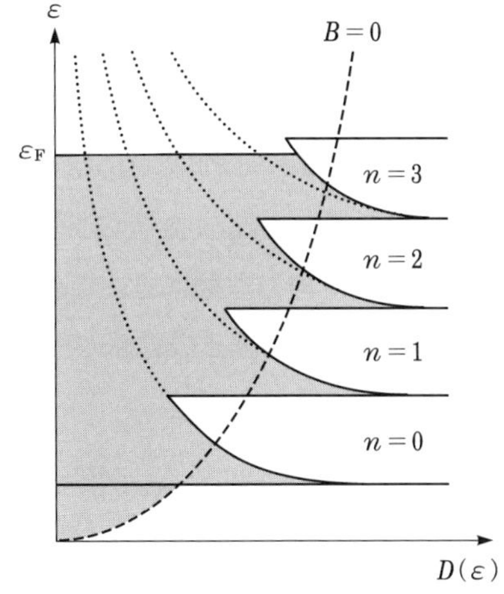

図4.15　磁場中の3次元自由電子の状態密度

（4.85）および（4.89）からわかるように，ランダウ準位の間隔は磁場 B に比例する．したがって磁場の強さを変えると，ランダウ準位とフェルミ準位の位置関係が変化し，ランダウ準位がフェルミ準位を次々とよぎることになる．そのために金属では，いろいろな熱力学量や輸送係数が磁場に対

して振動的に変化する．この振動は総称して**磁気量子振動効果**とよばれるが，その中で，特に磁化が磁場に対して振動的に変化する現象を**ド・ハース－ファン・アルフェン効果**（de Haas - van Alphen effect）という．ド・ハース－ファン・アルフェン効果の測定は金属のフェルミ面を調べる上で有力な手段の一つである．

サイクロトロン共鳴

すでに見てきたように，磁場中の自由電子のエネルギー固有値は，(4.88) で与えられ，ランダウ準位とよばれる等間隔の離散的な値をとる．したがって，このランダウ準位の間隔 $\hbar\omega_c$ に等しいエネルギー $\hbar\omega$ をもつフォトンが入射すると，電子はフォトンを吸収して，量子数 n が1つだけ高い準位へ遷移する．このフォトンの吸収によるランダウ準位間の遷移は**サイクロトロン共鳴**（cyclotron resonance）とよばれる．

サイクロトロン共鳴は，磁場中の電子の古典的な運動における振動電場効果として考えるとわかりやすい．すでに，"ランダウの反磁性"の項で見たように，磁束密度 $\boldsymbol{B}$ の静磁場のもとでは，電子はローレンツ力 $-e\boldsymbol{v}\times\boldsymbol{B}$ を受けるが，この力は磁場 $\boldsymbol{B}$（z 方向とする）と電子の速度 $\boldsymbol{v}$ のいずれにも垂直である．したがって，z 方向の電子の運動は磁場の影響を受けない．そのため，電子の運動は z 方向の等速度運動と，磁場に垂直な xy 面内の等速円運動の合成されたらせん運動となる．

そこで z 方向の運動は考えないで，xy 面内の電子の運動だけを考えてみよう．この場合の電子の運動方程式は，接線方向と法線方向とに分けて書き表すと

$$m\frac{dv}{dt} = 0 \qquad \text{（接線方向）} \tag{4.90}$$

$$m\frac{v^2}{r} = evB \qquad \text{（法線方向）} \tag{4.91}$$

となる．ここで v は xy 面内の電子の速さであり，r はその軌道の曲率半径

である．(4.90) より，xy 面内の電子の速さ v は一定となり，また，これを (4.91) に代入すると

$$r = \frac{mv}{eB} = 一定 \tag{4.92}$$

が得られる．すなわち，電子は (4.92) で与えられる半径 r の円周上を，一定の速さで回転運動する．この場合の回転の向きは，ローレンツ力の向きを考えると，磁場 $\boldsymbol{B}$ の向きに対して右回りであることがわかる．この $\boldsymbol{B}$ に垂直な面内での電子の等速円運動がサイクロトロン運動であり，また，その角振動数 ω_c はサイクロトロン角振動数で，(4.92) から

$$\omega_c = \frac{v}{r} = \frac{eB}{m} \tag{4.93}$$

と得られるが，これはすでに求めた (4.74) と一致している．

そのようなサイクロトロン運動をしている電子に，その運動を加速する向きに円偏光の電磁波を加えると，電磁波の振動数がサイクロトロン振動数 $f_c = \omega_c/2\pi$ に一致したとき強制振動が起こり，電磁波のエネルギーが電子に共鳴的に吸収される．この現象がサイクロトロン共鳴吸収である．直線偏光の電磁波は右回りと左回りの 2 つの円偏光の重ね合わせと見ることができるので，サイクロトロン共鳴吸収は直線偏光の電磁波に対しても観測される．その場合は，電磁波の半分の (右回りの) 成分だけが吸収に寄与する．

サイクロトロン振動数 f_c は静磁場の大きさ B に比例する．実験室で通常の電磁石を用いてつくられる磁場の場合には，f_c はマイクロ波の領域にくる．マイクロ波分光の技術を使って，振動数 f の電磁波を金属試料に加え，磁場の大きさ B を変えていくと，$f = f_c$ となる磁場 B_c のところで共鳴が起こり，マイクロ波から試料に電磁波のエネルギーが吸収される．その場合，電子の緩和時間 (散乱の平均時間間隔) τ が $1/\omega_c$ に比べて十分に長ければ，電子は散乱される前に，何回も円軌道を描くことができるために，電磁波の吸収は鋭い吸収線として観測される．しかし，逆に τ が $1/\omega_c$ に比べ

て短いと，電子は円軌道を一部回ったところで散乱されるため，吸収線を観測することはできない．したがって，観測されるサイクロトロン共鳴吸収の線幅から，電子の散乱に関する情報を得ることができる．

ホール効果

図 4.16 に示すような金属試料に，y 方向に電流 I を流しながら，これと直角方向（x 方向）に磁場 $\boldsymbol{B}$ を掛けた場合を考えてみよう．

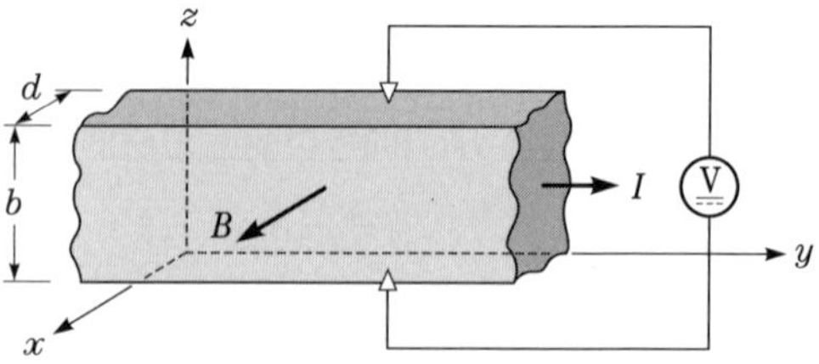

図 4.16　ホール効果測定の模式図

金属中の自由電子は，定常状態では，ドリフト速度 $\boldsymbol{v}_{\mathrm{d}}$ で電流とは逆の $-y$ 方向に運動している．しかし，これらの電子には磁場のために $-z$ 方向のローレンツ力がはたらく．したがって，金属の中の電子が $-y$ 方向のみに運動し続けるためには，ちょうどこのローレンツ力を打ち消す $+z$ 方向の別の力，つまりクーロン力が電子にはたらいていなければならない．そのためには，試料の内部に $-z$ 方向の電場ができていなければならないが，この電場は次のようにして生じる．

ローレンツ力によって電子の運動が $-z$ 方向にそらされると，試料の $-z$ 方向側の表面の電子密度が増大するため，試料の表面の $+z$ 方向側が正に，$-z$ 方向側が負に帯電し，その結果，試料の内部には $-z$ 方向の電場ができる．この電場は $-y$ 方向に運動する電子に対して，ローレンツ力を打ち消す向きにクーロン力をおよぼす．したがって，このクーロン力とローレンツ力がちょうど打ち消し合えば，電子の $-z$ 方向の運動は消えて，$-y$ 方向の定常的な運動だけが実現する．このように，電流が流れている試料に，電流と直角方向に磁場を加えたとき，試料内に電流と磁場のいずれにも垂直な方向に電場が現れる現象を**ホール効果**（**Hall effect**）といい，そのとき生じる電場を**ホール電場**とよぶ.

いま図のように，金属試料の幅および厚さをそれぞれ b，d とし，自由電子密度を n としてホール電場を求めてみよう．z 方向に関しては，ローレンツ力とクーロン力がつり合うことから，

$$-e(\boldsymbol{v}_{\mathrm{d}}\times\boldsymbol{B})_z - eE_z = 0$$

が成り立ち，

$$E_z = -(\boldsymbol{v}_{\mathrm{d}}\times\boldsymbol{B})_z = -v_{\mathrm{d}}B \qquad (4.94)$$

となる．ここで，v_{d} は自由電子のドリフト速度の大きさである．この v_{d} は y 方向の電流密度 j_y と次式で関係づけられている．

$$j_y = \frac{I}{bd} = nev_{\mathrm{d}} \qquad (4.95)$$

したがって，ホール電場は

$$E_z = -\frac{1}{ne}j_yB \equiv R_{\mathrm{H}}j_yB \qquad (4.96)$$

となり，電流密度 j_y と磁場の大きさ B との積に比例する．この比例係数 R_{H} は

$$R_{\mathrm{H}} = -\frac{1}{ne} \qquad (4.97)$$

で与えられ，**ホール係数**とよばれる．

前節で見たように，自由電子フェルミ気体モデルでは，電気伝導度

$$\sigma = ne\mu \qquad (4.98)$$

は電子（キャリア）密度 n と易動度 μ によって決まる．したがって，これらの量を別々に決めるためには，試料の電気伝導度 σ の他にホール係数 R_{H} を測定すればよい．ホール係数を測るには，図 4.16 のように，電流と磁場の両方に垂直な 2 つの xy 面間の電位差 V_z（**ホール起電力**）を測定し，

$$V_z = bE_z = bR_{\mathrm{H}}j_yB = \frac{R_{\mathrm{H}}IB}{d} \qquad (4.99)$$

の関係を用いて，R_{H} を求めることができる．R_{H} の符号が負になるのは，

キャリアである電子の電荷が負であるためである．p型半導体のように，キャリアが正電荷をもつ正孔の場合には，ホール係数は正になる．したがって，ホール起電力を測定することによって，導体のキャリアの電荷の符号およびその密度を知ることができる．

演習問題

[**1**]　箱の中の自由電子の境界条件には，固定境界条件 (4.3) と周期的境界条件 (4.7) がある．それぞれの場合について，波数ベクトル $\boldsymbol{k}$ につく条件が (4.9) および (4.10) で与えられることを導け．

[**2**]　有限温度におけるフェルミ分布関数 $f(\varepsilon, T)$ は (4.21) で与えられる．この分布関数の，フェルミ準位 ($\varepsilon = \mu$) における傾斜

$$\left(-\frac{\partial f}{\partial \varepsilon}\right)_{\varepsilon=\mu}$$

を求めよ．

[**3**]　磁場のもとでの自由電子のエネルギースペクトルは，k 空間において，磁場 $\boldsymbol{B}$ (z 方向) に垂直な $k_x k_y$ 面内について量子化されており，

$$\varepsilon = \left(n + \frac{1}{2}\right)\hbar\omega_{\mathrm{c}} + \frac{\hbar^2 {k_z}^2}{2m} \tag{4.88}$$

のように離散的になる．この場合，$k_x k_y$ 面内の量子数 n に属する状態数を求め，その単位エネルギーおよび単位面積当りの値が，例題 4.1 で求めた 2 次元の自由電子の状態密度に等しいことを示せ．

[**4**]　室温 (300 K) における金属銅の電気抵抗率 ρ はおよそ $1.7 \times 10^{-8}\ \Omega\cdot\mathrm{m}$ である．

(1)　ドルーデの式 (4.53) から，室温における銅の伝導電子の緩和時間 τ を求めよ．

(2)　自由電子の分散関係を仮定してフェルミ速度を求め，室温における銅

の伝導電子の平均自由行程がどの程度になるかを調べよ．

（3） 金属の室温での電気抵抗率 ρ（室温）と液体ヘリウム温度（$\sim$4.2 K）での抵抗率 ρ（液体ヘリウム温度）の比を，残留抵抗比という．残留抵抗比が 10000 である高純度の金属銅の，液体ヘリウム温度における伝導電子の緩和時間および平均自由行程はどの程度になるか．

［**5**］ 1 辺が L の立方体の箱の中に閉じ込められた N 個の自由電子がフェルミ縮退しているとき，箱の壁におよぼされる圧力を求めよ．

5 結晶の中の電子（2）
バンド構造と物質の分類

前章では，結晶の中の電子を記述するモデルとして，自由電子フェルミ気体モデルを学んだ．これは，1 電子モデルと矩形井戸型ポテンシャルを仮定した極めて単純化されたモデルであったが，金属の伝導電子の基本的な性質のいくつかをうまく説明することができた．しかし，自由電子フェルミ気体モデルによって，半導体や絶縁体の示す光学的性質や電気的性質を説明することは期待できない．それらを理解するには，結晶中における電子状態をさらに詳しく知ることが必要になる．

固体の中では，電子は互いに相互作用をしながら，周期的に配列した原子のつくる周期ポテンシャルの中を運動している．これらの電子は，その周期ポテンシャルの影響を受けることによって，とり得るエネルギーの準位がエネルギーバンドとして束ねられ，異なるバンド間にはギャップができる．このような電子状態の構造を“バンド構造”とよぶ．

この章では，ポテンシャルの周期性からいかにしてこのバンド構造が形成されるかを見ていく．その際，1 つの電子と他のすべての電子との相互作用は，1 つの電子とある平均化された有効ポテンシャルとの作用で近似されると考え，これを 1 電子近似という．

第 2 章で学んだように，一般に結晶の中を伝播する波についてはブロッホの定理が成り立つ．以下では，まず結晶の中の電子について，このブロッホの定理を満たす波動関数，つまりブロッホ関数を導く．次に周期ポテンシャルが小さな場合と大きな場合に分けて，そのバンド構造の特徴を調べる．最後にバンド構造の概念を用いることによって，金属，半導体および絶縁体の分類が説明できることを述べる．

§5.1　固体の中の電子状態

ここでは，固体の中の電子状態を孤立した自由原子における電子状態との関連から定性的に調べてみよう．

エネルギーバンド

第1章で学んだ水素分子が形成される過程は，固体の中の電子状態を考える上で重要な示唆を与えてくれる．自由な水素原子では，電子は離散的なエネルギー準位をとり，基底状態では1s状態を占めている．しかし，そのような水素原子2個を徐々に近づけていくと，それぞれの原子の波動関数に重なりが起こり，新たに2つの分子軌道関数がつくられる．そのため，自由原子の1s準位は2つの分子準位に分裂し，その2つの分子準位間にバンドギャップが生じる．水素分子の場合，このバンドギャップがその結合力をもたらしている．

この事情は一般的であって，2個の原子を接近させると，各原子のすべてのエネルギー準位はそれぞれ2つに分裂し，さらに3つの原子が集まればそれらは3つの準位に，N個の原子が集まればN個の準位に分裂する．したがって，固体を，初め自由であった多数の原子が互いにゆっくり近づいてきてできたと考えると，固体の中では自由原子の各エネルギー準位は膨大な数の準位に分裂していることになる．これらの分裂した準位は，エネルギーの値に上限と下限があって，隣接した準位間のエネルギー差が非常に小さいため，その間をほとんど連続的に分布している．したがって固体の中では，自由原子の各準位はある広がり（エネルギーバンド）を形成しており，1s，2s，2pなどの各準位はそれぞれ1s，2s，2pバンドをつくっている．

図5.1は，そのような原子が互いに接近していくにつれて，自由原子のエネルギー準位が広がり，バンドが形成される様子を模式的に示したものである．もし，固体の中における隣接原子間隔が図のr_0に対応していると，1s，2s，2pの各バンドは分離され，バンドとバンドの間には，電子がとり得な

いエネルギーの領域が存在する．このバンド間の間隙を**バンドギャップ**とよぶ．また，隣接原子間隔がさらに接近して，図の r_1 に対応しているような場合にはバンドに重なりが生じ，一部のギャップはなくなることになる．このように固体内の電子のバンド構造は，原子の種類や結晶構造によって極めて多様であって，それが固体の多様な光学的性質や電気的性質に反映されることになる．

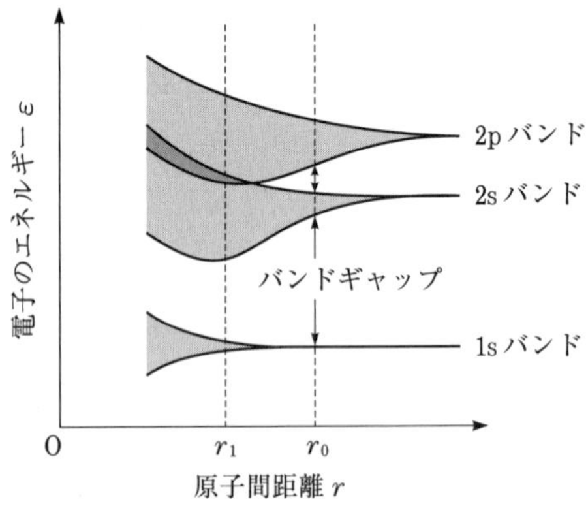

図 5.1　原子の結合とエネルギーバンド

内殻電子と価電子

第1章の初めで述べたように，一般に固体はイオンと電子からできていると考えることができる．結晶を構成する原子には原子番号の数だけの電子が存在しているが，そのうちの内殻電子は原子核に強く束縛されていて，固体の中にあっても元の原子軌道の準位に留まってイオンの形成に与っている．このことは，バンドの概念を用いていえば，固体の中では内殻電子は原子の中心近くに局在していて，この波動関数は隣接原子における電子の波動関数との重なりがほとんどなく，したがって，各準位に関するバンドの幅が極めて狭いということになる．

一方，原子の最外殻にある価電子は，原子核のつくるクーロンポテンシャルが内殻電子によってかなり遮蔽されているため，原子核による束縛が弱く，軌道も原子の中心から広がっている．そのため固体の中では，価電子は周囲の原子の影響を強く受けることになり，隣接原子における電子の波動関数との重なりによって，隣接原子間を飛び移りながら結晶の中を動き回っている．したがって，固体の中の価電子は大きな幅をもったエネルギーバンドを形成する.

次節以下では，結晶格子のつくる周期ポテンシャルの中を運動する価電子の振舞いを見ていくことにする.

§5.2 ブロッホ関数

結晶の中の価電子が受けるポテンシャルが，周期的に配列した原子（イオン）がつくるポテンシャルと他の価電子による平均ポテンシャルとの和で与えられると考えよう．そのようなポテンシャル $V(\boldsymbol{r})$ は，結晶と同じ並進対称性をもっており，任意の結晶並進ベクトル

$$\boldsymbol{T} = m_1\boldsymbol{a} + m_2\boldsymbol{b} + m_3\boldsymbol{c} \tag{5.1}$$

に対して

$$V(\boldsymbol{r}) = V(\boldsymbol{r} + \boldsymbol{T}) \tag{5.2}$$

となる．このような周期ポテンシャルの中を運動する電子の波動関数については，第2章で述べたように，**ブロッホの定理**

$$\psi_{\boldsymbol{k}}(\boldsymbol{r} + \boldsymbol{T}) = \exp(i\boldsymbol{k}\cdot\boldsymbol{r})\,\psi_{\boldsymbol{k}}(\boldsymbol{r}) \tag{5.3}$$

が成り立つ．ここで，$\boldsymbol{k}$ は基本逆格子ベクトル $\boldsymbol{A}$，$\boldsymbol{B}$，$\boldsymbol{C}$ を用いて

$$\boldsymbol{k} = \frac{1}{2\pi}(k_1\boldsymbol{A} + k_2\boldsymbol{B} + k_3\boldsymbol{C}) \tag{5.4}$$

で定義される波数ベクトルである.

(5.3) を満たす関数は**ブロッホ関数**とよばれる．したがって，結晶の中の価電子を記述する波動関数はブロッホ関数で与えられる．また，ブロッホ関数で記述される電子を**ブロッホ電子**とよぶ．この節では，ブロッホ関数に周期的境界条件を課すことによって，バンド構造が導かれることを示そう.

ブロッホ関数

(5.3) を満たすブロッホ関数 $\psi_k(\boldsymbol{r})$ は，結晶格子と同じ並進対称性をもつ任意の関数

$$u_{\boldsymbol{k}}(\boldsymbol{r}) = u_{\boldsymbol{k}}(\boldsymbol{r} + \boldsymbol{T}) \tag{5.5}$$

を導入すると，

$$\psi_{\boldsymbol{k}}(\boldsymbol{r}) = \exp(i\boldsymbol{k}\cdot\boldsymbol{r})\,u_{\boldsymbol{k}}(\boldsymbol{r}) \tag{5.6}$$

のように，平面波と周期関数の積で表すことができる．そこで，このようなブロッホ関数に，3つの軸方向にそれぞれ整数 N_1，N_2，N_3（$\gg 1$）倍進むと元の状態に戻るという周期的境界条件を課してみる．すなわち，

$$\left.\begin{aligned}\psi_{\boldsymbol{k}}(\boldsymbol{r}) &= \psi_{\boldsymbol{k}}(\boldsymbol{r} + N_1\boldsymbol{a})\\ \psi_{\boldsymbol{k}}(\boldsymbol{r}) &= \psi_{\boldsymbol{k}}(\boldsymbol{r} + N_2\boldsymbol{b})\\ \psi_{\boldsymbol{k}}(\boldsymbol{r}) &= \psi_{\boldsymbol{k}}(\boldsymbol{r} + N_3\boldsymbol{c})\end{aligned}\right\} \tag{5.7}$$

とおくと，

$$\exp\{i\boldsymbol{k}\cdot(N_1\boldsymbol{a})\} = \exp\{i\boldsymbol{k}\cdot(N_2\boldsymbol{b})\} = \exp\{i\boldsymbol{k}\cdot(N_3\boldsymbol{c})\} = 1 \tag{5.8}$$

が得られる（$\boldsymbol{a}$，$\boldsymbol{b}$，$\boldsymbol{c}$ は§2.3で定義したもの）．これより，(5.6) の波数ベクトル $\boldsymbol{k}$ は，

$$k_1 = \frac{2\pi m_1}{N_1 a}, \qquad k_2 = \frac{2\pi m_2}{N_1 b}, \qquad k_3 = \frac{2\pi m_3}{N_3 c} \qquad (m_1, m_2, m_3 = \text{整数}) \tag{5.9}$$

を満たすことが要請される．これは逆格子空間で，各基本逆格子ベクトルのそれぞれ $1/N_1$，$1/N_2$，$1/N_3$ の微小ベクトルを基本ベクトルとする格子を形成する．さらに，これらの波数ベクトルが第1ブリユアンゾーンの中にあるためには，(2.51) から整数 m_1，m_2，m_3 は

$$-\frac{N_1}{2} \leqq m_1 < \frac{N_1}{2}, \qquad -\frac{N_2}{2} \leqq m_2 < \frac{N_2}{2}, \qquad -\frac{N_3}{2} \leqq m_3 < \frac{N_3}{2} \tag{5.10}$$

の範囲になければならない．

ブロッホ電子とエネルギーバンド

結晶の中で，周期ポテンシャル $V(\boldsymbol{r})$ を受けて運動している価電子の固有状態は，シュレーディンガー方程式

$$H\,\psi_{\boldsymbol{k}}(\boldsymbol{r}) = \left\{-\frac{\hbar^2}{2m}\left(\frac{\partial^2}{\partial x^2}+\frac{\partial^2}{\partial y^2}+\frac{\partial^2}{\partial z^2}\right)+V(\boldsymbol{r})\right\}\psi_{\boldsymbol{k}}(\boldsymbol{r}) = \varepsilon_{\boldsymbol{k}}\,\psi_{\boldsymbol{k}}(\boldsymbol{r}) \tag{5.11}$$

から求められる．上で見てきたように，この（5.11）の解はブロッホ関数であって，（5.6）の形をとる．ここで，結晶と同じ並進対称性をもつ $V(\boldsymbol{r})$ と $u_{\boldsymbol{k}}(\boldsymbol{r})$ は，逆格子ベクトル

$$\boldsymbol{K} = n_1\boldsymbol{A} + n_2\boldsymbol{B} + n_3\boldsymbol{C} \tag{5.12}$$

を用いて，次のように展開することができる．

$$V(\boldsymbol{r}) = \sum_i V(\boldsymbol{K}_i)\exp(i\boldsymbol{K}_i\cdot\boldsymbol{r}) \tag{5.13}$$

$$u_{\boldsymbol{k}}(\boldsymbol{r}) = \sum_j u_{\boldsymbol{k}}(\boldsymbol{K}_j)\exp(i\boldsymbol{K}_j\cdot\boldsymbol{r}) \tag{5.14}$$

そこで，（5.11）の $V(\boldsymbol{r})$ と（5.6）の $u_{\boldsymbol{k}}(\boldsymbol{r})$ に（5.13）と（5.14）を代入して，両辺に左から $\exp\{-i(\boldsymbol{k}+\boldsymbol{K}_j)\cdot\boldsymbol{r}\}$ を掛けて $\boldsymbol{r}$ について積分すると，波動関数の係数 $u_{\boldsymbol{k}}(\boldsymbol{K}_j)$ に関して次の連立方程式が得られる（章末の演習問題［1］を参照）．

$$\frac{\hbar^2}{2m}(\boldsymbol{k}+\boldsymbol{K}_j)^2\,u_{\boldsymbol{k}}(\boldsymbol{K}_j) + \sum_i V(\boldsymbol{K}_i)\,u_{\boldsymbol{k}}(\boldsymbol{K}_j-\boldsymbol{K}_i) = \varepsilon_{\boldsymbol{k}}\,u(\boldsymbol{K}_j) \tag{5.15}$$

ここで，左辺の第2項の和を $\sum_j V(\boldsymbol{K}_{j-i})\,u_{\boldsymbol{k}}(\boldsymbol{K}_j)$ と書き換えると，エネルギー固有値 $\varepsilon_{\boldsymbol{k}}$ に対する永年方程式が得られる．

$$\left\{\frac{\hbar^2}{2m}(\boldsymbol{k}+\boldsymbol{K}_j)^2-\varepsilon_{\boldsymbol{k}}\right\}\delta_{ij} + V(\boldsymbol{K}_j-\boldsymbol{K}_i) = 0 \tag{5.16}$$

この方程式の次元数は一般には無限である．これを有限の次数にするには，（5.13），（5.14）のフーリエ展開を有限項で打ち切ればよい．例えば，それぞれ N 項までとることにすると，（5.16）は N 行 N 列の行列式となる．したがって，これを対角化すると，1つの $\boldsymbol{k}$ に対して N 個のエネルギー $\varepsilon_{\boldsymbol{k}}$ が得られる．これを**バンド構造**という．（5.16）を解いて $\varepsilon_{\boldsymbol{k}}$ を求める計算は，複雑で膨大な計算量を要するが，最近ではコンピュータが目覚しく

進歩しており，結晶構造の極めて複雑な物質についても，短時間でバンド構造を求めることができるようになっている．

例題 5.1

波数ベクトルが逆格子ベクトルだけ異なる2つのブロッホ関数は，同じエネルギー固有値を与えることを示せ．

［**解**］ 結晶の中の電子の波動関数 $\psi(\boldsymbol{r})$ の最も一般的な平面波展開は，

$$\psi(\boldsymbol{r}) = \sum_{\boldsymbol{k}} C(\boldsymbol{k}) \exp(i\boldsymbol{k}\cdot\boldsymbol{r}) \tag{5.17}$$

である．これをシュレーディンガー方程式 (5.11) の $\psi_{\boldsymbol{k}}(\boldsymbol{r})$ の代わりに代入し，(5.13) を用いると

$$\begin{aligned} H\psi(\boldsymbol{r}) &= \sum_{\boldsymbol{k}} \frac{\hbar^2 k^2}{2m} C(\boldsymbol{k}) \exp(i\boldsymbol{k}\cdot\boldsymbol{r}) + \sum_{\boldsymbol{k}'}\sum_{\boldsymbol{K}} C(\boldsymbol{k}')\, V(\boldsymbol{K}) \exp\{i(\boldsymbol{k}' + \boldsymbol{K})\cdot\boldsymbol{r}\} \\ &= \varepsilon \sum_{\boldsymbol{k}} C(\boldsymbol{k}) \exp(i\boldsymbol{k}\cdot\boldsymbol{r}) \end{aligned}$$

が得られる（ここで $\boldsymbol{K}$ の添字は省いてある）．これは $\boldsymbol{k}' + \boldsymbol{K} = \boldsymbol{k}$ とおき換えて和の指数を書き換えると，

$$\sum_{\boldsymbol{k}} \left\{ \left(\frac{\hbar^2 k^2}{2m} - \varepsilon \right) C(\boldsymbol{k}) + \sum_{\boldsymbol{K}} V(\boldsymbol{K})\, C(\boldsymbol{k} - \boldsymbol{K}) \right\} \exp(i\boldsymbol{k}\cdot\boldsymbol{r}) = 0 \tag{5.18}$$

となる．この関数は位置 $\boldsymbol{r}$ に関係なく成り立つので，{　} の中はすべての $\boldsymbol{k}$ に対してゼロとならなければならない．したがって，これから平面波展開係数 $C(\boldsymbol{k})$ に関する連立方程式

$$\left(\frac{\hbar^2 k^2}{2m} - \varepsilon \right) C(\boldsymbol{k}) + \sum_{K} V(\boldsymbol{K})\, C(\boldsymbol{k} - \boldsymbol{K}) = 0 \tag{5.19}$$

が得られる．

これらの式は，$C(\boldsymbol{k})$ に関して波数ベクトル $\boldsymbol{k}$ の値が互いに逆格子ベクトル $\boldsymbol{K}$ だけ異なるもの同士を結び付けている．したがって，第1ブリユアンゾーン内の波数ベクトル $\boldsymbol{k}$ に対応した固有エネルギー $\varepsilon_{\boldsymbol{k}}$ に属する波動関数 $\psi_{\boldsymbol{k}}(\boldsymbol{r})$ は，波数ベクトル $\boldsymbol{k}$ の値が逆格子ベクトル $\boldsymbol{K}$ だけ異なる平面波の和として，

$$\psi_{\boldsymbol{k}}(\boldsymbol{r}) = \sum_{\boldsymbol{K}} C(\boldsymbol{k}-\boldsymbol{K}) \exp\{i(\boldsymbol{k}-\boldsymbol{K})\cdot\boldsymbol{r}\} \equiv u_{\boldsymbol{k}}(\boldsymbol{r}) \exp(i\boldsymbol{k}\cdot\boldsymbol{r}) \tag{5.20}$$

と書き表すことができる．こうして (5.6) が導かれる．

(5.20) で，$\boldsymbol{k}$ を $\boldsymbol{k}+\boldsymbol{K}'$ におき換えると

$$\psi_{\boldsymbol{k}+\boldsymbol{K}'}(\boldsymbol{r}) = \sum_{\boldsymbol{K}'} C(\boldsymbol{k}+\boldsymbol{K}'-\boldsymbol{K}) \exp\{(\boldsymbol{k}+\boldsymbol{K}'-\boldsymbol{K})\cdot\boldsymbol{r}\}$$

が得られる．これは，$\boldsymbol{K}''=\boldsymbol{K}-\boldsymbol{K}'$ のおき換えをすることにより，(5.20) から

$$\psi_{\boldsymbol{k}+\boldsymbol{K}'}(\boldsymbol{r}) = \sum_{\boldsymbol{K}''} C(\boldsymbol{k}+\boldsymbol{K}'') \exp\{i(\boldsymbol{k}+\boldsymbol{K}'')\cdot\boldsymbol{r}\} = \psi_{\boldsymbol{k}}(\boldsymbol{r})$$

となる．よって，任意の逆格子ベトクル $\boldsymbol{K}$ に対して

$$\psi_{\boldsymbol{k}}(\boldsymbol{r}) = \psi_{\boldsymbol{k}+\boldsymbol{K}}(\boldsymbol{r}) \tag{5.21}$$

が成り立つ．したがって，波数ベクトルが逆格子ベクトルだけ異なるブロッホ関数は同一の状態を表し，同じエネルギー固有値に属する．すなわち，

$$\varepsilon_{\boldsymbol{k}} = \varepsilon_{\boldsymbol{k}+\boldsymbol{K}} \tag{5.22}$$

となる．

§5.3 ほとんど自由な電子の近似

結晶の中の電子状態におけるバンドの概念を理解するためには，周期ポテンシャルが，初めゼロの状態から徐々に現れてくる場合を考えてみるのが有効である．

空 格 子

周期ポテンシャルがゼロの極限，すなわち，(5.13) においてすべてのフーリエ係数 $V(\boldsymbol{K})$ がゼロの場合であっても，周期性という対称性が存在するということは決定的に重要な意味をもっている．そこで，周期ポテンシャルが無視できる結晶格子のことを**空格子**とよぶが，自由電子に近い場合のバンド構造を理解する上でこの空格子の概念は大切である．

自由電子の状態は波数ベクトル $\boldsymbol{k}$ で指定され，その波動関数は平面波であり，結晶の体積 V で規格化すると，

$$\psi_{\boldsymbol{k}}(\boldsymbol{r}) = \frac{1}{\sqrt{V}} \exp(i\boldsymbol{k}\cdot\boldsymbol{r}) \qquad (5.23)$$

で表される．この状態の電子のエネルギーは

$$\varepsilon_{\boldsymbol{k}} = \frac{\hbar^2 |\boldsymbol{k}|^2}{2m} \qquad (5.24)$$

で与えられ，1次元系ならば $\boldsymbol{k}$ 空間の1つの放物線上に，2次元系ならば1つの放物面上に限定されている．しかし，周期対称性が存在すると，(5.22) から

$$\varepsilon_{\boldsymbol{k}} = \varepsilon_{\boldsymbol{k}+\boldsymbol{K}} = \frac{\hbar^2 |\boldsymbol{k}+\boldsymbol{K}|^2}{2m} \qquad (5.25)$$

となり，可能な電子状態は，$\boldsymbol{k}$ 空間の1つの放物線（または放物面）だけでなく，任意の逆格子ベクトル $\boldsymbol{K}$ だけずらしたすべての放物線（または放物面）上にも同じように見出される．図5.2は，その様子を1次元空格子（格子定数 a）の場合について示したものである．この場合の逆格子ベクトルは $\boldsymbol{K} \to K = 2\pi n/a$ である．

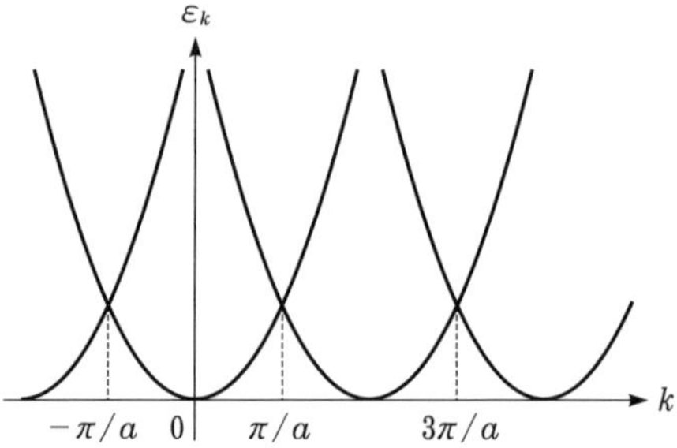

図5.2　1次元空格子（格子定数 a）における自由電子のエネルギーの放物線（$K=2\pi/a$）

しかし，$\varepsilon_{\boldsymbol{k}}$ は $\boldsymbol{k}$ 空間で周期的に振舞う．したがって，$\varepsilon_{\boldsymbol{k}}$ バンドは第1ブリユアンゾーン内で表せば十分である．そのためには第1ブリユアンゾーンの外にある部分は，第2章で述べた第1ブリユアンゾーンへの還元を行えばよい．すなわち，必要に応じて，

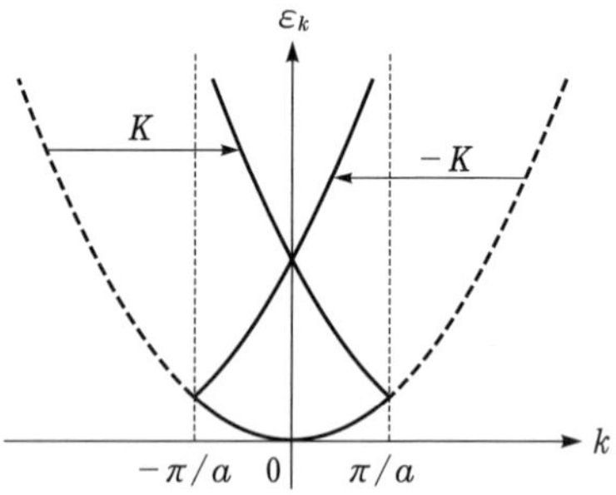

図5.3　1次元空格子における自由電子バンドの第1ブリユアンゾーンへの還元

放物線の第1ブリユアンゾーンの外にある部分をゾーン境界で折りたたんで，図5.3のように逆格子ベクトル $\boldsymbol{K}$ だけずらして第1ブリユアンゾーンの内側へ移してやればよい．この図からもわかるように，空格子における自由電子のエネルギーバンドにはギャップは現れない．

1次元周期ポテンシャル

有限ではあるが小さな周期ポテンシャルがある場合に，上で見た空格子の中の電子のエネルギーバンド構造がどのような影響を受けるか調べてみよう．まず，見通しを立てるために，1次元空格子の場合を考える．

図5.2からわかるように，ブリユアンゾーンの境界（$k = \pm\, n\pi/a$）では2つのエネルギー放物線が交差している．したがって，その境界での波数ベクトルに対応する1電子の状態は縮退しており，その状態を記述するには，少なくとも交差するそれぞれの放物線に対応した2つの平面波の重ね合わせが必要である．

例題5.1の（5.19）から，波動関数の平面波展開の係数 $C(k)$ は

$$C(k) = \frac{\sum_{K} V(K)\ C(k-K)}{\varepsilon - \dfrac{\hbar^2 k^2}{2m}} \tag{5.26}$$

で与えられる．ここでは1次元を考えているため $\boldsymbol{k}$ を k，$\boldsymbol{K}$ を K とした．したがって，ε_k と ε_{k-K} がともに近似的に $\hbar^2k^2/2m$ に等しい場合には，$C(k)$ と $C(k-K)$ が特に大きくなり，同じ絶対値をもつことがわかる．

このことは，

$$k \ \ \rightarrow \ \ k = \frac{\pi}{a}, \qquad K \ \ \rightarrow \ \ K = \frac{2\pi}{a}$$

とおくと，ちょうど単原子1次元結晶の第1ブリユアンゾーンの境界における2つの平面波に対して当てはまる．x 軸に沿って N 個の原子が等間隔 a で並んだ1次元結晶の中を伝播する電子の，波数が $k = \pi/a$ と $k - K = -\,\pi/a$ の平面波は

$$\phi_k = \frac{1}{\sqrt{Na}}\exp\left(i\frac{\pi}{a}x\right), \qquad \psi_{k-K} = \frac{1}{\sqrt{Na}}\exp\left(-i\frac{\pi}{a}x\right) \tag{5.27}$$

で表され，等しいエネルギー $\hbar^2k^2/2m$ をもっている．したがって，ブリユアンゾーン境界 $k = \pi/a$ における1電子波動関数は，第1近似としては，これらの2つの平面波の寄与だけを考慮し，他の逆格子ベクトルからの寄与は無視することができる．

結局，1次元結晶の第1ブリユアンゾーンの境界近傍における1電子波動関数は，(5.27) の2つの平面波の重ね合わせから，

$$\psi_+ = \frac{1}{\sqrt{2Na}}\left\{\exp\left(i\frac{\pi}{a}x\right) + \exp\left(-i\frac{\pi}{a}x\right)\right\} = \sqrt{\frac{2}{Na}}\cos\frac{\pi x}{a} \tag{5.28 a}$$

$$\psi_- = \frac{1}{\sqrt{2Na}}\left\{\exp\left(i\frac{\pi}{a}x\right) - \exp\left(-i\frac{\pi}{a}x\right)\right\} = \sqrt{\frac{2}{Na}}\sin\frac{\pi x}{a} \tag{5.28 b}$$

と得られる．ここで，2つの平面波の波数ベクトルの間には

$$\Delta k = \frac{\pi}{a} - \left(-\frac{\pi}{a}\right) = \frac{2\pi}{a} = K \tag{5.29}$$

の関係があり，第2章で学んだブラッグの回折条件 (2.8) が成り立っている．したがって，ψ_+ および ψ_- はゾーン境界 $k = \pm\pi/a$ でのブラッグ反射によってできた定常波であって，電子密度は，それぞれ

$$\rho_+(x) = \psi_+^*\psi_+ = \frac{2}{Na}\cos^2\frac{\pi x}{a} \tag{5.30 a}$$

$$\rho_-(x) = \psi_-^*\psi_- = \frac{2}{Na}\sin^2\frac{\pi x}{a} \tag{5.30 b}$$

となる．

これは，$x = 0$，$x = \pm a$，$x = \pm 2a$，… の位置に正イオンが配置されている場合には，図5.4に示すように，$\rho_+(x)$ はイオンの位置で最大になり，$\rho_-(x)$ は逆にイオンとイオンの中間で最大になる．したがって，ブリ

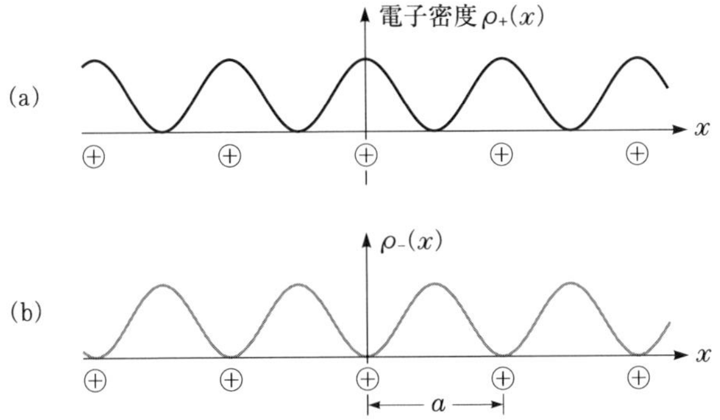

図5.4　2つの定常波に関する電荷密度の空間分布

ユアンゾーンの近傍では，電子の2つの定在波 ψ_+ と ψ_- のポテンシャルエネルギーは異なった値をもつ．すなわち，ψ_+ は正イオンのところで電子の確率密度が大きくなるため，それだけ静電エネルギーが得をすることになり，自由電子に比べてエネルギーが下がる．

一方，ψ_- の方は正イオンのところの電子の確率密度が小さいため，静電エネルギーを損し，自由電子に比べて高いエネルギーをもつことになる．その結果，1電子エネルギーの波数スペクトルは，図5.5に見られるように，ブリユアンゾーンの境界の近傍で，ほとんど自由な電子の場合のエネルギー放物線から上下にずれて，バンドギャップが生じる．

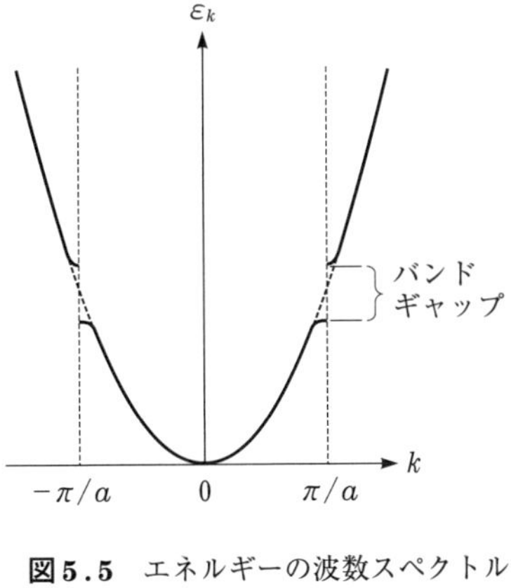

図5.5　エネルギーの波数スペクトル
（1次元の場合）

バンドギャップの大きさ

1次元結晶についての定性的な議論からわかるように，完全な自由電子の場合に見られたエネルギー放物線は，有限の小さな周期ポテンシャルが存在すると，ブリユアンゾーンの境界で分裂し，エネルギーバンド構造が形成される．そこで，この分裂の大きさ，つまり**バンドギャップ**の大きさを求めてみよう．

すでに見てきたように，波動関数 $\psi(\boldsymbol{r})$ を平面波展開したときの係数 $C(\boldsymbol{k})$ は (5.26) で与えられる．ただし，3 次元の場合は k，K はベクトルで表される．この式は波数ベクトル $\boldsymbol{k}$ を逆格子ベクトル $\boldsymbol{K}$ だけ移動すると，

$$C(\boldsymbol{k}-\boldsymbol{K})=\frac{\sum_{K'} V(\boldsymbol{K}'-\boldsymbol{K})\,C(\boldsymbol{k}-\boldsymbol{K}')}{\varepsilon-\dfrac{\hbar^2}{2m}|\boldsymbol{k}-\boldsymbol{K}|^2} \tag{5.31}$$

のように表される．ここで，周期ポテンシャルによる摂動が小さいとすると，(5.31) の分母における波数ベクトル $\boldsymbol{k}$ に対応するエネルギー固有値 ε は，自由電子のエネルギー $\hbar^2k^2/2m$ に等しいとおくことができる．したがって，

$$\boldsymbol{k}^2 \cong |\boldsymbol{k}-\boldsymbol{K}|^2 \tag{5.32}$$

が満たされるときは，(5.31) の分母はほぼゼロになるため，波動関数の展開係数の中では $C(\boldsymbol{k})$ 以外では $C(\boldsymbol{k}-\boldsymbol{K})$ だけが特に大きくなり，重要となることがわかる．

(5.32) は，第 2 章で出てきた**ブラッグの回折条件** (2.8) であって，この関係が満たされるには，図 5.6 に示すように波数ベクトル $\boldsymbol{k}$ が逆格子ベクトル $\boldsymbol{K}$ の垂直 2 等分面上，つまり $\boldsymbol{k}$ 空間においてブリユアンゾーンの境界面上にある場合である．したがって，自由電子の波数ベクトルは，ブリユアンゾーンの境界面において周期

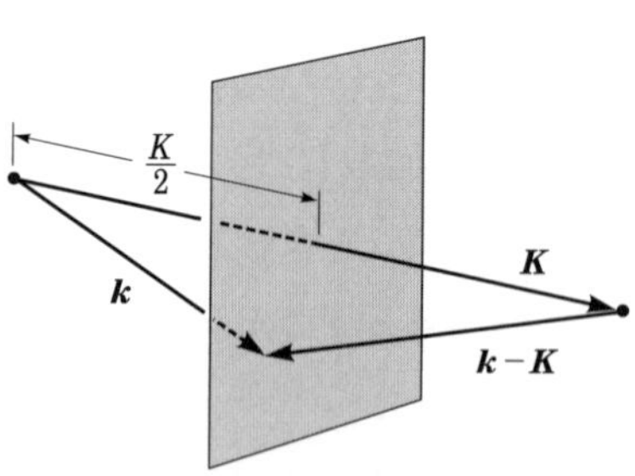

図 5.6　ブラッグの回折条件と逆格子ベクトルの垂直 2 等分面

ポテンシャルによる摂動を最も大きく受けることになる．

したがって，このような自由電子に準ずる近似では，$C(\boldsymbol{k})$ と $C(\boldsymbol{k}-\boldsymbol{K})$ 以外は無視できるので，(5.19) で表される一連の方程式のうち，次の2つだけを考えればよい．

$$\left(\varepsilon-\frac{\hbar^2|\boldsymbol{k}^2|}{2m}\right)C(\boldsymbol{k})-V(\boldsymbol{K})\,C(\boldsymbol{k}-\boldsymbol{K})=0 \tag{5.33 a}$$

$$\left(\varepsilon-\frac{\hbar^2}{2m}|\boldsymbol{k}-\boldsymbol{K}|^2\right)C(\boldsymbol{k}-\boldsymbol{K})-V(-\boldsymbol{K})\,C(\boldsymbol{k})=0 \tag{5.33 b}$$

ただし，$V(0)=0$ としている．いま，自由電子のエネルギーを

$$\varepsilon_{\boldsymbol{k}}^0=\frac{\hbar^2|\boldsymbol{k}^2|}{2m},\qquad \varepsilon_{\boldsymbol{k}-\boldsymbol{K}}^0=\frac{\hbar^2|\boldsymbol{k}-\boldsymbol{K}|^2}{2m} \tag{5.34}$$

とおくと，(5.33 a, b) からエネルギー固有値に対する永年方程式が

$$\begin{vmatrix} \varepsilon_{\boldsymbol{k}}^0-\varepsilon & V(\boldsymbol{K}) \\ V(-\boldsymbol{K}) & \varepsilon_{\boldsymbol{k}-\boldsymbol{K}}^0-\varepsilon \end{vmatrix}=0 \tag{5.35}$$

と得られる．これは ε について解くと

$$\varepsilon^{\pm}=\frac{1}{2}(\varepsilon_{\boldsymbol{k}-\boldsymbol{K}}^0+\varepsilon_{\boldsymbol{k}}^0)\pm\sqrt{\frac{1}{4}(\varepsilon_{\boldsymbol{k}-\boldsymbol{K}}^0-\varepsilon_{\boldsymbol{k}}^0)^2+|V(\boldsymbol{K})|^2} \tag{5.36}$$

となる．したがって，$\varepsilon_{\boldsymbol{k}}^0=\varepsilon_{\boldsymbol{k}-\boldsymbol{K}}^0$ が成り立つブリユアンゾーンの境界では，$\varepsilon_{\boldsymbol{k}}^0$ と $\varepsilon_{\boldsymbol{k}-\boldsymbol{K}}^0$ の縮退が解けて

$$\varepsilon^{\pm}=\varepsilon_{\boldsymbol{k}}^0\pm|V(\boldsymbol{K})| \tag{5.37}$$

となり，分裂する．分裂の大きさは

$$\varDelta\varepsilon=\varepsilon^{+}-\varepsilon^{-}=2|V(\boldsymbol{K})| \tag{5.38}$$

であって，これは周期ポテンシャル $V(\boldsymbol{r})$ のフーリエ展開の係数 $V(\boldsymbol{K})$ の2倍の大きさに当る．

このように自由電子の場合は，ブリユアンゾーンの中心または表面上にある波数ベクトル $\boldsymbol{k}$ をもつ電子波と，(5.32) の関係を満たす波数ベクトル

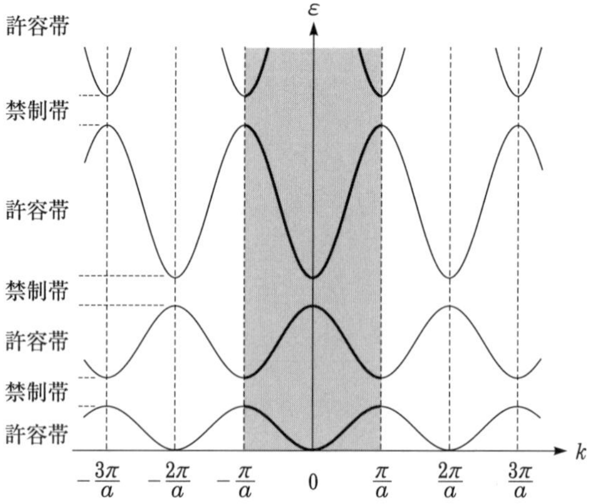

図5.7　1次元結晶のエネルギーの波数依存性．太線は還元ゾーン方式，細線は繰り返しゾーン方式，灰色部分は第1ブリユアンゾーンを示す．

$\boldsymbol{k} - \boldsymbol{K}$ をもつ電子波とは等しいエネルギーをもち，2つの状態は縮退している．しかし，これらの2つの電子波はブラッグの回折条件 (5.32) を満たしているため，結晶格子と同じ周期をもつ周期ポテンシャルが存在すると，その周期ポテンシャルによって散乱されて定常波をつくる．その際，静電エネルギーに差が生じる（図5.4）．そのため，縮退していたエネルギーが分裂して縮退が解かれ，エネルギーのバンド構造がつくられる．このような，ほとんど自由な電子の場合のバンドギャップとエネルギーのバンド構造（許容帯と禁制帯）との対応を，1次元格子（格子定数 a）の場合について示すと図5.7のようになる．

§5.4　強く束縛された電子の近似 ── 強束縛近似 ──

この章の初めで述べたように，自由原子で深い準位を占めていた内殻電子は，結晶の中にあっても原子核に強く束縛されていて，ほぼ元の自由原子の準位に留まっていると考えられる．したがって，このような空間的に強く局在した内殻電子を，前節で扱った価電子のように，ほとんど自由な電子の近似で記述することはもはや適当ではない．この節では，結晶中で原子核に強く束縛された電子を記述する**LCAO法**（Linear Combination of Atomic Orbital：原子軌道の線形結合）について述べる．

LCAO法

単原子結晶を考え，自由原子のエネルギー固有値 ε_n に対応するエネルギーバンドを考えよう．結晶内の電子の波動関数は，格子点の近くでは自由原子の軌道波動関数に近い形をとっているはずである．したがって，そのような電子の波動関数は，構成原子の軌道波動関数の線形結合で与えられると仮定しよう．そこで，格子点 $\boldsymbol{R}_m$ にある原子の，エネルギー準位 ε_n に対応する電子の軌道波動関数を $\phi_n(\boldsymbol{r}-\boldsymbol{R}_m)$ とすると，結晶内の電子の軌道波動関数 $\psi_n(\boldsymbol{r})$ は，

$$\psi_n(\boldsymbol{r}) = \sum_m C_m\,\phi_n(\boldsymbol{r}-\boldsymbol{R}_m) \tag{5.39}$$

と書き表される．さらに，これはブロッホの定理を満たすことが要請されるため，(5.39) の展開係数は $C_m = \exp(i\boldsymbol{k}\cdot\boldsymbol{R}_m)$ となる．すなわち，結晶の中の電子の波動関数は

$$\psi_{n,\boldsymbol{k}}(\boldsymbol{r}) = \frac{1}{\sqrt{N}}\sum_m \exp(i\boldsymbol{k}\cdot\boldsymbol{R}_m)\,\phi_n(\boldsymbol{r}-\boldsymbol{R}_m) \tag{5.40}$$

となり，波数ベクトル $\boldsymbol{k}$ で指定されるブロッホ波で与えられる．ここで N は全基本単位格子数である．

これらの電子は，結晶を構成しているすべての原子がつくるポテンシャル $V(\boldsymbol{r})$ の中で運動している．いま，格子点 $\boldsymbol{R}_m$ にある原子のポテンシャルを $U(\boldsymbol{r}-\boldsymbol{R}_m)$ で表すと，このポテンシャル $V(\boldsymbol{r})$は，

$$V(\boldsymbol{r}) = \sum_m U(\boldsymbol{r}-\boldsymbol{R}_m) \tag{5.41}$$

と書ける．したがって，結晶の中の1個の電子に対する（1電子近似の）シュレーディンガー方程式は，

$$\left\{-\frac{\hbar^2}{2m}\Delta + V(\boldsymbol{r})\right\}\psi_{n,\boldsymbol{k}}(\boldsymbol{r}) = \varepsilon_{n,\boldsymbol{k}}\,\psi_{n,\boldsymbol{k}}(\boldsymbol{r}) \tag{5.42}$$

と表される．

ここで，格子点 $\boldsymbol{R}_m$ の位置に比較的強く局在している電子に注目すると，この電子が受けるポテンシャル $V(\boldsymbol{r})$ は，$\boldsymbol{R}_m$ の近傍ではその格子点にある原子のポテンシャル $U(\boldsymbol{r}-\boldsymbol{R}_m)$ にほぼ等しいと考えられる．そこで，隣接原子の影響をこの原子ポテンシャルに対する摂動と見なすことにする（図5.8）．すなわち，(5.42) でハミルトニアン H を原子のハミルトニアン H_0^m と隣接原子による摂動ポテンシャル $\varDelta V^m(\boldsymbol{r})$ に分けて，

$$H = H_0^m + \varDelta V^m(\boldsymbol{r}) \tag{5.43}$$

$$H_0^m = -\frac{\hbar^2}{2m}\Delta + U(\boldsymbol{r}-\boldsymbol{R}_m) \tag{5.44}$$

$$\varDelta V^m(\boldsymbol{r}) = V(\boldsymbol{r}) - U(\boldsymbol{r}-\boldsymbol{R}_m) = \sum_{n\neq m} U(\boldsymbol{r}-\boldsymbol{R}_n) \tag{5.45}$$

のように書いてみる．H_0^m は格子点 $\boldsymbol{R}_m$ にある孤立原子のハミルトニアンであるから，これに関わるシュレーディンガー方程式は

$$H_0^m\,\phi_n(\boldsymbol{r}-\boldsymbol{R}_m) = \varepsilon_n\,\phi_n(\boldsymbol{r}-\boldsymbol{R}_m) \tag{5.46}$$

となる．これは孤立原子の方程式であって，格子点の位置 $\boldsymbol{R}_m$ にはよらない．ここで，$\phi_n(\boldsymbol{r}-\boldsymbol{R}_m)$ は上で定義した原子軌道の固有関数で，その添字

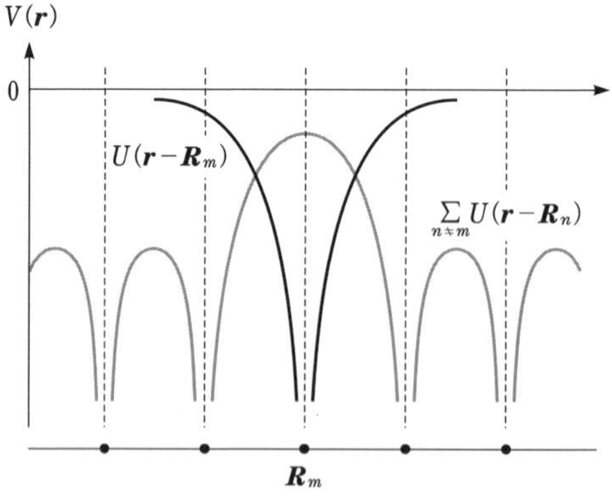

図5.8　格子点 $\boldsymbol{R}_m$ に強く局在している電子に対する近似的ポテンシャルの模式図．原子ポテンシャル $U(\boldsymbol{r}-\boldsymbol{R}_m)$（実線）と隣接原子のもたらす格子ポテンシャル $\sum_{n\neq m} U(\boldsymbol{r}-\boldsymbol{R}_m)$（灰色の線）の和で与えられる．

の n は 1 s, 2 s, 2 p, ⋯ などの原子における準位を表す（(5.45) では n が格子点を表すのに用いられているので混同しないように）．問題を単純化するために，以下では各原子はただ 1 つの原子軌道をもつものとし，原子準位を表す添字 n は用いないことにする．

さて，シュレーディンガー方程式 (5.42) を解いて，波数ベクトル $\boldsymbol{k}$ の状態のエネルギー $\varepsilon_{\boldsymbol{k}}$ を求めてみよう．(5.42) に $\psi_{\boldsymbol{k}}^*$ を掛けて，$\psi_{\boldsymbol{k}}$ の定義されている領域において積分すると，

$$\varepsilon_{\boldsymbol{k}} = \frac{\langle \psi_{\boldsymbol{k}}^* | H | \psi_{\boldsymbol{k}} \rangle}{\langle \psi_{\boldsymbol{k}}^* | \psi_{\boldsymbol{k}} \rangle} \tag{5.47}$$

が得られる．ここで，

$$\langle \psi_{\boldsymbol{k}}^* | \psi_{\boldsymbol{k}} \rangle = \int \psi_{\boldsymbol{k}}^* \psi_{\boldsymbol{k}} \, dv, \qquad \langle \psi_{\boldsymbol{k}}^* | H | \psi_{\boldsymbol{k}} \rangle = \int \psi_{\boldsymbol{k}}^* H \psi_{\boldsymbol{k}} \, dv$$

である．したがって，(5.47) の分母は，波動関数 $\psi_{\boldsymbol{k}}$ に (5.40) を代入すると，

$$\langle \psi_{\boldsymbol{k}}^* | \psi_{\boldsymbol{k}} \rangle = \frac{1}{N} \sum_m \sum_n \exp\{i\boldsymbol{k}\cdot(\boldsymbol{R}_m - \boldsymbol{R}_n)\} \int \phi^*(\boldsymbol{r} - \boldsymbol{R}_n)\, \phi(\boldsymbol{r} - \boldsymbol{R}_m)\, dv \tag{5.48}$$

となる．

ところで，電子が格子点 $\boldsymbol{R}_m$ に強く局在している場合は，$\phi(\boldsymbol{r} - \boldsymbol{R}_m)$ は $\boldsymbol{R}_m$ の近傍でのみ大きな値をもつと考えられる．したがって，(5.48) の和については，第 1 近似として，異なる原子軌道の波動関数の重なりは小さく，無視できるとして $n = m$ の項だけを残すことにすると，

$$\langle \psi_{\boldsymbol{k}}^* | \psi_{\boldsymbol{k}} \rangle = \frac{1}{N} \sum_m \int \phi^*(\boldsymbol{r} - \boldsymbol{R}_m)\, \phi(\boldsymbol{r} - \boldsymbol{R}_m)\, dv = 1 \tag{5.49}$$

が得られる．

したがって，求めるエネルギー固有値は

$$\begin{aligned}\varepsilon_{\boldsymbol{k}} &= \langle \psi_{\boldsymbol{k}}^* | H | \psi_{\boldsymbol{k}} \rangle \\ &= \frac{1}{N} \sum_m \sum_n \exp\{i\boldsymbol{k}\cdot(\boldsymbol{R}_m - \boldsymbol{R}_n)\}\end{aligned}$$

$$\times \int \phi^*(\boldsymbol{r}-\boldsymbol{R}_n)\,(H_0^m+\varDelta V^m)\,\phi(\boldsymbol{r}-\boldsymbol{R}_m)\,dv \quad (5.50)$$

となるが，これは，

$$\varepsilon = \int \phi^*(\boldsymbol{r}-\boldsymbol{R}_m)\,H_0^m\,\phi(\boldsymbol{r}-\boldsymbol{R}_m)\,dv \quad (5.51)$$

$$\alpha = \int \phi^*(\boldsymbol{r}-\boldsymbol{R}_m)\,\varDelta V^m\,\phi(\boldsymbol{r}-\boldsymbol{R}_m)\,dv \quad (5.52)$$

$$\beta_n = \int \phi^*(\boldsymbol{r}-\boldsymbol{R}_n)\,\varDelta V^m\,\phi(\boldsymbol{r}-\boldsymbol{R}_m)\,dv \quad (5.53)$$

とおくと，

$$\varepsilon_{\boldsymbol{k}} = \varepsilon + \alpha + \sum_{n\neq m} \beta_n \exp\{i\boldsymbol{k}\cdot(\boldsymbol{R}_n-\boldsymbol{R}_m)\} \quad (5.54)$$

のように表すことができる．ここで n についての和は，$\boldsymbol{R}_m$ の最近接位置 $\boldsymbol{R}_n$ に関してのみとることにする．α は**結晶場エネルギー**とよばれ，近接原子のポテンシャルの効果を表す．$\varDelta V^m$ の符号は負であるから，α も負である．β は**飛び移り積分**とよばれる量で，隣接する原子軌道との波動関数の重なりによって電子が隣の原子へ飛び移る割合をエネルギーで表したものである．

例題 5.2

格子定数 a の単純立方格子について，s 軌道の原子のエネルギー準位 ε_n に対応するバンド構造 $\varepsilon_{n,\boldsymbol{k}}$ を強束縛近似を用いて求めよ．

［**解**］ 単純立方格子の場合，格子点 $\boldsymbol{R}_m$ の最近接格子点 $\boldsymbol{R}_n$ は，

$$\boldsymbol{R}_n - \boldsymbol{R}_m = (\pm a, 0, 0),\ (0, \pm a, 0),\ (0, 0, \pm a)$$

の 6 つである．ε_n に対応する波動関数が s 軌道のように球対称である場合，β_n は 6 個の $\boldsymbol{R}_n$ すべてに対して等しくなる．そこで $\beta_n \equiv \beta$ とおくと，(5.54) は実部をとって，

$$\varepsilon_{n,\boldsymbol{k}} = \varepsilon_n + \alpha + 2\beta(\cos k_x a + \cos k_y a + \cos k_z a) \quad (5.55)$$

と得られる．したがって，原子が集まって単純立方格子をつくるとき，原子のエネルギー準位 ε_nは広がった幅をもちバンド $\varepsilon_{n,\boldsymbol{k}}$ をつくるが，その場合，バンドの

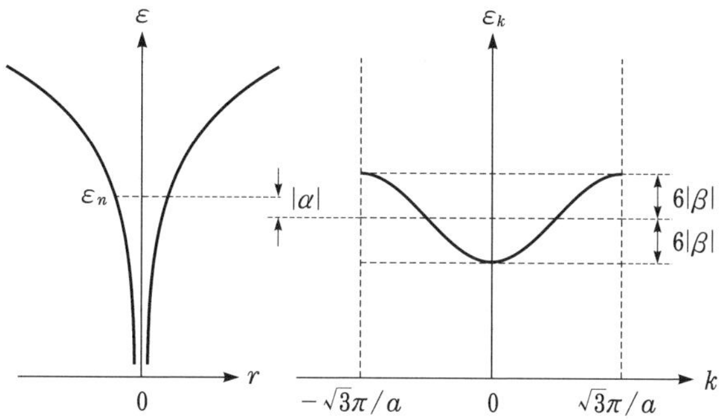

重心は ε_n より $|\alpha|$ だけ減少し，その幅は $12|\beta|$ となる．いま，波数ベクトル $\boldsymbol{k}$ を主軸対角方向 [1 1 1] にとったときの $\varepsilon_{n,\boldsymbol{k}}$ の波数依存性を示すと図のようになる．ただし，ここでは β は負としている．

バンドの重なりとバンドギャップ

原子が集まって結晶をつくるとき，構成原子の各エネルギー準位 ε_n は広がって幅をもち，バンドをつくる．このバンドの幅は，上で見たように隣接原子間の飛び移り積分 β の大きさに比例する．したがって，低いエネルギー準位に対応するバンドほど，電子の局在性が強く，軌道の広がりが小さいためにバンドの幅は狭くなる．逆に，エネルギーが高く，軌道波動関数が比較的広がっていて局在性も強くない電子状態に対応したバンドの場合は幅は広くなる．

いま，隣り合った2つの準位 ε_n と ε_{n+1} に対応した2つのバンドを考え，それらが互いにどのような相対的な位置関係をとり得るかを整理してみよう．可能なケースとしては，基本的には図5.9に示す4通りが考えられる．図の (a) と (b) の場合は，2つのバンドの間に重なりがなく，電子がとり得ないエネルギー領域（**エネルギー禁制帯**），つまり**バンドギャップ** ε_G が存在する．しかし，図 (c) と (d) の場合には2つのバンドは部分的に重なっており，バンドギャップは現れない．

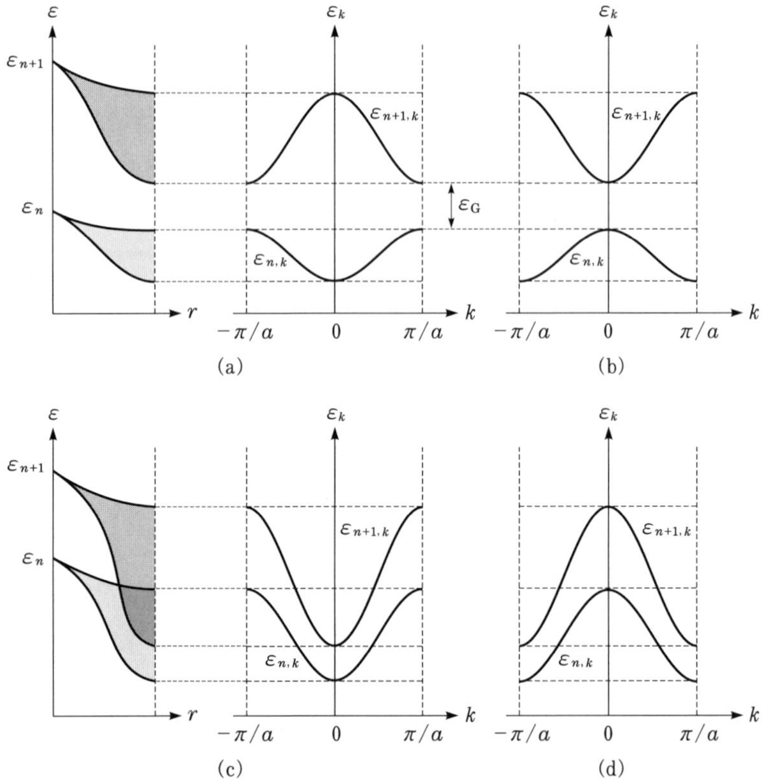

図5.9　2つのバンドの相対的な位置関係

バンドは一般に無数にあって，それらの任意の2つのバンドの間には，図5.9に示すいずれかの相対的な位置関係が出現している．そのため，結晶の中のバンド構造は極めて多様な様相を呈している．

有効質量

例題5.2で導いたように，単純立方格子のバンドは cos 型である．$\beta < 0$ の場合は，これは $k = 0$，つまり各格子点の原子軌道の波動関数を同位相で足し合わせたときにエネルギーが最も低くなる．この事情は1次元格子および2次元正方格子の場合も同様であって，バンド $\varepsilon_{n,\boldsymbol{k}}$ はそれぞれ

$$\varepsilon_{n,\boldsymbol{k}} = \varepsilon_n + \alpha + 2\beta \cos ka \qquad \text{(1 次元格子)} \tag{5.56}$$

$$\varepsilon_{n,\boldsymbol{k}} = \varepsilon_n + \alpha + 2\beta(\cos k_x a + \cos k_y a) \qquad \text{(2 次元正方格子)} \tag{5.57}$$

となり，$k = 0$ がバンドの底になる．

いま，(5.55) で与えられるバンドの cos 関数を $k = 0$ の近傍でベキ展開すると

$$\varepsilon_{n,\boldsymbol{k}} = \varepsilon_n + \alpha + 6\beta - \beta a^2({k_x}^2 + {k_y}^2 + {k_z}^2) \tag{5.58}$$

となる．これは，定数項を除けば $k^2 = {k_x}^2 + {k_y}^2 + {k_z}^2$ に比例している．そこで，(5.58) を

$$\varepsilon_{n,\boldsymbol{k}} = \varepsilon_{\min} + \frac{\hbar^2}{2m^*}({k_x}^2 + {k_y}^2 + {k_z}^2) \tag{5.59}$$

のように書き表してみる．ただし，

$$\varepsilon_{\min} = \varepsilon_n + \alpha + 6\beta \tag{5.60}$$

$$m^* = -\frac{\hbar^2}{2\beta a^2} \tag{5.61}$$

である．

(5.59) からわかるように，$|\boldsymbol{k}|$ が小さいときの電子は形式的には，(5.61) で与えられる質量 m^* をもつ自由電子と同じように振舞う．ここで m^* は電子の原子間の飛び移りにくさを反映した量であって，本当の意味の質量ではない．しかし，m^* は質量の次元をもっており，**有効質量**とよばれる．このようにして定義された有効質量は，バンドの底だけで意味をもつことになる．

§5.5 バンド構造と固体の分類

固体は電気伝導度の違いによって，**金属**，**半導体**，**絶縁体**などに分類される．金属はよく電気を通すが，絶縁体は通さない．その中間の電気伝導度を示すのが半導体である．このように物質によって見られる電気伝導度の顕著

な違いは，前節で述べたバンド構造によって理解することができる．

原子核に強く束縛されている内殻電子は，結晶の中でも孤立原子に近い電子状態にあって，その原子の準位に対応するバンドを完全に占有している．したがって，これらの内殻電子は物質の電気伝導には寄与しない．これに対して，価電子の場合は，それが単位格子当り何個存在するかによって，対応するバンドが完全に満たされたり，部分的にしか満たされなかったりする．また，原子核の束縛が弱いために，対応するバンドがすぐ上のバンドと重なっている場合もある．したがって，価電子がそれらのバンドをどのように占有するかが，金属，半導体，絶縁体などの特徴を決めることになる．

バンドの中の状態

並進ベクトル

$$\boldsymbol{T} = m_1\boldsymbol{a} + m_2\boldsymbol{b} + m_3\boldsymbol{c}$$

をもつ結晶を考えよう．この結晶は3つの主軸方向にそれぞれ格子定数の N_1，N_2，N_3（$\gg 1$）倍の大きさをもっているとする．このような結晶中のブロッホ関数は§5.1で見たように，波数ベクトル

$$\boldsymbol{k} = k_1\boldsymbol{A} + k_2\boldsymbol{B} + k_3\boldsymbol{C} \qquad (\boldsymbol{A},\ \boldsymbol{B},\ \boldsymbol{C}\ \text{は基本逆格子ベクトル})$$

は，

$$k_1 = \frac{2\pi m_1}{N_1 a}, \qquad k_2 = \frac{2\pi m_2}{N_2 b}, \qquad k_3 = \frac{2\pi m_3}{N_3 c} \qquad (m_1, m_2, m_3 = \text{整数}) \tag{5.9}$$

を満たすことが要請される．さらに，これらの波数ベクトルが第1ブリユアンゾーンの中にあるためには，整数 m_1，m_2，m_3 は，

$$-\frac{N_1}{2} \leqq m_1 < \frac{N_1}{2}, \qquad -\frac{N_2}{2} \leqq m_2 < \frac{N_2}{2}, \qquad -\frac{N_3}{2} \leqq m_3 < \frac{N_3}{2} \tag{5.10}$$

の範囲になければならない．したがって，第1ブリユアンゾーンには，ちょうど単位格子の数 N（$= N_1 \times N_2 \times N_3$）に等しい波数ベクトルの状態が存

在することになる．そこで，スピン状態まで含めると，各エネルギーバンドには $2N$ 個の電子状態が存在している．

結晶の中の電子は，各エネルギーバンドの $2N$ 個の状態を，パウリの原理に従ってエネルギーの低い方から順に埋めている．したがって，各単位格子から価電子が1個ずつ供給されるとすると，対応するバンドは電子によって半分まで満たされることになる．また，各単位格子から供給される価電子数が2個の場合は，今度はバンドは完全に満たされてしまう．このように価電子がバンドを占有する状況は，単位格子が供給する価電子の数に依存する．

金　属

上の議論からわかるように，単位格子の中の価電子が奇数個の場合には，電子はバンドを途中までしか埋めないため，フェルミエネルギー ε_F はバンドの中間にくる（図5.10(b)）．すなわち，低温では ε_F 以下の状態はすべて電子で満たされており，ε_F のすぐ上には空の状態が続いている．このような結晶に外部から電場を加えると，電子は加速されて，容易にすぐ上の空の状態に遷移することができる（図5.11）．これが金属である．

最も典型的な金属であるアルカリ金属を例にとってみよう．これらは体心立方構造をしており，単位格子当り1個の原子と1個の価電子をもっている．アルカリ金属の1つであるNa金属の場合を見ると，Na原子の電子構造は

$$(1\,\mathrm{s})^2(2\,\mathrm{s})^2(2\,\mathrm{p})^6(3\,\mathrm{s})$$

である．したがって，Na金属では電子は1s，2s，$2\,\mathrm{p}_x$，$2\,\mathrm{p}_y$，$2\,\mathrm{p}_z$，3sの6つのバンドを占有することになる．

いま，N 個の原子から成っているとすると，6つのバンドの各々には $2N$ 個の状態があるが，3sバンドを除く5つのバンドは何れも内殻電子で詰まっている．しかし，価電子である3s電子は N 個しかないために，3sバンドは半分までしか電子は占有されず，フェルミエネルギー ε_F は3sバンドの中間にくる．これは前章で扱った自由電子ガスの場合と状況がよく似ている．実際に，Na金属の電気伝導特性は自由電子ガス近似でよく記述する

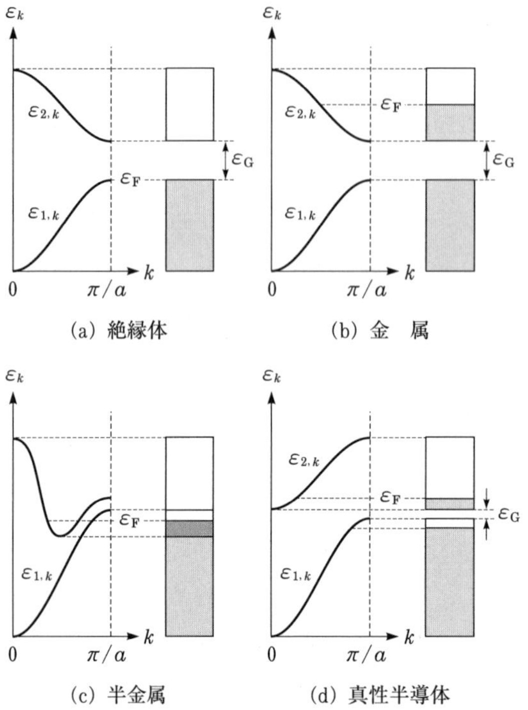

図 5.10　固体のバンド構造と価電子の占有の仕方

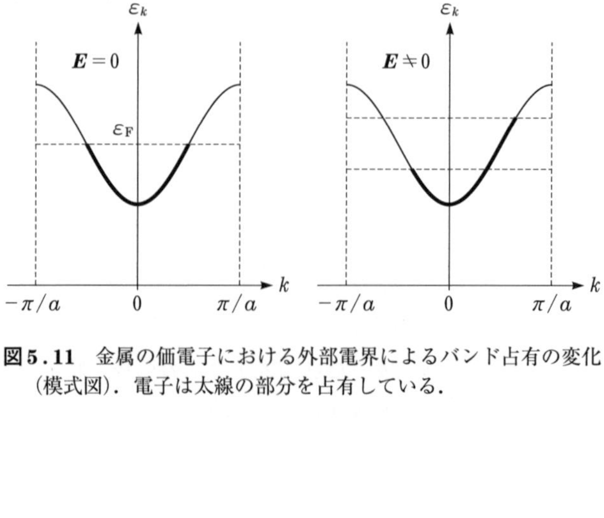

図 5.11　金属の価電子における外部電界によるバンド占有の変化（模式図）. 電子は太線の部分を占有している.

ことができる.

絶縁体

結晶の単位格子当りに偶数個の価電子が含まれている場合は，バンドに重なりがあるか否かで事情が違ってくる.

バンドに重なりがないと，価電子は対応する**価電子バンド**（価電子が完全に詰まったバンド）を満たしており，すぐ上の**伝導バンド**（ギャップの上にある空のバンド）との間にはバンドギャップが存在している(図5.10(a)). したがって，0 K では，そのような物質は絶縁体である. すなわち，完全に電子が充満しているバンドでは，弱い外部電場を加えてもバンド内の電子による電流はゼロであり，またギャップがあるために電子は上の伝導バンドへ移ることもできない. NaCl や CsCl などのイオン結晶がその例である.

第1章で見たように，NaCl 結晶では，Na 原子の 3 s 電子が Cl 原子の 3 p 軌道へ移動して Na^+ イオンと Cl^- イオンになり，互いにイオン結合して面心立方格子をつくっている. したがって，この場合の価電子バンドは Cl^- イオンの 3 p バンドである. この 3 p バンドには，単位格子当り 6 個の価電子（Na 原子から 1 個の 3 s 電子と Cl 原子から 5 個の 3 p 電子）が供給されるため，価電子で完全に満たされている. 電気伝導が起こるには，この価電子バンドの電子の一部が，すぐ上の（空の）伝導バンドへ熱励起されていなければならない. NaCl 結晶の場合，価電子バンドのすぐ上にある伝導バンドは Na^+ イオンの 3 s バンドであるが，両者は約 10 eV のバンドギャップによって隔てられている. そのため室温程度の温度では，3 s バンドに熱励起されている電子の数は極めて少なく，NaCl 結晶は室温では極めて良い絶縁体である.

真性半導体

真性半導体とよばれる純粋な半導体* も，0 K では完全に満たされた価電

* 応用の面で最も有用で広く用いられている半導体は，ドナーやアクセプターを制御可能な方法でドープできる不純物半導体である.

子バンドの上に空の伝導バンドがあり，その意味では絶縁体の仲間である．しかし，上で述べた絶縁体と違って，そのバンドギャップが比較的小さいために，室温になると価電子バンドの電子の一部が伝導バンドへ熱的に励起される．その結果，この励起された電子と価電子バンドに生じた電子の抜けた孔（正孔とよばれる）の両方が電気伝導に寄与できることになる（図5.10(d)）．このような真性半導体の典型はGeとSiである．

第1章で述べたように，GeやSiは単位格子に2個の原子を含むダイヤモンド構造をとっている．各原子は4個の外殻電子をもっており，結晶中ではそれぞれ4つの**sp^3 混成軌道**を1つずつ占めていて，隣接原子と共有結合を形成している．したがって，この sp^3 混成軌道に対応する価電子バンドには，単純に計算すれば単位格子当り16の状態が含まれていることになる．

一方，単位格子から供給される価電子の数は8個であるから，フェルミエネルギー ε_F は価電子バンドの中央にあって，これだけから見れば，これらの物質は金属であるように見える．しかし，共有結合をつくる際に結合状態と反結合状態に分裂が起こるため，sp^3 混成軌道のバンドも結合状態と反結合状態に分裂しており，両者は小さなバンドギャップによって隔てられている．実際に，単位格子当り8個の価電子は結合状態のバンドを完全に占有しており，すぐ上の反結合状態の空のバンドとの間のバンドギャップが1eV程度と比較的小さい．そのために，これらの物質は室温では金属と絶縁体の中間の電気伝導度をもった半導体となる．

半 金 属

単位格子当りの価電子の数が偶数であっても，価電子バンドと伝導バンドがエネルギー的に重なっている場合は絶縁体にはならない．例えば，波数ベクトル $\boldsymbol{k}$ のある方向についての価電子バンドの天井（一番高いエネルギー）と，$\boldsymbol{k}$ の別の方向に対する伝導バンドの底とが重なりをもっている場合がそれに当たる．このような場合は，価電子は価電子バンドからこぼれ出し，2つのバンドを部分的に占めることになる．その結果，価電子バンドと伝導バンドに同数の電子と正孔が生じ，それぞれが電気伝導に寄与する．この場合，同数生じた伝導電子と正孔の密度が，金属と同程度の場合と，その100～100000分の1程度と極端に少ない場合があり，前者は金属であるが後者は**半金属**とよばれる．

この型の金属としては2価金属であるアルカリ土類金属がある．半金属の典型的な例としては，ビスマス（Bi），アンチモン（Sb），砒素（As）などが挙げられる．半金属の電気伝導率は金属の10～100分の1と小さいが，半導体とは違って，金属と同様に温度が下がると電気伝導率は増加する．

モット絶縁体

これまで見てきたように，バンド理論によれば，単位格子の中に奇数個の価電子が含まれている場合は金属になることが予想される．しかし，実際には，予想に反して極めて大きな電気抵抗率を示す一連の物質群がある．このような物質群は**モット絶縁体**とよばれ，NiOやMnOなどの多くの磁性酸化物がそれに含まれる．モット絶縁体がバンド理論の予想に反して金属にならないのは，それらの化合物を構成している遷移金属イオンの3d電子間にはたらく強いクーロン斥力（電子相関）のためである．

MnOを例にとって考えてみよう．この場合，Mnは2価イオンであって

$$(1\,\mathrm{s})^2(2\,\mathrm{s})^2(2\,\mathrm{p})^6(3\,\mathrm{s})^2(3\,\mathrm{p})^6(3\,\mathrm{d})^5$$

の電子配置をとっている．したがって，10個の電子を収容できる3d軌道にはちょうど半分の5個の電子が収容されている．そのためMnOの3dバンドは半分までしか電子によって満たされず，外部電場が加わると，これらの3d電子は容易にすぐ上にある空の準位に遷移することができる．したがって，バンド理論によればMnOは金属でなければならないことになる．

ところで，バンド理論は1電子近似を仮定しており，結晶中の電子は，イオンと他の電子がつくる平均的な（結晶と同じ周期をもった）周期ポテンシャルの中を独立に運動していると考えている．これは電子が隣接原子に飛び移ることによる運動エネルギーの減少を重視した考え方である．しかし，

MnO の場合は，Mn^{2+} の $(3\,d)^5$ の1つの3 d 電子が隣のイオンに飛び移ると，相手の $(3\,d)^5$ 電子との間に強い斥力がはたらく．その結果，飛び移った電子は高いエネルギー準位をとらなければならなくなる．このエネルギーの増加が，飛び移りによる運動エネルギーの減少よりも大きいので，MnO では電子を隣の原子に移すのに励起エネルギーが必要となる．そのため，3 d 電子は結晶の中を運動しないで，各 Mn^{2+} に局在することになり，MnO は絶縁体となるのである．

演習問題

［1］ 結晶の中の価電子のエネルギー固有値 ε_k を与える永年方程式 (5.16) を導け．

［2］ （**クローニッヒ - ペニーのモデル**） 図に示す1次元周期井戸型ポテンシャル $U(x)$ の中を運動する電子について，シュレーディンガー方程式

$$-\frac{\hbar^2}{2m}\frac{\partial^2\psi(x)}{\partial x^2}+U(x)\,\psi(x)=\varepsilon\,\psi(x)$$

を解き，バンド構造（エネルギー固有値 ε と波数 k の関係）を求めよ．ここで，$U(x)$ は

$$U(x)=U_0 \qquad (-\,b \leqq x \leqq 0)$$

$$U(x)=0 \qquad (0<x<a)$$

で与えられ，クローニッヒ - ペニーのポテンシャルとよばれる．

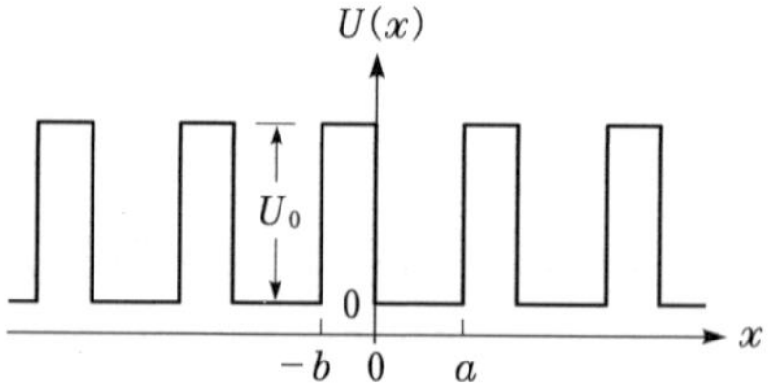

［**3**］［2］のクローニッヒ - ペニーのモデルで，$U_0 b$ を一定に保ちながら $b \to 0$，$U_0 \to \infty$ の極限をとると，$U(x)$ は周期 a ごとにデルタ関数型の斥力をもつ周期ポテンシャルとなる．この周期ポテンシャルの中を運動する電子について，バンド構造を導け．

6 液体の中の分子

液体の構造と分子間力

よく知られているように，物質は3態とよばれる固体，液体，気体のどれかの状態（相）で存在している．これらの相の間には，融解，蒸発，昇華とよばれる3つの相境界があって，その相境界を挟んで物質の性質が不連続に大きく変わる．例えば，物質は固体状態でははっきりとした外形をもっているが，液体状態では入れられた容器そのものの形をとり，上部にははっきりした自由表面ができる．また，気体状態の物質は入れられている容器の内部全体に広がっており，蓋をして密封しておかなければ逃げてしまう．

これまでの5つの章では，すべて固体状態をとり上げ，それを構成しているイオンと電子のそれぞれの振舞いを，5つの章に分けて体系的に解説した．この第6章では液体状態をとり上げる．液体は固体と気体の中間の相で，他の2つの相に比べて微視的な立場から本質を解明することが最も難しい相である．そのため，液体の分子論的研究は，固体や気体に比べてまだまだ遅れている．そこで，本章では，液体よりは理解の進んでいる，固体論や気体論を外挿することによって，液体の振舞いを分子論的に簡単に考察してみる．

まず，第1節では，液相と他の2相との関係を理解するために，物質の状態図（相図）を用いて物質の3態を概観する．続いて第2節では，液体を固体が乱れた状態と捉えて，固体論を外挿することによって液体を分子論的に考える．第3節では，液体を高密度な気体と見なして気体分子運動論的な立場から考察する．最後の第4節では，前の3節を補足するために，物質が3つの相境界で示す相転移について熱力学的に考察する．

§6.1　物質の3態

水（H_2O）は高温では水蒸気（気体）であるが，温度を下げると水（液体）になり，さらに低温では氷（固体）になる．このように，多くの物質は，温度を変えると気体，液体，固体と状態を変える．これらの3つの状態（相）は**物質の3態**とよばれ，通常は互いに明瞭に区別されている．図6.1は，温度 T と圧力 P の領域によって物質がどのような状態（**相**）をとるかを示したもので，**相図**または**状態図**とよばれる．物質は，温度や圧力を変えていくと，図の境界線（太線）のところで状態が不連続に移り変わる．この不連続な状態の変化は，物質が示す**相転移**の典型的な例である．

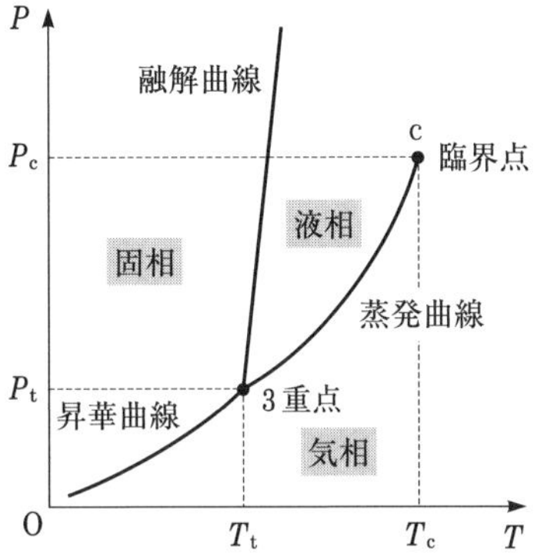

図6.1　物質の相図．境界線上では境界を挟む2つの状態が共存している．

固体（固相）

いま，図6.1で圧力を P_c と P_t の間に固定しておいて，温度を低温から上げていく場合を考えてみよう．ヘリウムを除くすべての物質は，通常の圧力（1 atm）の下では絶対零度（0 K）で固体となる．固体はこれまでの章で見てきたように，原子が周期的に規則配列した結晶格子からできている．したがって，1つの原子を原点にとり，方向を特定するためのもう1つの原子の位置を決めれば，結晶の端までのすべての原子の位置が決まってしまう．この性質は**長距離秩序**とよばれ，固体はこの長距離秩序によって特徴づけられている．

0 K から温度を上げていくと，固体中の原子は格子点の周りで熱振動を始める．このような熱振動は，第3章で詳しく見てきたように格子波の重ね合わせで記述される．しかし，固体の温度がある程度上昇したところでは等分配則が適用できるため，むしろばね定数 K の調和振動子モデルで考えるのが便利である．等分配の理論によれば，有限の温度における隣接原子間の相対的な変位の大きさ x は，調和振動子の平均ポテンシャルエネルギー

$$U(x) = \frac{1}{2}K\langle x\rangle^2 = \frac{1}{2}k_{\mathrm{B}}T \qquad (k_{\mathrm{B}}\text{ はボルツマン定数})$$

から求められる．ここで，$\langle\ \rangle$ は熱平均値を表し，K は隣接原子間の力の定数（調和振動子モデルでのばね定数）であって，ずれや圧縮などに対する固体の弾性定数に比例した量である．

これからわかるように，結晶の平均 2 乗変位 $\langle x\rangle^2$ は固体の弾性定数に逆比例している．したがって，もし，弾性定数のどれか 1 つがゼロになると，この平均 2 乗変位は発散することになり，結晶の周期的な秩序は壊れる．実際に，融解曲線上では**ずれ弾性率**（**剛性率**）がゼロになるため，低温側から相図の曲線を過ぎるとき，固体から液体への相転移が起きる．

このように，固体から液体への相転移は，ずれ弾性が消えることによって起こることがわかる．いいかえれば，固体の周期的な秩序にはずれ弾性の存在が不可欠であるということになる．液体の場合には，このずれ弾性がないために，圧力音波（縦波）は存在できても せん断音波（横波）は存在しない．

固・液相転移（融解と凝固）

固体の温度を上げていき，ちょうど**融解曲線**に到達したところで融解が始まり，固体は液体になる．その際，結晶をつくっている分子を運動させるために熱が必要であり，一定量（1 kg または 1 mol）の固体を融解するために必要な熱量を**融解熱**という．融解曲線上では，固体は融解熱を受けとりながら融解して液体になっていく．したがって，全部の固体が融解し終わるまでは固体と液体が共存した状態にあり，温度も一定の値を示すことになる．逆に液体の温度を下げていくときも，融解曲線に達したところで凝固が始まり，融解熱と同じ量の**凝固熱**を放出しながら液体は凝固して固体になる．

通常の実験条件の下では，圧力が等しければ固体が融解する温度（**融点**）と液体が凝固する温度（**凝固点**）は同じであって，物質によってその温度は定まっている．しかし特別な条件下では，融点以上に固体を熱したり凝固点以下に液体を冷却しても，元の固相や液相のままに留まっていることがある．前者は**過熱**，後者は**過冷却**とよばれ，いずれも一種の不安定状態であって，何かごく小さな衝撃でも与えれば融解や凝固が一気に始まる．

融解曲線は，いつも図6.1に見られるように，滑らかな1本の曲線であるとは限らない．固体の中には圧力によっていろいろな結晶系をとるものがあり，そのような物質では融解曲線は結晶系が変わるごとに折れ曲がることになる．また，融解曲線は高圧の方に辿っていくと，どこまでも伸びているように見える．実際に，融解曲線に終点，つまり臨界点が存在しているかどうかはまだ確かめられていない．

液体（液相）

液体は一様であって等方的である．そのため，任意の回転や変位に対しては不変である．これは，固体の場合に，結晶格子を不変に保つ対称操作が少数に限られているのとは対照的である．したがって，液体は固体に比べて対称性の高い相であって，逆に液体から固体への相転移は対称性の破れをともなうことがわかる．このような対称性の破れは，相転移に見られる特徴であって，一般に低温相では高温相でもっていた対称性の一部が破れる場合が多い．

固体から液体になっても，体積や密度にはそれほど大きな変化が見られない．このことからもわかるように，液体中の分子同士の間隔は固体の場合とほぼ同じである．しかし分子の配列は，結晶格子のように規則正しく整然としていないために，分子は他の分子の間をくぐり抜けて広い範囲を動き回ることができる．したがって，液体中では結晶のように遠く隔たった分子間の位置の相関，つまり**長距離秩序**は存在しない．すなわち，液体中で分子が1 μm あるいはそれ以上の長さにわたる構造をつくることは決して起こらない．しかし，融点のすぐ上では，分子の大きさの数倍程度の近距離において，分子間の相互作用により隣接する分子の相対的配置が一定の形をとる傾向が見られる．このような局所的な分子配列（構造）を**短距離秩序**という．融点を通過後，温度が上がるにつれて，このような液体における分子の局所的な配列は次第にその規則性が失われていき，短距離秩序は顕著でなくなっていく．

分子の局所的な配列は長時間保たれているわけではなく，絶えず組み変わっている．したがって，液体中では各分子は他の分子の間隙を縫って動き回っており，その間，互いにエネルギーや運動量をやりとりしていると考えられる．この運動が液体における分子の熱運動であって，液体の温度はこれらの運動エネルギーの平均値で与えられる．しかし，ある瞬間における個々の分子の運動エネルギーは，平均値に比べて非常に大きなものから小さなものまで広く分布している．したがって，特に大きな運動エネルギーをもつ分子では，熱運動が分子間力に打ち勝つようになり，そのような分子の一部が気体となって液体の表面から飛び出していく．この現象が蒸発（または気化）である．蒸発は**蒸発曲線**（**沸点**）に達しない低温でも起こるが，温度が高くなるほど気体（蒸気）となって出て行く勢いは激しくなる．

液体が蒸発しようとする勢いは，蒸発した気体がつくり出す圧力（蒸気圧）によって測ることができる．比較的蒸気圧の高い液体の場合は，開いた容器に入れて放置しておくと次第に気体に変わって，やがてなくなってしまう．これは蓋(ふた)がないために，一度気体になって飛び出した分子は再び戻って液体となることがないからである．このような場合は，蒸発が起こると，液体の分子の運動エネルギーの平均値が下がるために液体の温度は降下する．しかし，蓋をして液体を容器の中に閉じ込めておくと，飛び出して気体となった分子の一部は液面に飛び込んで再び液体に戻る．そのため，やがて気体から液体へ戻る分子と液体から気体へ移る分子の数が同程度になって，液体と気体の量が変化しなくなり，液体と気体が共存した平衡状態が実現する．

この状態での気体の圧力が，先ほど述べた**蒸気圧**（または**飽和蒸気圧**）である．

蒸気圧は物質によってかなりの差があり，エーテルやアセトンなどのように蒸気圧が高く，蒸発しやすい液体もあれば，液状金属である水銀のように蒸気圧が非常に低く，極めて蒸発しにくい液体もある．同一の液体では蒸気圧は温度にのみ依存しており，その関係は直線的でなく温度が上昇すると急激に上昇する．多くの液体では，蒸気圧の対数を絶対温度の逆数に対してプロットすると，図6.2に見られるように直線関係が得られる．

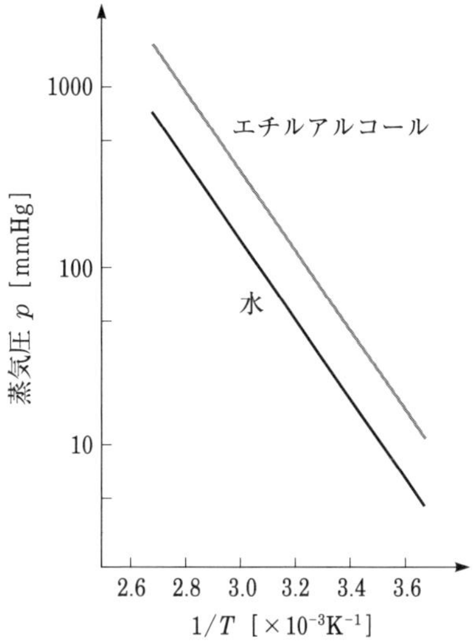

図6.2　液体の蒸気圧と温度

気・液相転移と臨界点（沸騰・凝縮）

いま，液体を閉じ込めている容器の蓋を，図6.3のように滑らかに動くピストンにしてみよう．この場合，容器内の蒸気には，ピストンを通して外部から圧力が加わることになる．したがって，容器内の蒸気圧が外の圧力よりも低ければ液体は蒸発することはできず，内部の蒸気はすべて凝縮して液体になり，蓋は液面に着いたままである．温度を上げていくと蒸気圧は急激に上昇するが，外部の圧力とつり合うまでは蒸発は起こらず，蓋が動き出すことはない．図6.1の蒸発曲線に達したところで，蒸気圧と外の圧力とがちょうどつり合うようになり，蒸発が突如として起こり始める．このとき

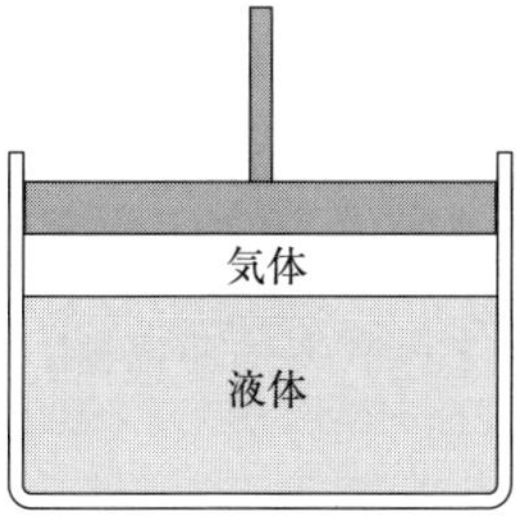

図6.3　液体と気体の共存

蒸発は液体の表面だけでなく，内部のいたるところから起こる．この現象が**沸騰**である．

液体は，沸騰が始まると**蒸発熱**（**気化熱**）を周りから奪うため，加熱しても液体の温度は上がらず，液体がすべて蒸発し終わるまで液体と気体は共存した状態にあって，温度は一定に保たれる．この沸騰温度は圧力によって変わり，図6.2に見られるように圧力が高くなるにつれて上昇する．通常**沸点**というときは1気圧，すなわち101.325 kPaにおける**沸騰温度**のことを指し，水の場合は99.974 ℃である．*

温度が沸騰温度を超えると，液体はすべて蒸発して気体になり，膨張して圧力がちょうど外の圧力とつり合うところまで，ピストンをもち上げる．この状態で逆に気体の温度を下げると，今度は液化が始まる．その際に蒸発熱と等量の**凝縮熱**（**液化熱**）が発生するので，液化が完了してピストンが液面に達するまで温度は一定に保たれる．この温度が**液化温度**（**凝縮温度**）であって，通常は液化温度と沸騰温度とは一致している．しかし，融解・凝縮のときと同様に，この場合も特別な条件下では，過熱や過冷却が起こる．

図6.1に見られるように，蒸発曲線を高温側（または高圧側）に辿っていくと，やがて行き止まりになる．この蒸発曲線の終点を**臨界点**といい，このときの温度を**臨界温度**，圧力を**臨界圧力**，密度を**臨界密度**という．これらの値は物質によって決まっており，液体を特徴づける最も重要な物質定数である．

蒸発曲線の両側では，物質は液体（液相）と気体（気相）に分かれていて，両者は密度や圧縮率を比べることによって，明確に区別することができる．しかし，臨界点ではこの液体と気体の区別がなくなる．図6.4は，圧力 p と体積 V を座標軸にとった，気・液2相についての pV 図である．図を

---

*　従来，水の沸点は国際実用温度目盛として100 ℃と定義されていたが，新しい国際温度目盛ITS－90では水の3重点273.16 Kを唯一の定点とする熱力学温度目盛が採用され，その結果，水の沸点は99.974 ℃となった．

見ると臨界温度以下での等温線では，液相部分と気相部分の曲線は，液相と気相の共存に対応した圧力が一定の直線でつながっている．そして，この直線部分は温度が上昇すると次第に短くなり，ちょうど臨界温度でなくなる．このとき液相と気相の等温線はつながって1本の滑らかな曲線になるが，その変曲点が臨界点である．したがって，臨界点は

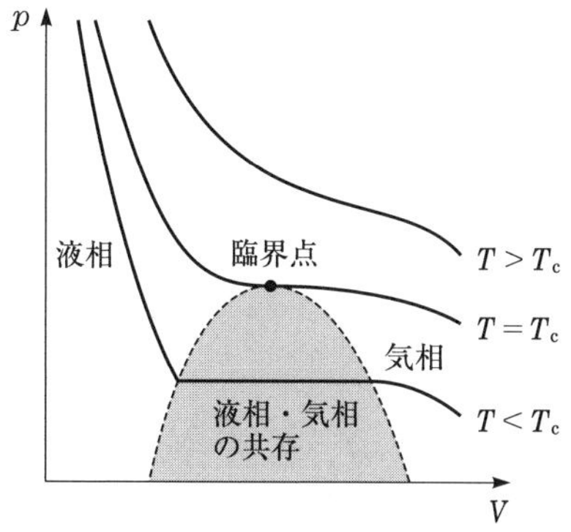

図6.4　気・液2相の pV 曲線

$$\left(\frac{\partial p}{\partial V}\right)_T = 0, \qquad \left(\frac{\partial^2 p}{\partial V^2}\right)_T = 0 \tag{6.1}$$

で定義することができる．

温度が臨界温度を超えると等温線は単調に変化し，液相と気相の区別がなくなる．このために液体と気体は，図6.1で蒸発曲線をよぎらないで，臨界点を迂回すれば相転移を経ないでも互いに連続的に移り変わることができる．このようなことが可能であるのは，気体も液体も流体相であって，対称性が等しいためである．

臨界点に近づくと，液相と気相を区別していた変数である密度の揺らぎが限りなく大きくなる．いま，透明な容器に閉じ込められた臨界密度の気体が高温に置かれている場合を考えてみよう．容器内の気体は，高温では均質であって密度は一様である．しかし，温度が下がり臨界温度に近づくと，密度に揺らぎが現れ，それが次第に大きくなり，しかも持続するようになる．すなわち，系はもはや均質ではなくなり，密度の大きな領域と小さな領域ができる．そのような領域の大きさが可視光の波長に近づくと，強い光散乱が起こり，容器の中は白く濁って見えるようになる．これがいわゆる**臨界蛋白光の現象**である．さらに臨界温度に近づくと，この密度の揺らぎの大きさが容

器いっぱいにまで広がるようになる．その結果，高密度領域は重力によって下降して，やがて容器の底で凝縮して液体になり，密度の低い気体との分離が起こる．こうして2つの相は，再びそれぞれ均質になって光の散乱がなくなるため，容器内は透明に戻る．

固・気相転移（昇華・3重点）

圧力を下げていくと，融解曲線と蒸発曲線は互いに近づいていき，やがて出会う．この点は**3重点**とよばれ，これよりも低圧側では液相は現れない．すなわち物質は，固体と気体の状態が，液体状態を経ないで直接に相転移をして互いに移り変わることになる．この相転移は**昇華**とよばれ，図6.1の相図に示されている**昇華曲線**上で起こる．したがって，3重点は融解曲線，蒸発曲線，昇華曲線の3つの曲線が出会う点であって，この点に対応する温度と圧力の下でのみ，物質は固体と液体と気体が永続的に共存することができる．

ただし，ヘリウム（^4He，^3He）だけは3重点が存在しない．すなわち，0Kまで冷却しても固体にはならないで液体のまま（永久液体）である．図6.5に^4Heの相図を示す．相図に見られるように^4Heの液相は，常流動状態の液相Iと超流動状態の液相IIに分かれている．したがって，液相Iから液相IIへ液相間で超流動相転移が起こり，転移温度の近傍では密度，比熱，粘性率，熱伝導率などが異常な振舞いを示す．

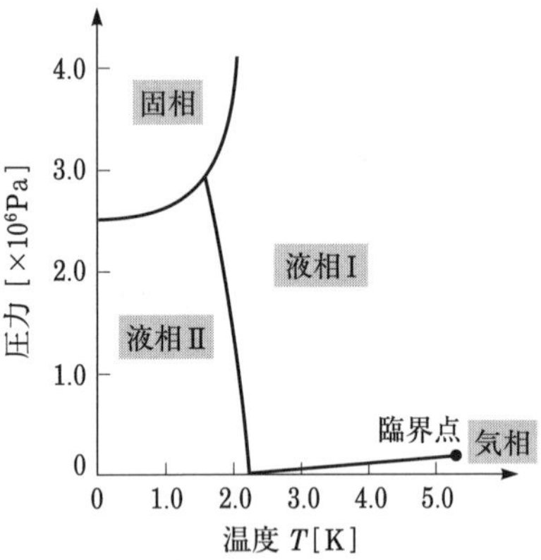

図6.5　ヘリウム（^4He）の相図．常圧では永久液体で，液相は2相（I, II）に分かれる．

3態変化が明瞭でない物質（ガラス・プラスチック・ゴム・液晶）

すべての物質がこれまで見てきたような明瞭な3態変化を示すわけではな

い．例えばガラスを考えてみよう．ガラスは一般に固体に分類されているが，内部の分子配列は結晶のように規則的でもなければ周期的でもない．すなわち，ガラスの内部には短距離秩序はあっても長距離秩序は存在しない．これは液体の内部の状態によく似ており，ガラスの分子配列は液体のそれのスナップショットと考えることもできる．したがって，ガラスの場合，固体から液体に変わっても対称性は変化しないので，不連続な固・液相転移を期待することはできない．実際に，温度を上げていくとガラスは次第に軟化していくだけである．

分子量の大きな有機化合物の場合も，固体として扱われるが事情はガラスと同じである．これらの物質では分子構造が極めて複雑なために，固体の内部における分子配列はランダムになっていて長距離秩序はない．そのため，高温で液状になっても，対称性が固体の場合と変わらないため，固体から液体への移り変わりはやはり相転移を経ないで連続的に起こる．

また，ゴムもはっきりとした融点をもたない物質の1つである．常温におけるゴムは軟らかく，またよく伸び縮みする特別な固体である．これが固体に分類されているのは，ただ流動性を示さないという理由からである．しかしゴムが流動性を示さないのは，ゴムの分子が長い鎖状の巨大分子であって，それが糸まりのように絡み合っているためである．それぞれの鎖状巨大分子の各部分は激しく熱運動をしており，局所的に見ると，ゴムの分子の運動の様子は液体中の分子のそれに極めて近い．したがって，常温のゴムはむしろ液体と考えた方がよい．ゴムが本当に硬くなるのは温度が氷点下数十℃以下になったときである．

ある種の結晶では，固体から一挙に等方的な液体へ転移しないで，まず途中の中間相を経てから液体へ移り変わるものがある．例えば，安息香酸コレステロールの結晶を熱していくと，145℃で白く濁った液体に変わり，さらに熱すると179℃で透明な液体になる．この中間段階で現れる白く濁った液体に偏光していない光線を入射すると，互いに偏光面が直交した2本の平面偏光光線に分かれる．この現象は**複屈折**（**2 重屈折**）とよばれ，通常は結晶に見られる性質である．

このように，中間相の白く濁った液体は，ある面では結晶に似た性質をもちながら，他の面では液体に似た性質ももっている．そのため，この中間相のことを**液晶**という．したがって，この種の物質は，固体から液体へ移り変わる際に 2 つの相転移を経ることになる．低温側から温度を上げていくと，まず転移温度 T_1 で固体から液晶へ融解する相転移が起こり，さらに高い転移温度 T_2 で液晶から液体への相転移が起こる．

§6.2　固体が乱れた状態としての液体

前節で見たように，ヘリウムを除くすべての物質は，非常に低温では固体であり，中間の温度では液体になり，高温では気体になる．このように液体は固体と気体の中間に当る相状態である．したがって，液体を分子論的あるいは微視的に扱うには，固体論の側から外挿する方法と気体論の側から外挿する方法とがある．

この節では，まず，固体の乱れた状態として液体をとらえ，液体中の分子の空間的配置を記述するために有効な**動径分布関数**とよばれる関数を導入する．

液体の分類

固体や液体は，ともに構成している粒子間にはたらく凝集力に基づいた凝集機構によって，それぞれ結晶構造や液体状態が保持されている．したがって，第 1 章において，構成している粒子間にはたらく凝集力によって結晶を分類したように，液体も分子間にはたらく凝集力によって，以下のように，**分子性液体**，**イオン性液体**，**金属性液体**（液体金属）の 3 種類に分類することができる．

分子性液体：　分子性液体には，代表的なものとして，1 原子分子から成る希ガスの液体，水素（H_2），窒素（N_2），酸素（O_2）などの 2 原子分子から成る液体，二酸化炭素（CO_2），メタン（CH_4）などの簡単な無極性

(電気双極子モーメントをもたない) 多原子分子から成る液体などがある．これらの液体は，いずれも構成分子を球形と見なして扱うことができ，それらが弱いファン・デル・ワールス力によって凝集状態を保っている液体である．このような簡単な液体は**単純液体**とよばれる．以下では，主としてこの単純液体を扱うことにする．

分子性液体は，分子が構成単位になって，それらが弱いファン・デル・ワールス力によって凝集していると考えるので，分子同士の引力は分子内の原子の結合力に比べれば，かなり弱くなければならない．しかし分子性液体でも，水 (H_2O) やアンモニア (NH_3) のように電気双極子モーメントをもつ極性分子液体の場合は，凝集が双極子結合や水素結合によって起こるため，分子間の結合力は原子間の結合力と比べても小さくない．このような分子間結合の強い液体は，単純液体に比べて，異常な振舞いを示すことが知られている．例えば，水素結合による分子間の結合の強い水の場合は，H_2O 分子同士が結合して，$(H_2O)_n$ ($n = 2, 3, 4, \cdots$) のような錯体 (水素結合によって形成された分子性化合物) として行動する．この現象は**分子会合**とよばれ，**会合性液体**では近距離秩序が存在し，液体にも関わらず高い秩序性が見られる．会合性液体の構造は温度とともに変化し，温度が上昇すると分子会合は次第に壊れていく．

イオン性液体：　イオン性液体は，常温では固体である NaCl や CsCl などのイオン結晶が高温で融解して液体状態になったもので，構成粒子はイオンであり，それらがクーロン力によって凝縮している液体である．

金属性液体：　水銀は例外として，多くの金属も常温，常圧では固体であって，高温にすると融解して液状になる．このような液体になった金属を**金属性液体**または**液体金属**という．液体金属は固体の金属と同様に，伝導電子が動き回っている空間 (電子の海) の中に，金属の正イオンが配列している構造をもっている．

液体の擬似格子模型

固体では，分子を秩序配列させようとする分子間力が，それを壊そうとする分子の熱運動エネルギーに勝っており，分子は周期的に規則配列して結晶格子をつくっている．しかし，温度を上げていくと分子の熱運動は次第に激しくなり，やがて分子間力との間に競合が始まる．そして融点に達したところで，熱運動が分子間力に打ち勝つと，固体はそれまで結晶構造を保持してきた**剛性**が消えて，融解する．したがって，融点より高温側では，もはや分子の規則正しい秩序配列，つまり長距離秩序は存在しない．

しかし融解した後も，液体中の分子は，ある程度秩序性のある分子配列をとろうとする傾向があり，そのため，融点を超えた液体は狭い範囲での分子配列の規則性（短距離秩序）が十分に残った状態にある．そこで，このような液体中に見られる，長距離秩序は存在しないが短距離秩序が存在している分子配列を**擬似格子**とよぶことにしよう．

単純液体の場合，固体が融解して液体になると，体積が5％から15％程度増加する．これを隣り合う分子間の距離が一様に増大したことによるものと考えると，その分子間距離の増加は数％以下であって極めて小さい．したがって，固体と液体の際立った違いを，この一様な分子間距離のわずかな増加によるものと考えるのは少し無理がある．

X線や中性子線の回折実験の結果によると，固体が融解して液体になる際に，一般に配位数zが減少することがわかっている．例えば，面心立方構造の固体の場合は$z=12$である．すなわち，任意の分子は12個の最近接分子に囲まれている．しかし，これが融解して液体になると，最近接分子の数は減少して，平均10個程度になる．いいかえれば，液体中では任意の分子を囲む最近接分子の席には2つの空席があることになる．このように，分子の居場所に空席ができると，分子はその空席を利用することによって広い範囲を自由に移動できるようになる．液体が，固体と違って自由自在に形を変えることができるのもそのためである．したがって液体と固体の違いは，分子論的には，この最近接分子の席に空席があるかないかによると考えることができる．

このように液体における擬似格子は，配位数が固体の結晶格子に比べて少し小さくなっているのが特徴である．固体が融解した際の体積の増加は，この配位数の減少によるものと考えられる．配位数が減少すると，最近接分子の席に空席ができる．この空席をつくるために，液体は固体よりも少しだけ大きな体積が必要なのである．

動径分布関数

液体の擬似格子のように，等方的で乱れた微視的構造は，固体における結晶格子のように対称性を用いて表現することはできない．擬似格子の場合には，分子間の位置の相関を表す動径分布関数という考え方が有効である．

動径分布関数は，任意に選ばれた分子から，任意の距離 r に見出される分子の数密度 $\rho(r)$ を与える関数である．長距離秩序のある固体結晶の場合は，この $\rho(r)$ は格子の幾何学的構造から一意的に決まってしまうので，新しい情報をもたらすことはない．しかし，長距離秩序はないが短距離秩序が存在している液体の擬似格子の場合は，動径分布関数によって分子配列の局所的な秩序を調べることができる．

ここでは単純液体に話を限ることにしよう．すなわち，各分子は半径 a の球と見なすことが許され，それらが互いに及ぼすポテンシャルも球対称であって，分子間の距離だけで決まっているとする．いま，図6.6に示すように，液体中の1つの分子（図の中央の黒丸で表した分子）をとってその中心を原点Oとし，Oから見た周囲の分子配列がどのように見えるかを考えてみる．各分子の位置は時間的に変動しているが，時間平均

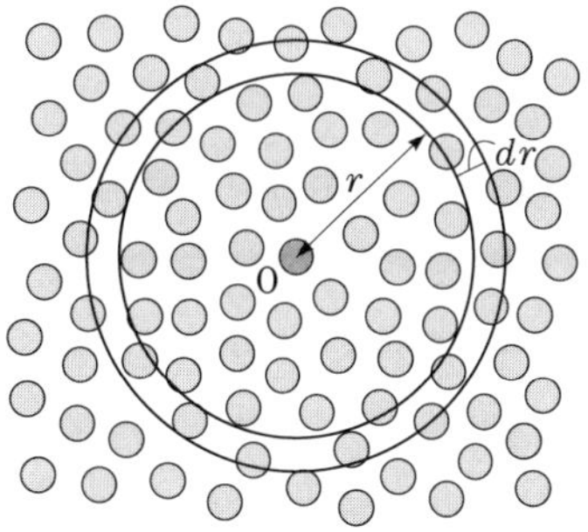

図6.6 液体の擬似格子

をしてみるとその分布は原点に対して球対称になるはずである．したがって，Oから距離 r だけ離れた点における分子数密度は，$\rho(r)$ のように r の関数として表すことができる．

原点を中心とする半径が r で厚さが dr の薄い球殻を考えると，分子の中心がその球殻内にくるような分子の平均数 dN は，$\rho(r)$ を用いて

$$dN = 4\pi r^2 \rho(r)\, dr \tag{6.2}$$

で与えられる．$\rho(r)$ は，r が大きければ平均分子数密度 ρ_0

$$\rho_0 = \frac{\text{液体中の全分子数}}{\text{液体の体積}}$$

に一致していて一定であるが，r の小さいところでは近距離秩序のために ρ_0 の周りを変動する．そこで，

$$g(r) = \frac{\rho(r)}{\rho_0} \tag{6.3}$$

のように $\rho(r)$ と ρ_0 の比をとると，この比 $g(r)$ は，2つの分子が距離 r を隔てて存在する確率を表しており，**動径分布関数**とよばれる．

図6.7は，単純液体の関数 $g(r)$ の振舞いを示している．分子は最近接分子間距離 σ $(=2a)$ よりも近づくことはできないので，$r<\sigma$ では $g(r)$ の値はゼロである．r が σ を超えると $g(r)$ はゼロから増大し，1を中心に振動しながら，やがて r の増大とともに1に向かって漸近していく．このとき観測される $g(r)$ の山と谷の振幅の大きさや，それらの数は，原点に選ばれた分子Oの周りの短距離秩序の発達を測る尺度になる．第1の山 A_1 は分子Oの最近接分子から成る

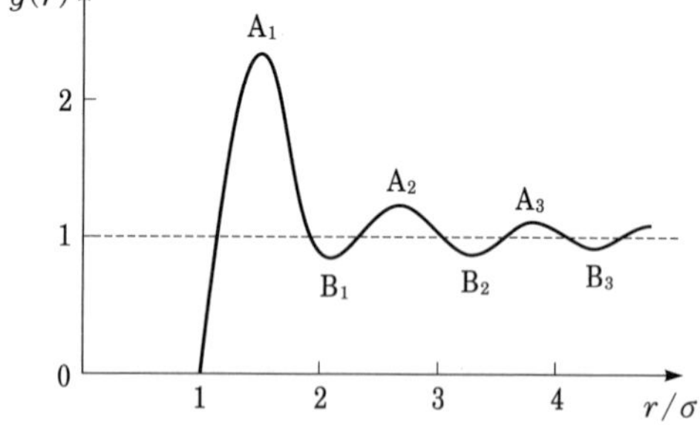

図6.7　単純液体の動径分布関数

最も内側の殻に対応している．同様に A_2，A_3 の山は，O の近傍の分子によってつくられる第 2，第 3 の殻に対応する．また，B_1，B_2 などの谷はこれらの殻と殻の中間の隙間に当る．これらの山や谷は，温度が上昇すると，近距離秩序が失われていくため次第に平均化されていく．

$g(r)$ は液体の物性を記述する上で極めて重要な関数である．例えば，$g(r)$ を用いると，ある 1 つの分子から，距離 r_1 と r_2 の間にある分子の数は

$$N(r_1 < r < r_2) = 4\pi\rho_0 \int_{r_1}^{r_2} r^2\, g(r)\, dr \tag{6.4}$$

で与えられる．これは $r_1 = 0$ とおけば，原点にある 1 個を除いた半径 r_2 の球内の分子の全個数を与える．また，r_2 が十分大きければ，これは ρ_0 に液体の体積を掛けたものになる．

分子間ポテンシャルエネルギー（例えば，第 1 章で述べたレナード - ジョーンズポテンシャル (1.12)）を $\phi(r)$ で表すと，液体の凝集エネルギー U も，$g(r)$ を用いて

$$U = \frac{N}{2} 4\pi\rho_0 \int_0^{\infty} r^2\, \phi(r)\, g(r)\, dr \tag{6.5}$$

となる．ここで，$\phi(r)$ は r が大きくなると急速にゼロに収束するため，積分の上限は ∞ とおかれている．

一般に分子間ポテンシャル $\phi(r)$ がわかっていても，それから直接に動径分布関数 $g(r)$ を理論的に計算することは極めて困難である．そこで $g(r)$ は，X 線や中性子の回折実験から，第 2 章で述べた回折の理論を用いて回折パターンを解析して求められる．すでに見てきたように，液体は擬似格子と見なすことができて，分子配列には長距離秩序はないが，狭い領域での秩序性（短距離秩序）は残っている．この事情はちょうど固体の粉末試料の場合と似ている．したがって，液体試料の回折実験にもデバイ - シェラー法が用いられ，自動回折計によって，回折光の強度が入射ビームと回折ビームの

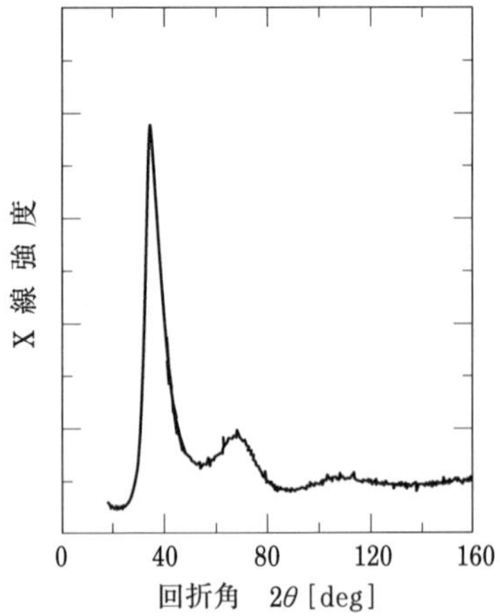

図 6.8　水銀液体のX線回折パターン
（石井菊次郎 著：「物質構造の基礎」（共立出版）による）

成す角 θ の関数として観測される．しかし，粉末試料では個々の粒子は結晶格子から成っていて，それぞれは静止しているが，液体の短距離秩序は時間的にも空間的にも揺らいでいる．そのため液体の回折パターンには，固体の粉末試料の場合に見られた多数の鋭いピークは観測されず（図 2.11），代わりに少数の幅の広いピークが現れる．図 6.8 は水銀液体（室温）の X 線回折パターンである．

液体による回折

液体は，固体と違って各分子の配置は時間的に変動している．したがって，ある方向の回折線強度は，瞬間的な分子配置に対する回折線強度の時間平均をとったものになる．そこで，液体の分子配置のある瞬間におけるスナップショット（図 6.6）を考え，そのような瞬間的な分子配置に対する回折線強度を求めてみよう．この場合，分子配置には長距離秩序が欠けているため，どの原子間に対しても干渉効果を無視することができない．そこで，液体全体を 1 つの巨大単位格子と考えて，この巨大単位格子による回折線強度を第 2 章の回折理論から導いてみることにしよう．

簡単のために単原子液体を考えることにする．単位格子には散乱に与る原子（総数 N 個）がすべて含まれており，その i 番目の原子の位置ベクトルを $\boldsymbol{r}_i$，原子散乱因子を f で表す．この巨大単位格子による，散乱ベクトル $\varDelta\boldsymbol{k}$ 方向の単位立体角当りの回折線強度は，

$$
\begin{aligned}
I &= I_0\left|\sum_{i=1}^{N} f \exp\left(-i\varDelta\boldsymbol{k}\cdot\boldsymbol{r}_i\right)\right|^2 \\
&= I_0\left\{\sum_{i=1}^{N} f \exp\left(-i\varDelta\boldsymbol{k}\cdot\boldsymbol{r}_i\right)\right\}\times\left\{\sum_{j=1}^{N} f \exp\left(i\varDelta\boldsymbol{k}\cdot\boldsymbol{r}_j\right)\right\} \\
&= I_0 f^2\left[N + \sum_{i}\sum_{j\neq i}\exp\left\{i\varDelta\boldsymbol{k}\cdot(\boldsymbol{r}_j-\boldsymbol{r}_i)\right\}\right]
\end{aligned}
\tag{6.6}
$$

で与えられる．I_0 は入射強度である．上の式で，［　］内の原子対についてとられる和は，散乱に与るすべての原子に対して対等であるから，任意の原子 i の周りの j 原子についての和を N 倍したものに等しい．すなわち，

$$
\sum_{i}\sum_{j\neq i}\exp\left\{i\varDelta\boldsymbol{k}\cdot(\boldsymbol{r}_j-\boldsymbol{r}_i)\right\} = N\int\rho(\boldsymbol{r})\exp\left(i\varDelta\boldsymbol{k}\cdot\boldsymbol{r}\right)d\boldsymbol{r} \tag{6.7}
$$

となる．ここで，$\rho(\boldsymbol{r})$ は i 原子の中心から位置ベクトル $\boldsymbol{r}$ の点における原子数密度であって，これは i 原子の選び方には依存しない．また dv は体積素片であって，積分は液体の全体積にわたって行われる．したがって，回折線強度は

$$
\begin{aligned}
I &= I_0 N f^2\left\{1 + \int\rho\exp\left(i\varDelta\boldsymbol{k}\cdot\boldsymbol{r}\right)d\boldsymbol{v}\right\} \\
&= I_0 N f^2\left[1 + \int\rho_0\exp\left(i\varDelta\boldsymbol{k}\cdot\boldsymbol{r}\right)d\boldsymbol{v} + \int\left\{\rho(\boldsymbol{r})-\rho_0\right\}\exp\left(i\varDelta\boldsymbol{k}\cdot\boldsymbol{r}\right)d\boldsymbol{v}\right]
\end{aligned}
\tag{6.8}
$$

となる．ただし，ρ_0 は液体中の原子の平均密度である．［　］内の第 2 項は，密度が一様な連続体による散乱強度であって，$\varDelta\boldsymbol{k}\sim 0$ の近傍でのみ無視できない有限の値をもつことがわかる．すなわち，この項は小角散乱の強度を与えるもので，ここでは省いて差し支えない．

ところで，(6.8) は液体のある瞬間における原子配置に対する回折線強度

を与える式であるから，実際の液体の場合はこれを時間平均しなければならない．第3項の積分の指数の部分は $|\boldsymbol{r}|$ を一定にして平均をとると，

$$\langle \exp(i\varDelta\boldsymbol{k}\cdot\boldsymbol{r})\rangle = \frac{\sin(\varDelta k\, r)}{\varDelta k\, r} \tag{6.9}$$

となる．したがって，液体による回折線強度は，結局

$$I = I_0 N f^2\left\{1 + \frac{2}{\varDelta k}\int_0^\infty \frac{\rho(r) - \rho_0}{r}\sin(\varDelta k\, r)\, dr\right\} \tag{6.10}$$

と表される．

(6.10) は動径分布関数 $g(r) \equiv \rho(r)/\rho_0$ を用いて表すと，

$$I = I_0 N f^2\left\{1 + \frac{2\rho_0}{\varDelta k}\int_0^\infty \frac{g(r) - 1}{r}\sin(\varDelta k\, r)\, dr\right\} \tag{6.11}$$

と書き表される．したがって，実験から求められた回折パターンから，動径分布関数 $g(r)$ を求めるには，(6.11) を逆フーリエ変換すればよい．図6.9は図6.8の水銀液体のX線回折パターンを逆フーリエ変換して得られた動径分布曲線である．このように，$4\pi r^2\rho g(r)$ を r に対してプロットした曲

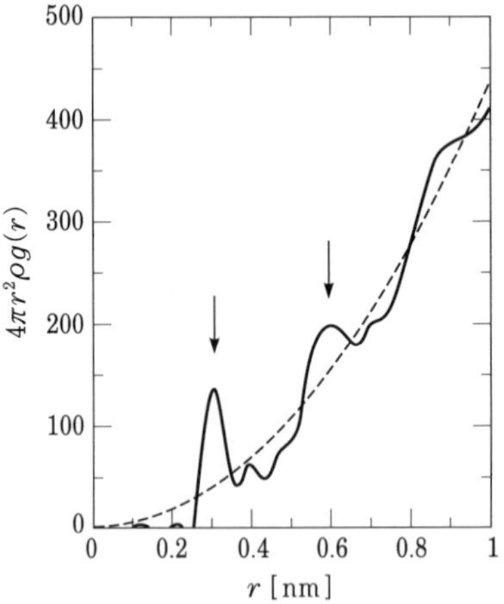

図6.9　水銀液体の動径分布曲線
（石井菊次郎 著：「物質構造の基礎」（共立出版）による）

線は，しばしば**動径分布曲線**とよばれる．

動径分布曲線の形には，一般に次の3つの特徴が見られる．

（1）$r=0$ の近傍で値がゼロになる r の領域がある．

（2）波のようにうねりながら，全体としては図の破線で示されるように r^2 に比例して増加する．

（3）r の小さい領域に1つ以上の明瞭なピーク（矢印）が現れる．

特徴の（1）は，前にも述べたように，液体を構成している分子が有限の大きさをもっているために，2個の分子がある距離までしか近づけないことによる．特徴の（2）は動径分布関数 $g(r)$ が1を中心に振動しながら，r が増大すると1に漸近していることを表している．特徴の（3）は，ある分子から見たとき，そのピークに相当する距離 r に他の分子が存在する確率が大きいことを示している．

水銀は固相では六方最密充填構造をとっており，最近接原子の数（配位数）は12である．その内の6個の原子は $r=0.30$ [nm] の距離にあり，残りの6個はやや離れて $r=0.347$ [nm] の距離にある．図6.9の $r=0.30$ [nm] のピーク（矢印）の位置はちょうどこの固体水銀の最近接原子間距離によく一致している．このことから，水銀液体の各分子の周りは，固相における六方最密充填構造にほぼ等しい分子配列が実現しているものと考えられる．このピークの下の面積から見積もられる水銀液体の配位数は9～10程度で，六方最密充填構造の12よりは少ない．しかし，このように融解する際に見られる液体の配位数の減少は液体全般に見られる傾向であって，すでに述べたように，この配位数の減少によって液体の流動性がもたらされていると考えられている．

§6.3　高密度な気体と見なした液体

§6.1で見たように，液体と気体は臨界点を迂回すれば，相転移を経ないで互いに連続的に移り変わることができる．すなわち，臨界点の近傍では液体と気体の区別は薄れ，両者の類似性が顕在化してくる．このことは，液体を高密度な気体と見なして気体分子運動論的な立場から考察することが，液体の研究の1つの方法となることを示唆している．特にこの方法は，融解曲線から離れて短距離秩序が失われた液体を記述するのに有効である．

理 想 気 体

最も単純な気体である理想気体は，同等な分子から成り立っており，各分子は大きさを無視できる質点と見なすことができ，分子間には相互作用がはたらかないものと仮定する．このことから，理想気体の内部エネルギー U は単純に各分子の運動エネルギーの和で与えられることになり，1 mol （$N_A = 6.02 \times 10^{23}$ 個）の分子から成る理想気体では，U は

$$U = \frac{3}{2}RT = \frac{3}{2}N_A k_B T \tag{6.12}$$

で表される．この式は**熱量状態方程式**とよばれ，R は気体定数，k_B はボルツマン定数で，R の値は 8.317 J/K·mol である．

理想気体の気体分子運動論では，気体の圧力は分子が単位時間に容器の内壁に衝突する回数と分子の速度に依存する．簡単な理論から，n モルの気体についての温度 T・圧力 p・体積 V の間の関係として，よく知られた**理想気体の状態方程式**

$$pV = nRT \tag{6.13}$$

が導かれる．(6.13) は，温度が一定のときは**ボイルの法則**を表し，pV 曲線は p 軸と V 軸を漸近線とする双曲線となる．

実在の気体は理想気体ではなく，分子は大きさをもっており，分子間には距離に依存した分子間力がはたらいている．それでも，気体の密度が小さければ，平均の分子間距離が十分大きいために，分子が大きさをもつことの効果や分子間力が各分子の運動に与える影響は無視することができる．実際に，低密度の気体の振舞いは，理想気体の状態方程式 (6.13) でよく記述で

きることが確かめられている．

ファン・デル・ワールスによる理想気体の状態方程式の修正

気体の密度が高くなると，分子の大きさや分子間力の効果を無視することはできなくなり，それらをとり入れた取扱いが必要になる．第1章で詳しく見てきたように，2個の分子間には，距離が離れれば引力，接近すれば斥力がはたらく．この引力が，固体や液体の分子を密に集合させる凝集力である．また，分子は大きさをもっているために，ある距離まで接近すると斥力が急速に増大して，それ以上の接近を阻む．このような分子間力は，第1章で述べた**剛体球モデル**で取扱うことができる．すなわち，各分子は有限の半径をもち，その周囲に引力場をもつ剛体球と考えるのである．

分子間力を状態方程式にとり入れることに最初に成功したのは，オランダの物理学者**ファン・デル・ワールス**（J. D. van der Waals）である．彼は，剛体球モデルに基づいて，理想気体の状態方程式（6.13）をなかば実験的に修正して，1 mol の気体の分子間力をとり入れた状態方程式として，

$$\left(p + \frac{a}{V^2}\right)(V - b) = RT \tag{6.14}$$

を提唱した．ここで，a，b は物質による定数で，ともに正の値をもつ．また，$a = b = 0$ とおくと，(6.14) は理想気体に対する式（6.13）の $n = 1$ とおいた場合に帰着する．しかし，(6.14) は（6.13）と違い，臨界温度の存在や気体から液体への凝縮現象など，現実の気体で観測される性質を定性的にうまく説明することができる．

ファン・デル・ワールスの状態方程式とよばれる（6.14）は，次のように，理想気体の式（6.13）の体積を分子間の斥力で修正し，圧力を引力で修正して導かれる．いま，気体が体積 V の容器内に密封されている場合を考えよう．分子が質点であれば，各分子は体積 V の容器内全体を自由に運動することができる．しかし，分子が剛体球のように有限の大きさをもってい

ると，分子が自由に運動できる有効体積は V よりいくらか小さくなる．このことから分子の大きさを考慮すると，理想気体の式で V は $V-b$ とおけばよいことがわかる．

一方，気体中の分子間にはたらく引力は，全体として気体分子を密に集めようとする凝集力としてはたらく．このような分子間引力の効果は，凝集力による一種の内部圧力と考えることでとり入れることができる．すなわち，内部圧力 p' を仮定すると，気体の圧力は外部からの圧力 p にこの内部圧力 p' が加わったものになる．したがって，理想気体の式の圧力 p は $p+p'$ でおきかえればよい．ファン・デル・ワールスは，この内部圧力 p' は気体の密度の 2 乗に比例すると考え，

$$p' = \frac{a}{V^2} \tag{6.15}$$

とおいた．これから，分子間引力ポテンシャルが距離 r の -6 乗に比例することが導かれる．そのため，第 1 章で見た，中性の無極性分子間にはたらく r の -7 乗に比例する引力を，ファン・デル・ワールスにちなんで**ファン・デル・ワールス力**とよんでいる．

例題 6.1

n モルの気体に対するファン・デル・ワールスの状態方程式はどのように表されるか．

［**解**］ n mol の気体の体積は 1 mol の気体の体積の n 倍である．したがって，n mol の気体に対するファン・デル・ワールスの状態方程式は，(6.14) で V を V/n におき換えた上で，両辺を n 倍すればよく，

$$\left(p + \frac{n^2 a}{V^2}\right)(V - nb) = nRT \tag{6.16}$$

と得られる．

ファン・デル・ワールス等温線

ファン・デル・ワールスの状態方程式 (6.14) の性質を理解するには，温度 T を一定にしたときの圧力 p と体積 V との関係を調べるのが有効である．図 6.10 は種々の温度に対する pV 曲線（等温線）を描いたものである．これらの等温線は次の点で理想気体の場合とは違った特徴をもっている．

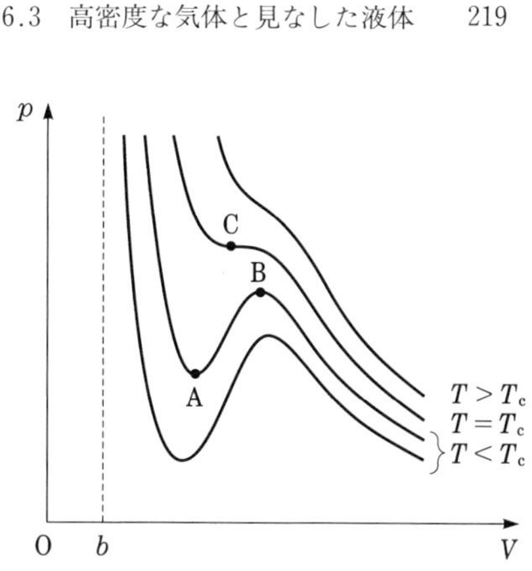

図 6.10 ファン・デル・ワールス等温線

まず，これらの等温線はいずれも $V > b$ の領域にあって，V が b に近づくと $V = b$ で発散して無限大になる．すなわち，p 軸（$V = 0$）を漸近線とする理想気体の場合と違って，ファン・デル・ワールス気体の等温線は $V = b$ を漸近線とする曲線群である．さらに，これらの等温線は，ある温度（臨界温度 T_c）を境にして異なった振舞いをする．すなわち T_c より高温側では，p は V の増大に対して単調に減少し，$V = b$ 軸を p 軸（$V = 0$）と見なせば理想気体と似た振舞いをする．しかし T_c より低温側では，p は V に対して単調には変化せず，pV 曲線に極小点と極大点が現れる．

等温線の示すこのような振舞いは，(6.14) について $(\partial p/\partial V)_T$ を考察することによって理解できる．pV 曲線の極小点または極大点となるところでは，$(\partial p/\partial V)_T = 0$ となる．そこで，温度 T を一定に保って (6.14) の両辺を V で微分してみると

$$\left\{\left(\frac{\partial p}{\partial V}\right)_T - \frac{2a}{V^3}\right\}(V - b) + \left(p + \frac{a}{V^2}\right) = 0$$

となる．これは，第 2 項の p を (6.14) を用いて消去すると，

$$V^3(V - b)^2\left(\frac{\partial p}{\partial V}\right)_T = 2a(V - b)^2 - RTV^3 \qquad (6.17)$$

と書ける．ここで，$(\partial p/\partial V)_T = 0$ であるから

$$2a(V-b)^2 = RTV^3 \tag{6.18}$$

となり，V に関する3次方程式が得られる．したがって等温線の極大および極小を調べるには，この3次方程式の解を探せばよい．しかし，この3次方程式をまともに解くのは一般に困難である．そこで，ここではグラフを用いて (6.18) の解を求めてみよう．

図6.11のように，(6.18) の両辺を別々に V に対してプロットする．左辺は定数 a，b で決まる放物線であるが，物理的に意味があるのは対称軸の右半分 ($V > b$) である．一方，右辺は V^3 に比例した3次曲線である．こちらは比例係数が T に比例しているため，曲線の形が温度によって変化する．図6.11では，放物線は点線で3次曲線は実線で描かれている．(6.18) の解を求めるには，この2つの曲線の交点を求めればよい．

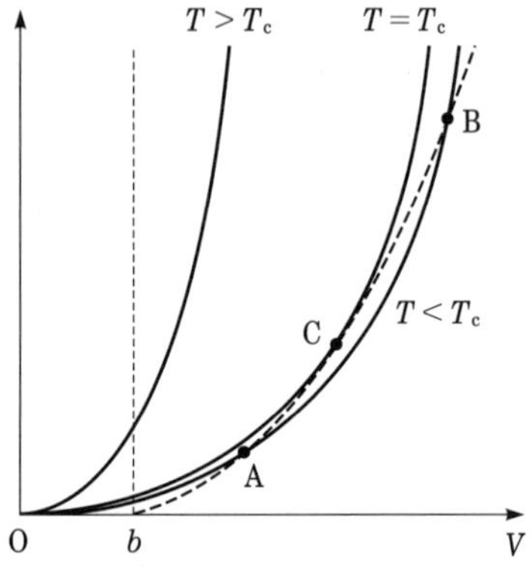

図6.11　等温線のグラフによる解析

図6.11からわかるように，これらの2つの曲線は交点という観点から見ると，

（1）　互いに交点をもたない

（2）　唯一点Cで互いに接する

（3）　2つの交点A，Bをもつ

の3つの場合に分けられる．放物線と3次曲線が接する（2）の場合に対応する温度が臨界温度 T_c である．それよりも高温側 ($T > T_c$) では，3次曲線の方が放物線よりも常に上にくるため，両者が交わることはない．この場合は，(6.17) から $(\partial p/\partial V)_T < 0$ となるため，p は V に対して単調に減少する．これは図6.4の $T > T_c$ の等温線に対応する．

一方，T_c よりも低温側では，2つの曲線は2点A，Bで交わる．これらの交点に対応する気体の体積を V_A，V_B とすると，等温線の勾配 $(\partial p/\partial V)_T$ の符号は，(6.17) から V の3つの範囲に対して，

$$b < V < V_A \quad : \quad \left(\frac{\partial p}{\partial V}\right)_T < 0$$

$$V_A < V < V_B \quad : \quad \left(\frac{\partial p}{\partial V}\right)_T > 0$$

$$V_B < V \quad : \quad \left(\frac{\partial p}{\partial V}\right)_T < 0$$

のように変化する．したがって，これらの交点A，Bは等温線上の極小点および極大点（図6.10のA，B点）のそれぞれに対応していることがわかる．

しかし，以上の議論はただ (6.14) を数学的に解いて得られたものであって，これが必ずしも実在の気体の状態の変化を示しているとは限らない．例えば，等温線のABの部分では勾配が正となるが，そうだとすると圧力を上げると気体の体積が膨張することになってしまう．このようなことは現実には起こり得ない．したがって，(6.14) からこの部分は物理的に存在しない状態を表していることがわかる．したがって，ファン・デル・ワールス等温線を正しく解釈するには，次に見るように物理的な考察が必要になる．

ファン・デル・ワールス等温線の物理的解釈

§6.1で見たように，気体を臨界温度 T_c よりも低い温度で，温度 T を一定に保ちながら圧縮していくと気体の圧力 p は増大し，やがてある値に達したところで液化が始まる（図6.4）．液化が始まると，圧縮しても圧力は上がらず，一定に保たれたまま液化が進行する．気体が完全に液化し終わったところで，さらに圧縮を続けると圧力は再び上昇を始めるが，液体の場合は，わずかな圧縮に対しても非常に大きな圧力が必要となる．そのため，液体領域の等温線（pV 曲線）は V 軸に対してほとんど垂直になる．また，臨界温度以下で気体を等温圧縮または膨張させると，pV 曲線に水平な部分

が現れて，そこでは気体と液体が共存した平衡状態（**2相共存**）が実現している．このときの一定な圧力が，その温度における**飽和蒸気圧**である．

このように臨界温度以下での実在の気体の等温線には，図6.10に見られる極小点（A）も極大点（B）も現れない．実在の気体を圧縮していくときの等温線は，物理的に存在し得ないABの部分を避けて，図6.12のD→E→F→Gのように変化すると考えられる．すなわち，ファン・デル・ワールスの等温線における曲線EBAFは水平な線分EFでおき換わることになる．その場合，線分EFを引く位置は，その線分上では液体と気体が平衡状態にあることから決まり，その圧力の値が，その温度における飽和蒸気圧に当る．実際には線分EFは，図6.12で灰色の上下2つの部分の面積が等しくなるように引かれる．

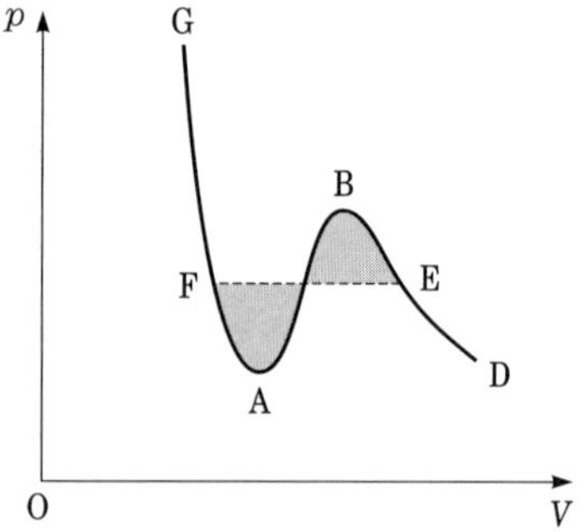

図6.12　ファン・デル・ワールス等温線の物理的解釈

この水平線分の引き方は，**マクスウェル（Maxwell）の等面積則**とよばれ，このようにして引かれた線分EF上では，液体と気体が平衡状態にあることが示されている．（マクスウェルの等面積則の証明については，章末の演習問題［1］を参照されたい．）

臨界点

温度が高くなると，ファン・デル・ワールス等温線の極小点と極大点は次第に近づくので，水平部分（図6.12で線分EFに相当する部分）もそれにつれて短くなり，ちょうど臨界温度で線分の長さがゼロになる．この線分の長さがゼロに収束する点が臨界点である．図6.10では点Cがこの臨界点に当る．図からわかるように，臨界点は等温線の接線が水平になり，変曲点でもある．したがって，臨界温度 T_c，臨界体積 V_c，臨界圧力 p_c を求めるには，

ファン・デル・ワールスの状態方程式（6.12）について

$$\left(\frac{\partial p}{\partial V}\right)_T = 0, \qquad \left(\frac{\partial^2 p}{\partial V^2}\right)_T = 0 \tag{6.19}$$

を計算して，得られた 2 つの式を連立させて解けばよい．計算の筋道は簡単であるから，ここでは結果だけを示すと，

$$V_c = 3b, \qquad T_c = \frac{8a}{27Rb}, \qquad p_c = \frac{a}{27b^2} \tag{6.20}$$

となる（章末の演習問題［3］を参照）．

物質定数である a，b は，（6.18）の V_c，T_c，p_c に実験値を代入して求められる．しかし，この場合は未知定数が 2 個なので，（6.20）の等式のうちの任意の 2 つの式が使われる．このことから，求められた a，b の値を残りの式に代入して，それを実験値と比較してみれば，ファン・デル・ワールスの状態方程式がどの程度正確に流体の状態を記述するかを吟味できる．3 つの臨界値のなかでは，V_c に比べて T_c と p_c の方がより正確に測定することができる．そのために，通常 a，b は，（6.20）の最後の 2 式を解いて求められることが多い．

そこで，このようにして得られた b の値を使って求めた臨界体積の理論値 V_c（$= 3b$）と実験値とを比べてみると，表 6.1 に見られるように，一般に実験値の方がかなり小さいことがわかる．また，（6.20）の 3 つの等式から a，b を消去すると，無次元量

$$\frac{RT_c}{p_c V_c} = \frac{8}{3} = 2.67 \tag{6.21}$$

が得られる．しかし，実測された臨界定数からこの無次元量を求めてみると，表 6.1 の右端の列に見られるように，$RT_c/p_c V_c = 2.67$ よりもかなり大きな値になる．特に球形と見なせる非極性分子では，そのほとんどが 3.45 に近い値になっている．

このように，（6.20）を実測値によって検証してみると，ファン・デル・

表 6.1　臨界定数と（6.17）の検証

液体名	p_c [atm]	T_c [K]	V_c [mol^{-1}]	$V_c/b=3$ (理論値)	$RT_c/p_cV_c=2.67$ (理論値)
He	2.26	5.3	0.0578	2.44	3.33
Ne	25.9	44.5	0.0417	2.44	3.48
A	48.0	150.7	0.0752	2.36	3.43
Kr	54.3	209.4	0.092	2.31	3.44
Xe	58.0	289.8	0.118	2.31	3.45
H_2	12.8	33.3	0.065	2.43	3.28
N_2	33.5	126.1	0.090	2.30	3.43
O_2	49.7	154.4	0.0745	2.34	3.43
CH_3	45.8	190.7	0.099	2.31	3.45
CO_2	72.8	304.2	0.094	2.20	3.49
H_2O	218.3	647.4	0.056	1.84	4.34

（International Critical Tables による）

ワールスの状態方程式は，臨界点の近くでは必ずしも流体の状態を正確には表していないことがわかる．しかし考えてみると，ファン・デル・ワールスの状態方程式は，分子間力については，剛体球モデルというかなり単純化された取扱いをして導かれている．したがって，臨界点の近傍のような分子密度が高い状態では，そのような分子間力に対する簡単な仮定が不十分なことは十分に予想されることである．

ビリアル状態方程式

気体の密度が十分に低い場合は気体のモル体積 V は大きく，逆に圧力 p は小さい．そのような希薄な気体の場合の，分子間力の効果による理想気体の状態方程式（6.13）からのずれは，（6.13）をモル体積 V の逆数または圧力 p でベキ展開して，

$$pV = RT\left(1 + \frac{B}{V} + \frac{C}{V^2} + \frac{D}{V^3} + \cdots\right) \qquad (6.22)$$

のように表現することができる．特に，このように V^{-1} による展開を**ビリアル展開**といい，（6.22）は**ビリアル状態方程式**とよばれる．係数 $B, C, \cdots$

はそれぞれ，**第2ビリアル係数**，**第3ビリアル係数**，…とよばれる．第1ビリアル係数は1である．したがって，理想気体では第2以上のビリアル係数はゼロとなる．

このことからわかるように，第2以上のビリアル係数はすべて何らかの形で分子間力に関係している．しかし，モル体積が十分大きいときは，(6.22)で高次の項は急速に減少することが期待されるので，ビリアル展開で問題になるのは最初の数項に限られる．その中でも特に重要なのは第2ビリアル係数の B であって，**メイヤー**（**J. Meyer**）らによる**クラスター展開**の理論によれば，B は分子間ポテンシャル $U(r)$ と

$$B = 2\pi N_{\mathrm{A}} \int_0^\infty r^2 \left[1 - \exp\left\{-\frac{U(r)}{k_{\mathrm{B}} T}\right\}\right] dr \tag{6.23}$$

のように関係づけられる．ここで，N_{A} はアボガドロ数である．

(6.23)から，B は温度 T のみの関数であることがわかる．低温では分子間力の引力部分が支配的になるため，B は負の値をとる．しかし，温度が上昇して斥力部分の寄与が優勢になると，B の値は正に変わる．この B が符号を変えるときの特性温度は**ボイル温度**とよばれる．第2ビリアル係数 B の温度依存性を測定することによって，分子間力ポテンシャル $U(r)$ の性質を調べることができる．

ファン・デル・ワールスの状態方程式をビリアル展開の形に書き直すには，まず，(6.14)を

$$pV = RT\left\{\left(1 - \frac{b}{V}\right)^{-1} - \frac{a}{RTV}\right\} \tag{6.24}$$

のように変形し，$V > b$ として，{　} 内の第1項を2項定理を使って次のように展開すればよい．

$$pV = RT\left(1 + \frac{b}{V} + \frac{b^2}{V^2} + \frac{b^3}{V^3} + \cdots - \frac{a}{RTV}\right) \tag{6.25}$$

(6.25)を(6.22)と比較すると，ビリアル係数は

$$B = b - \frac{a}{RT}, \qquad C = b^2, \qquad D = b^3 \tag{6.26}$$

と得られる．

§6.4　相転移の熱力学

前章までに見てきたように，物質を構成している原子や分子はミクロなスケールでは運動し，時間的，空間的に揺らいでいる．しかし，熱力学ではそれらのミクロな揺らぎを平均化して系を一様で均一なものと考える．1つの系が，このような時間的にも空間的にも変動しないマクロな状態（**熱平衡状態**）にあるとき，その系は1つの**相**からできているという．また，この相には，固相と液相における融解曲線のように境目（**相境界**）があり，それを越して異なる相に移ることを**相転移**という．

熱力学では，物質をマクロで平均的な系として扱うことによって，系がもつ膨大な自由度にも関わらず，その振舞いを少数の**熱力学的変数**（あるいは**状態変数**）だけによって記述することが可能になる．そのような熱力学的変数には，すでにこれまでに登場した，圧力 p，絶対温度 T，体積 V，内部エネルギー U などが含まれている．

いま，系の熱力学的変数の1つを相境界を越えて変化させていくと，系には相転移が起こる．その最も顕著な例が，§6.1に出てきた，気相・液相間の転移や，液相・固相間の転移である．その他にも強誘電体に見られる構造相転移，強磁性体に見られる磁気相転移，超伝導体の常伝導相・超伝導相間の転移などある．強誘電体，強磁性体，超伝導体などに見られるこれらの相転移については，発展編で扱う．したがって，この節では，気相・液相・固相間に見られる相転移を，熱力学的な立場から眺めてみる．

自由エネルギー

体積 V のピストン付きの容器に入っている N 個の分子から成る気体を考えよう．この気体は温度 T の下で，ピストンを通して加わる圧力 p とつり合って，外界と熱平衡状態にあるものとする．いま，この気体が熱量 δQ を吸収し，その結果 内部エネルギーが dU だけ増加して，別の熱平衡状態に移ったと仮定しよう．**熱力学の第1法則**によれば，このとき吸収された熱量 δQ は2通りの方法で，つまり，一部は気体の内部エネルギーの増加 dU に，そして残りは体積を dV だけ増加させて $\delta W = p\,dV$ だけの仕事を外界に対して行うことに費やされる．すなわち，

$$\delta Q = dU + \delta W = dU + p\,dV \tag{6.27}$$

の関係が成り立つ．ここで，熱量や仕事の変化は経路によるので，完全微分ではなく不完全微分（記号 δ）で表されている．

次に，この気体の熱の吸収が可逆的であるとしよう．つまり，熱量 δQ を吸収して新しい熱平衡状態に移った気体が，同じ熱量をそのまま放出すると初めの状態に戻ることができるものとする．**熱力学の第2法則**によれば，このように，系に微小な熱量 δQ が与えられたときの変化が可逆的であれば，系の**エントロピー**とよばれる特別な熱力学的量が

$$dS = \frac{\delta Q}{T} \tag{6.28}$$

だけ増加する．また，**絶対温度**はこの係数に含まれる T として定義される．エントロピーは状態量であって変化の経路によらないので，その変化分は完全微分で表されるため，(6.28) は不完全微分 δQ を完全微分 dS に変換する式でもある．そこで (6.27) は (6.28) を使うと，

$$T\,dS = dU + p\,dV \tag{6.29}$$

となり，完全微分の式で表される．

ここで，次の2式，(6.30) および (6.31) で定義される，2つの示量性熱力学的量（自由エネルギー）F と G を導入しよう．

$$F = U - TS \tag{6.30}$$

$$G = U + pV - TS \tag{6.31}$$

F は体積一定の条件のもとで起こる系の変化を考える場合によく使われる自由エネルギーであって，**ヘルムホルツ（Helmholtz）の自由エネルギー**とよばれる．一方，G は圧力と温度が一定の条件下での変化を考えるときに便利な自由エネルギーで，**ギブス（Gibbs）の自由エネルギー**とよばれる．

この節では，温度と圧力を一定に保っておいて体積を変化させたときに起こる，固体と液体の間の融解や，液体と気体の間の蒸発を熱力学的に考察したいので，ここではギブスの自由エネルギーだけを考えることにする．G の微小な変化 dG は，(6.31) から

$$dG = dU + V\,dp + p\,dV - T\,dS - S\,dT$$

となるが，これは (6.29) を使うと，

$$dG = V\,dp - S\,dT \tag{6.32}$$

と書ける．したがって，温度と圧力が一定に保たれる可逆変化では，$dT = 0$，$dp = 0$ であり，(6.32) は

$$dG = 0 \tag{6.33}$$

となる．このことから，物質の融解や蒸発に見られる 2 つの相が共存した熱平衡状態では，それぞれの相の単位質量当りのギブスの自由エネルギーは等しくなっていることがわかる．

クラペイロン - クラウジウスの式

図 6.1 に示したように，1 成分系の相図（pT 図）には，昇華曲線，融解曲線，蒸発曲線の 3 つの相境界が存在して，それぞれの曲線上では固相と気相，固相と液相，液相と気相が共存している．これらの共存線に沿って圧力 p と温度 T を変化させるとき，圧力の温度微分（つまり，曲線の勾配）は，

相転移にともなう潜熱と体積変化に関係しており，その関係は**クラペイロン－クラウジウス**（**Clapeyron－Clausius**）**の式**で与えられる．

そこで，それらの共存線の１つである蒸発曲線を例にとって，クラペイロン－クラウジウスの式を導いてみる．一定量の物質を考え，液相を相1，気相を相2として，それぞれ熱力学的変数に添字を付けて区別しよう．いま図6.13において，蒸発曲線上の圧力 p，温度 T である点Aでは，(6.32) から，互いに熱平衡状態にある液体と気体の単位質量当りのギブスの自由エネルギーの値が等しくなるため，

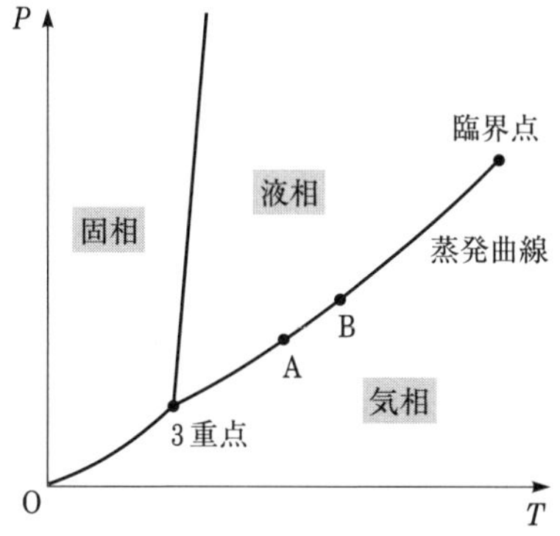

図6.13 蒸発曲線に沿った状態の微小変化

$$G_1 = G_2 \tag{6.34}$$

が成り立っている．そこで，点Aから蒸発曲線に沿ってわずかに状態を変化させて，圧力 $p + dp$，温度 $T + dT$ であるような点Bに移ったとする．点Bもまた平衡曲線上にあるため，２つの相のギブスの自由エネルギーは等しくなり，

$$G_1 + dG_1 = G_2 + dG_2 \tag{6.35}$$

が成り立ち，(6.34) から，結局この微小変化に対して

$$dG_1 = dG_2 \tag{6.36}$$

が成り立つことがわかる．

そこで，(6.32) にそれぞれ添字を付けて (6.34) の両辺に代入すると

$$V_1\,dp - S_1\,dT = V_2\,dp - S_2\,dT \tag{6.37}$$

が得られる．ここで，V_i，S_i は系がすべて i 相になっているときの体積とエントロピーであり，p，T の変化は両相で共通である．これより，(6.37) は

$$\frac{dp}{dT} = \frac{S_1 - S_2}{V_1 - V_2} \tag{6.38}$$

となる．

融解や蒸発では相境界のところで，圧力，温度，単位質量当りのギブスの自由エネルギーは不変に保たれるが，単位質量当りの体積とエントロピーは不連続に変化する．このような相転移は**1次相転移**とよばれ，1次相転移では，転移が始まってから終わるまでの間，系の温度は一定に保たれているが，その間，系は熱を吸収または放出する．このように1次相転移の際において温度変化をともなわないで出入りする熱量を**潜熱**とよぶ．特に気化，液化に関わる潜熱を**気化熱**（**蒸発熱**），融解，固化に関わる潜熱を**融解熱**という．

単位質量当りの気化熱（蒸発熱）L_V は

$$L_V = T(S_2 - S_1) \equiv T\,\Delta S \tag{6.39}$$

で与えられる．この気化熱 L_V を用いると，(6.36) は

$$\frac{dp}{dT} = \frac{S_2 - S_1}{V_2 - V_1} = \frac{L_V}{T(V_2 - V_1)} \tag{6.40}$$

となる．この (6.40) の関係式は**クラペイロン－クラウジウスの式**とよばれる．蒸発の場合は常に $V_2 > V_1$ となるから，蒸発曲線の勾配 dp/dT はすべての物質で正である．

固相と液相の相境界を与える融解曲線に関しても，同様にしてクラペイロン－クラウジウスの式

$$\frac{dp}{dT} = \frac{S_2 - S_1}{V_2 - V_1} = \frac{L_f}{T(V_2 - V_1)} \tag{6.41}$$

が導かれる．この場合，相1が固相で相2が液相になる．また，$L_f = T\,\Delta S$ は融解および固化の際の潜熱に当る融解熱である．融解においても一般には $V_2 > V_1$ が成り立つが，氷とビスマスは例外であって，$V_2 < V_1$ となるため，これらの物質では融解曲線の勾配 dp/dT が負になり，圧力が増

すと融点が下がる．氷上をスケートで滑ることができるのは，スケートの刃先から強い圧力を受けている氷の部分の融点が，(6.39) に従って下がり，一時的に融けて摩擦が減るためである．

ソフトマターの物理学

20 世紀の物性物理学は固体物理学が主役であった．固体の多くは，イオンが周期的に配列した結晶格子という硬い器の中を，軽い価電子が周期的ポテンシャルを受けて運動している．このような描像のもとに，固体物理学は無限の変化を見せる多種，多様な固体の熱的，電気的，磁気的性質などを統一的に理解し，未知の現象までも予言してきた．しかし，もし固体に結晶格子の周期性と対称性がなければ，物性物理学がこのような成功を収めることはなかったであろう．それは，本章で扱った液体の例を見ても明らかである．

私たちの周辺には，液体とまではいかなくても，固体と液体の中間にある，様々な形態の“やわらかい”物質群が存在している．高分子（ゴム，プラスチック，ゲル，蛋白質)，液晶，コロイド，両親媒性分子（LB 膜，ミセル）などがそれである．これらはいずれも 20 世紀の物性物理学ではむしろ敬遠されてきた物質群である．敬遠された理由は，ちょうど固体が専ら研究されてきた理由の裏返しであって，系が周期並進対称性をもたないことと，構成要素が原子に比べて大きくて複雑なことがその理由である．したがって，このような“やわらかい”物質は，すでに確立している固体物理学とは異なる分野と見なされ，高分子物理や液晶物理として独自に研究されてきた．

しかし，20 世紀の後半から相転移理論やスケーリング理論のような物理学の新しいパラダイムが出現したことによって，ミクロな長さのスケールからマクロに近いスケールに至る構造を調べる上で強力な手段が得られるようになると，ド・ジャンヌ（de Gennes）らはこの新しい理論を使って，これまでは複雑と思われてきた“やわらかい”系も，物理学の言葉を使って解析できることを示した．1992 年に，ド・ジャンヌはこれらの業績によってノーベル物理学賞を受賞している．“やわらかい物質の物理学”は，このド・ジャンヌらの研究が契機となってその後，積極的に展開されて，物質の振舞いも統一的に理解されるようになり，今日では“ソフトマターの物理学”とよばれて，物性物理学の新しい一分野と見なされるまでになっている．ソフトマターという分野名称は，ド・ジャンヌのノーベル賞受賞講演のタイトル“Soft Matter”から採られている．

演習問題

［**1**］ きちんと分子配列した固体結晶が，秩序の度合いがより低い液体に融解するときの変化を定性的に論ぜよ．

［**2**］ 図6.11のファン・デル・ワールス等温線において，曲線FABEは，実際には水平線分EFでおきかわる．この場合，線分EFはマクスウェルの等面積則により，図で灰色の上下2つの部分の面積が等しくなるように引かれる．このマクスウェルの等面積則を導け．

［**3**］ ファン・デル・ワールスの状態方程式（6.12）から，1 molの気体の臨界体積 V_c，臨界温度 T_c および臨界圧力 p_c を求めよ．

［**4**］ 圧力が一定のとき，蒸発が進行している間は液体の温度は変わらない．このとき沸点 T_b，蒸発熱 L_v および蒸発によるエントロピーの増加 ΔS の間に成り立つ関係を求めよ．

［**5**］ 体重60 kgのスケーターが，刃先の幅が1 mm，長さが30 cmのスケートを履いて滑らかな氷上に立っている．このとき刃先には体重が一様に掛かっているとして，刃先の下の氷の融点はどれだけ下がるかを計算せよ．ただし，氷の融解熱は80 cal/g（1 cal = 4.2 J），0 ℃付近の水と氷の体積比は11：12とする．

発展編

7 強誘電体と構造相転移

発展編では，物性物理学の広い分野にわたって見られる相転移現象について，3つの代表的な例を取り上げて紹介する．まず本章では，強誘電体の構造相転移を取り上げる．

強誘電体とは，自発分極を示す結晶の中で，特にその自発分極が外部電場の印加によって反転する物質のことである．この名称は，磁場を印加すると自発磁化が反転する強磁性体（次章を参照）との類推によっており，実際に多くの場合，強誘電体は，強磁性体の電気的なアナローグとして考えることができる．

例えば，強磁性体には M - H 履歴特性が観測されるように，誘電体にも P - E 履歴特性が観測される．また，強磁性体の強磁性相，常磁性相に倣って，強誘電体もキュリー温度 T_c の低温側で自発分極が観測される相を強誘電相といい，自発分極が観測されない T_c の高温側を常誘電相という．この常誘電相では，温度が T_c に近づくと誘電率 ε の発散が観測されるが，これも強磁性体の常磁性相で見られる磁化率 χ の発散と同じであって，両者の温度依存性は共にキュリー - ワイス則に従う．さらに低温相では，強磁性体の自発磁化と同様に，強誘電体の自発分極も分域構造(分極の向きが異なる複数の分域から成る構造)を形成している．そのために，強誘電体結晶の表面には，電場を印加しない限り持続する表面電荷は現れない．

このように，強誘電体は，強磁性体とのアナロジーを使うことによってある程度までは理解することできる．しかし，分極を担う分子電気双極子は，磁化を担う分子磁気双極子（磁石）のように結晶格子と独立した実体ではなく，結晶の格子運動そのものの一部でもある．そのために，強誘電相転移が起こる際には同時に結晶構造の不連続な変化をともなう．すなわち，強誘電相転移は自発分極が出現する構造相転移であるということができる．また，強誘電体はすべて絶縁体であって，金属強磁性体に当る金属強誘電体は存在しない．したがって，この章で扱う物体は絶縁体に限られる．

§7.1　強誘電性の発現条件と電気感受率

巨視的な電場

物体中の原子や分子が感じている電場には，外部から加えられた**外部電場** $\boldsymbol{E}_0$ だけではなく，物体を構成しているすべての電荷がつくる電場もまた寄与している．もし物体が中性であれば，そのような電場は物体中のすべての分子双極子による電場の和で与えられるであろう．

いま，1つの格子点 $\boldsymbol{r}_0$ を原点にとると，位置ベクトル $\boldsymbol{r}_i$ にある分子双極子 $\boldsymbol{p}_i$ が原点の位置につくる電場 $\boldsymbol{e}_i(\boldsymbol{r}_0)$ は

$$\boldsymbol{e}_i(\boldsymbol{r}_0) = -\frac{3\,\boldsymbol{r}_i(\boldsymbol{p}_i\cdot\boldsymbol{r}_i) - \boldsymbol{p}_i({r_i}^2)}{4\pi\varepsilon_0 {r_i}^5} \tag{7.1}$$

で与えられる．この微視的な電場は空間的に激しく変動する場である．しかし，物体中のすべての分子双極子が原点の位置につくる電場，つまり (7.1) をすべての分子双極子についてとった和を見ると，それは (7.1) の $\boldsymbol{e}_i(\boldsymbol{r}_0)$ に比べて，変動がはるかにゆるやかになっているので，平均をとることができる．そこで，格子点 $\boldsymbol{r}_0$ を含む単位体積を考え，その中に含まれるすべての分子双極子モーメントの和を**誘電分極** $\boldsymbol{P}(\boldsymbol{r}_0)$ と定義し，各分子双極子が $\boldsymbol{r}_0$ の位置につくる電場の和として平均電場 $\boldsymbol{E}_1(\boldsymbol{r}_0)$ を定義しよう．

電磁気学によれば，試料の形が楕円体であれば，その内部の分極 $\boldsymbol{P}$ は一様であって，$\boldsymbol{E}_1(\boldsymbol{r}_0)$ は $\boldsymbol{r}_0$ の位置にはよらなくなることが知られている．そのような一様な平均電場 $\boldsymbol{E}_1$ を**反電場**または**反分極電場**とよぶ．反電場 $\boldsymbol{E}_1$ は $\boldsymbol{P}$ による電場であると同時に，試料の表面に現れる**分極電荷**による電場と見ることもできる．この $\boldsymbol{E}_1$ と $\boldsymbol{P}$ の間には，楕円体の主軸方向の成分について，次の関係が成り立っている．

$$E_{1x} = -\frac{N_x P_x}{\varepsilon_0}, \qquad E_{1y} = -\frac{N_y P_y}{\varepsilon_0}, \qquad E_{1z} = -\frac{N_z P_z}{\varepsilon_0} \tag{7.2}$$

ここで，N_x, N_y, N_z は**反電場係数**とよばれ，すべて正の値をとり，**和の法則**：

$$N_x + N_y + N_z = 1 \tag{7.3}$$

を満たしている．したがって，外部電場 $\boldsymbol{E}_0$ を試料の楕円体の1つの主軸方向に印加すると，試料には図 7.1 に示すように，$\boldsymbol{E}_0$ に平行に一様な分極 $\boldsymbol{P}$ が現れ，(7.2) から，反電場 $\boldsymbol{E}_1$ は $\boldsymbol{P}$ とは逆を向き，外部電場 $\boldsymbol{E}_0$ に抗する向きをとることがわかる．

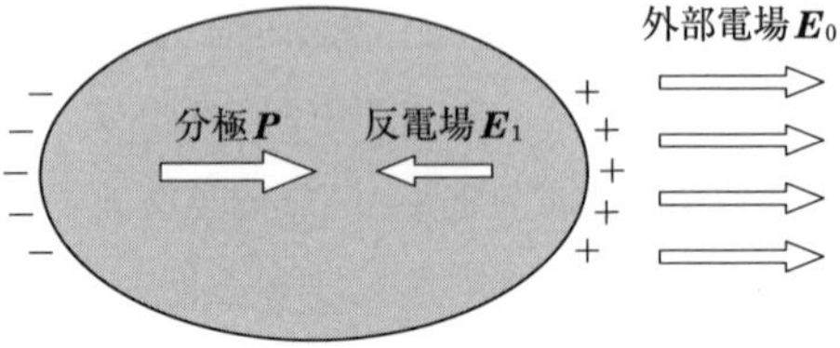

図 7.1

物体が一様な外部電場 $\boldsymbol{E}_0$ の中に置かれているとき，その内部平均電場，つまり**巨視的電場** $\boldsymbol{E}$ は，外部電場 $\boldsymbol{E}_0$ と反電場 $\boldsymbol{E}_1$ の和

$$\boldsymbol{E} \equiv \boldsymbol{E}_0 + \boldsymbol{E}_1 \tag{7.4}$$

で与えられる．電磁気学に登場する物質中の電場 $\boldsymbol{E}$ は，すべてこの巨視的電場 $\boldsymbol{E}$ であって，例えば物体の分極 $\boldsymbol{P}$ は

$$\boldsymbol{P} = \varepsilon_0 \chi \boldsymbol{E} \tag{7.5}$$

のように，この巨視的電場 $\boldsymbol{E}$ と関係づけられる．

ローレンツの局所電場

1つの原子の位置に作用している**局所電場** $\boldsymbol{E}_{\rm local}$ の値は，上で述べた巨視的電場 $\boldsymbol{E}$ の値とは著しく異なっている．そこで，楕円形をした立方晶の結晶について，各原子にはたらく局所電場を求めて，結晶内の巨視的電場と比べてみよう．

この各原子にはたらく局所電場 $\boldsymbol{E}_{\rm local}$ には，周囲の分子双極子のつくる電場の寄与が含まれるため，$\boldsymbol{E}_{\rm local}$ を求めるには，(7.1) で表される複雑な電場を足し合わせなければならない．そのような計算は一見ほとんど不可能なように見える．しかし，この計算には次に述べる巧みな方法があり，それを

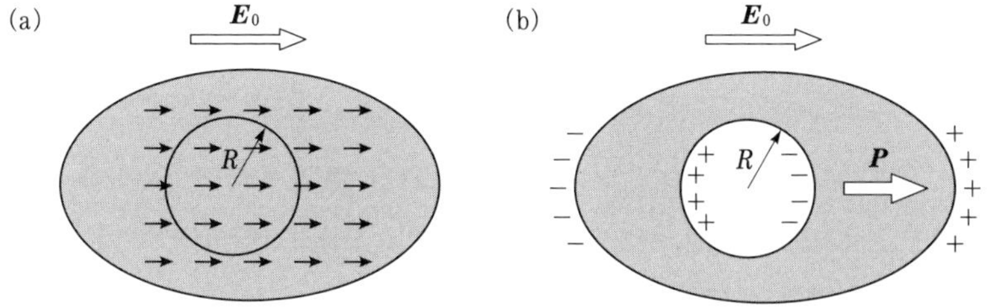

図 7.2 局所電場とローレンツの空洞電場

使えば，着目する原子の位置における局所電場 $\boldsymbol{E}_{\mathrm{local}}$ を巨視的電場 $\boldsymbol{E}$ と一様な分極 $\boldsymbol{P}$ の関数として導き出すことができる．

試料内の分子双極子による電場 (7.1) の和をとるに当って，まず図 7.2 (a) のように，試料の中に問題とする原子を中心にした半径 R の仮想的な球を想定する．この方法のポイントは，この球の内部と外部の双極子による局所電場への寄与を分けて考えることにある．すなわち，球の内部には微視的な分子双極子（点双極子）が真空の中に配列していると考え，それらのつくる電場は，(7.1) で与えられる双極子電場を球内のすべての点双極子について足し合わせて求める．一方，球の外部の分子双極子による電場は，その双極子分布を，巨視的な分極 $\boldsymbol{P}$ の連続分布と見なして，和を積分におき換えて求める．この場合，仮想的な球の半径 R は，小さいほど球内の双極子の和の計算には有利になるが，球の外部の双極子分布を一様な分極 $\boldsymbol{P}$ の連続分布と見なすには，ある程度の大きさがなければならない．

まず，球の外部の寄与を求めてみよう．この領域は楕円体の外表面と（試料から仮想球をとり除いてできる）球形の空洞の内表面の，2 つの表面に囲まれている（図 7.2(b)）．したがって，この領域（灰色の部分）に連続分布する分極 $\boldsymbol{P}$ による電場は，これらの 2 つの表面上に分布する分極電荷がそれぞれつくる電場の和で与えられる．楕円体の外表面上の分極電荷による電場は，前の項で定義された反電場 $\boldsymbol{E}_1$ に他ならない．一方，空洞の内表面上に現れる表面分極電荷が球の中心につくる電場はローレンツによって計算さ

れており，

$$\boldsymbol{E}_2 = \frac{1}{3\varepsilon_0}\boldsymbol{P} \tag{7.6}$$

である．この電場 $\boldsymbol{E}_2$ は**ローレンツ（Lorentz）電場**またはローレンツの空洞電場とよばれる．結局，球の外部に分布する双極子が注目している原子の位置につくる電場はこれらの２つの電場の和，つまり $\boldsymbol{E}_1 + \boldsymbol{E}_2$ となる．

一方，球の内部の分子双極子による寄与 $\boldsymbol{E}_3$ は，(7.1) を用いて，

$$\boldsymbol{E}_3 = -\sum_i \frac{3\,\boldsymbol{r}_i(\boldsymbol{p}_i\cdot\boldsymbol{r}_i) - \boldsymbol{p}_i(r_i{}^2)}{4\pi\varepsilon_0 r_i{}^5} \tag{7.7}$$

で与えられる．ここで，i についての和は球の内部のすべての双極子についてとられる．結晶が立方対称性をもつ特別な場合は，球の中心にある原子は立方対称の環境にあるため，(7.7) の和はゼロになり，

$$\boldsymbol{E}_3 = 0 \tag{7.8}$$

となる．

したがって，分極が一様である物質中の１つの原子に作用する局所電場は

$$\boldsymbol{E}_{\text{local}} = \boldsymbol{E}_0 + \boldsymbol{E}_1 + \boldsymbol{E}_2 + \boldsymbol{E}_3 \tag{7.9}$$

のように書き表される．ここで (7.4) を用い，さらに $\boldsymbol{E}_2$，$\boldsymbol{E}_3$ にそれぞれ (7.6) および (7.8) を代入すると，立方対称性をもつ場所での局所電場は

$$\boldsymbol{E}_{\text{local}} = \boldsymbol{E} + \frac{1}{3\varepsilon_0}\boldsymbol{P} \tag{7.10}$$

となる．(7.10) は，巨視的電場 $\boldsymbol{E}$ によって物質に分極がつくり出されると，その分極が，さらにその物質の分極を促す方向に寄与するということを意味しており，**ローレンツの関係**といわれる．

4π/3 カタストロフィ

原子の分極率 α は，原子の性質であって，原子の位置の局所電場 $\boldsymbol{E}_{\text{local}}$ を用いて

$$\boldsymbol{p} = \alpha\boldsymbol{E}_{\text{local}} \tag{7.11}$$

で定義される．ここで，$\boldsymbol{p}$ は原子（または分子）の双極子モーメントである．これに対して，物質の電気感受率 χ および比誘電率 ε は，結晶を形成している原子の集合状態に関係した量であって，結晶内の巨視的電場 $\boldsymbol{E}$ を用いて

$$\boldsymbol{P} = \varepsilon_0 \chi \boldsymbol{E} = \varepsilon_0 (\varepsilon - 1) \boldsymbol{E} \tag{7.12}$$

で定義されている．ここで $\boldsymbol{P}$ は物体の分極で，単位体積当りの双極子モーメントの和である．

簡単のために，単位体積中に同じ分極率 α をもつ N 個の原子を含む球形の試料を考えてみよう．この場合，結晶の分極 $\boldsymbol{P}$ の大きさについて

$$P = Np = N\alpha E_{\mathrm{local}} = N\alpha\left(E + \frac{1}{3\varepsilon_0}P\right) \tag{7.13}$$

の関係が成り立つ．電気感受率 χ を求めるには，これを P について解けばよく，χ は

$$\chi = \frac{P}{\varepsilon_0 E} = \frac{1}{\varepsilon_0}\frac{N\alpha}{1 - \dfrac{N\alpha}{3\varepsilon_0}} \tag{7.14}$$

と得られる．これは分母がゼロ，すなわち，

$$1 - \frac{N\alpha}{3\varepsilon_0} = 0 \tag{7.15}$$

になると χ が無限大になり，そのときは電場がなくても分極が存在する．したがって，(7.15) は自発分極が存在する条件である．これを CGS 単位に変換すると

$$1 - \frac{4\pi N\alpha}{3} = 0 \qquad (\text{CGS 単位系}) \tag{7.16}$$

となる．

この (7.14) の分母がゼロになる条件 (7.15)，CGS 単位系では (7.16) は **4π/3 カタストロフィ**とよばれ，強誘電性の発現に対する最もプリミティブ

な説明を与える．しかし，(7.15) は，このままでは永久双極子を含む極性液体や極性固体はすべて，$T \to 0\,\mathrm{K}$ では自発分極をもつことになり，現実とは矛盾している．この矛盾を克服するには，ここで無視されている他の寄与を取り入れなければならない．

§7.2　強誘電性結晶の分類

強誘電性結晶は，強誘電性の発現の機構によって**秩序・無秩序型**と**変位型**の2つに大別される．双極子をもつ回転可能な分子基を含む系では，分子基は2つの極小点をもつポテンシャルエネルギーの中を運動していると考えられる．このような系では，2つの極小点上での分子基の存在確率が高温相では等しくなり，全体として分極は現れないが，低温相で秩序ができると，この存在確率の均衡が破れて自発分極が発生する．このような強誘電体を総称して**秩序・無秩序型強誘電体**という．これに対して，$BaTiO_3$（チタン酸バリウム）に代表されるように，イオン分極が主役になって強誘電性が発生する強誘電体を**変位型強誘電体**という．

秩序・無秩序型強誘電体

(7.11) で定義される分極率 α は，**電子分極率** α_e，**イオン分極率** α_i，**配向分極率** α_p の3つから成る．それぞれは分極の機構が違っており，電子分極は，原子の電子雲が原子核に対して相対的に変位して生じる分極であり，イオン分極は，複数のイオンから成る結晶において，正負のイオンが電場によって互いに逆向きに変位して分極が起こる．このように正負の電荷が相対的な変位をすることによって起こる分極は**変位分極**とよばれる．

これに対して，永久双極子の分子基などを含む液体や気体などでは，電場が存在しなければ双極子はすべての方向を同等に向いており，全体として分極は存在しない．しかし，電場が印加されるとその方向に双極子が配向して分極が現れる．このような分極を**配向分極**という．

ここでは，1種類の永久双極子のみから成る系を考え，簡単のために，分極としては双極子の配向分極だけをとり入れるという単純化したモデルを用いて，系の誘電率の温度依存性と強誘電性の発現条件を導いてみよう．

永久双極子の双極子モーメントの大きさを μ とすると，配向分極率 α_p は

$$\alpha_\mathrm{p} = \frac{\mu^2}{3k_\mathrm{B}T} \tag{7.17}$$

である（例題7.1を参照）．また，ローレンツ電場（7.6）は立方晶しか適用できないので，（7.10）を

$$\boldsymbol{E}_\mathrm{local} = \boldsymbol{E} + \gamma\frac{\boldsymbol{P}}{3\varepsilon_0} \tag{7.18}$$

と書いて，立方晶以外の結晶にも適用できるように拡張しよう．ここで導入した γ は**局所電場係数**とよばれ，ローレンツ電場からのずれの程度を表す量で，立方晶では $\gamma = 1$ である．

そこで，$\alpha = \alpha_\mathrm{p}$ とし，局所電場係数 γ を導入すると，（7.14）は

$$\chi = \varepsilon - 1 = \frac{C}{T - T_\mathrm{c}} \tag{7.19}$$

と書ける．ただし，

$$C = \frac{N\mu^2}{3k_\mathrm{B}\varepsilon_0}, \qquad T_\mathrm{c} = \gamma\frac{N\mu^2}{9k_\mathrm{B}\varepsilon_0}, \qquad \frac{T_\mathrm{c}}{C} = \frac{\gamma}{3} \tag{7.20}$$

である．（7.19）は $T > T_\mathrm{c}$，つまり常誘電相での電気感受率 χ や比誘電率 ε の振舞いを表しており，**キュリー - ワイスの法則**（**Curie - Weiss law**）とよばれる．$T = T_\mathrm{c}$ では χ が無限大になり，電場がなくても分極が存在することが可能になる．すなわち，$T = T_\mathrm{c}$ で相転移が起こり，$T < T_\mathrm{c}$ では自発分極が出現すると考えられる．

このような強誘電性の発現機構は**秩序・無秩序型**といわれ，実際に，回転可能な分子基を含む強誘電性結晶の自発分極はこの機構によって発生する．結晶中の分子基は，ポテンシャルエネルギーが最小になる双極子の向きが2つ（または多数）あって，自発分極のない常誘電相（$T > T_\mathrm{c}$）では双極

子はこの2つの向きについて無秩序になっており，強誘電相（$T < T_c$）では一方の向きを向く確率が増えて自発分極が出現する．

$NaNO_2$（亜硝酸ナトリウム）は，この型の強誘電相転移を示す典型的な結晶の1つである．この結晶は Na^+ と NO_2^- がそれぞれ体心立方格子をつくり，NO_2^- 基が双極子モーメントをもっていて，$T < T_c$（$= 163.3\,°C$）ではその向きが結晶の b 方向に揃って配列する．

例題 7.1

(7.17) を導け．

［**解**］ 電場 $\boldsymbol{E}$ の中に置かれた永久電気双極子モーメント $\boldsymbol{\mu}$ のポテンシャルエネルギー U は

$$U(\theta) = -\boldsymbol{\mu}\cdot\boldsymbol{E} = -\mu E\cos\theta \tag{1}$$

である．ここで，θ は電場 $\boldsymbol{E}$ と $\boldsymbol{\mu}$ との成す角である．$\boldsymbol{\mu}$ が θ と $\theta + d\theta$ の間に見出される幾何学的確率は頂角が θ と $\theta + d\theta$ の2つの円錐面の間の立体角に比例し，

$$\frac{d\Omega}{4\pi} = \frac{\sin\theta}{2}\,d\theta$$

で与えられる．一方，ポテンシャル（1）の中で $\boldsymbol{\mu}$ が θ の方向をとる熱力学的確率は，ボルツマン分布を仮定すると，

$$\frac{\exp\left[-\dfrac{U(\theta)}{k_B T}\right]}{\displaystyle\int_0^\pi \exp\left[-\dfrac{U(\theta)}{k_B T}\right]d\theta}$$

である．これより，$\boldsymbol{\mu}$ が θ と $\theta + d\theta$ の間にある確率 $P(\theta)$ は

$$P(\theta) = \frac{\exp\left[-\dfrac{U(\theta)}{k_B T}\right]\dfrac{\sin\theta}{2}\,d\theta}{\displaystyle\int_0^\pi \exp\left[-\dfrac{U(\theta)}{k_B T}\right]\dfrac{\sin\theta}{2}\,d\theta} = \frac{\exp\left(\dfrac{\mu E\cos\theta}{k_B T}\right)\sin\theta\,d\theta}{\displaystyle\int_0^\pi \exp\left(\dfrac{\mu E\cos\theta}{k_B T}\right)\sin\theta\,d\theta}$$

となる．したがって，電場 $\boldsymbol{E}$ の方向に誘起される $\boldsymbol{\mu}$ の成分 $\langle\mu\cos\theta\rangle$ は

$$\langle\mu\cos\theta\rangle = \mu\int_0^\pi P(\theta)\cos\theta\,d\theta = \frac{\mu\displaystyle\int_0^\pi \cos\theta\exp\left(\dfrac{\mu E\cos\theta}{k_B T}\right)\sin\theta\,d\theta}{\displaystyle\int_0^\pi \exp\left(\dfrac{\mu E\cos\theta}{k_B T}\right)\sin\theta\,d\theta} \tag{2}$$

となる．いま，$x \equiv \mu E/k_B T$，（2）の分母を $F(x)$ とおくと

$$F(x) = \int_0^{\pi} \exp(x\cos\theta)\sin\theta\, d\theta = -\int_{-1}^{1} \exp(x\xi)\, d\xi = \frac{1}{x}(e^x - e^{-x})$$

で与えられる．この $F(x)$ を用いると，(2) は

$$\langle \mu \cos\theta \rangle = \frac{\mu}{x\,F(x)} \frac{dF(x)}{dx} = \mu\left(\coth x - \frac{1}{x}\right) \equiv \mu\,L(x)$$

と表される．ここで，$L(x)$は**ランジュバン (Langevin) 関数**であって，$x \ll 1$ では

$$L(x) = \coth x - \frac{1}{x} = \frac{1}{3}x - \frac{1}{45}x^3 + \cdots$$

のように展開される．したがって，高温領域の極性分子の配向分極率 $\alpha_{\rm p}$ は

$$\alpha_{\rm p} = \frac{\langle \mu \cos\theta \rangle}{E} = \frac{\mu^2}{3k_{\rm B}T}$$

となり，(7.17) が導かれる．

変位型強誘電体

イオン結晶に見られる変位型強誘電性の発生も，同様の考え方で理解することができる．この場合は (7.14) の分極率 α として，電子分極と配向分極を無視して，イオン分極率 $\alpha_{\rm I}$ だけを考える．

$T > T_{\rm c}$ (常誘電相) では，変位型強誘電体の原子は自発分極のない状態における平衡位置の周りを振動しているが，$T < T_{\rm c}$ (強誘電相) では平衡位置がずれて，原子は分極をもつ新しい状態における平衡位置の周りを振動する．このことは，$T = T_{\rm c}$ で結晶の格子振動における特定のモードの復元力がゼロになることを意味している．

そこで，単位体積中に，質量 m，固有振動数 ω_0 の振動子を N 個含む系を考えて，強誘電性の発現と電気感受率の温度変化を調べてみよう．各振動子の運動方程式は

$$m\frac{d^2x}{dt^2} = -\,m\omega_0{}^2 x - m\Gamma\frac{dx}{dt} + qE\exp(i\omega t) \qquad (7.21)$$

と書ける．ここで，x は正負電荷 $(\pm\, q)$ の相対変位，Γ は摩擦力の係数で，右辺の第 2 項は減衰項，第 3 項は振動外部電場による項である．ここで，摩擦力を無視して，(7.21) の x について ω で振動する解を求めると，

振動子当りに誘起される双極子モーメント p は

$$p = qx = \frac{q^2E}{m(\omega_0{}^2 - \omega^2)} \tag{7.22}$$

となる．しかし，イオン結晶のように N 個の振動子から成る系の場合の分極 P は，(7.22) の p を N 倍するだけでなく，電場 E を (7.10) の局所電場 $E_{\mathrm{local}} = E + \gamma P/3\varepsilon_0$ でおき換えなければならない．したがって，

$$P = Np = \frac{Nq^2\left(E + \dfrac{\gamma P}{3\varepsilon_0}\right)}{m(\omega_0{}^2 - \omega^2)}$$

となり，これを P について解くと

$$P = \frac{Nq^2E}{m\left(\omega_0{}^2 - \gamma\dfrac{Nq^2}{3\varepsilon_0 m} - \omega^2\right)} = \frac{Nq^2E}{m(\omega_{\mathrm{T}}{}^2 - \omega^2)} \tag{7.23}$$

となる．ただし，ここで

$$\omega_{\mathrm{T}}{}^2 = \omega_0{}^2 - \gamma\frac{Nq^2}{3\varepsilon_0 m} \tag{7.24}$$

である．したがって，$\omega = 0$ のときの，イオン結晶の静的電気感受率 χ は

$$\chi = \frac{P}{\varepsilon_0 E} = \frac{\dfrac{Nq^2}{m\varepsilon_0}}{\omega_{\mathrm{T}}{}^2} \tag{7.25}$$

と得られる．

(7.24) の ω_{T} は 1 個の振動子の共鳴周波数ではなく，結晶の格子振動の共鳴周波数である．(7.24) の ω_0 は本来のばね定数による共鳴周波数であって，第 1 項は最近接イオン間にはたらく短距離力である．これに対して，第 2 項は局所電場による長距離力の寄与である．$T = T_{\mathrm{c}}$ の近傍では，この両者の差が小さく，復元力が弱くなっていて，$T \to T_{\mathrm{c}}$ では $\omega_{\mathrm{T}} \to 0$ となって，格子振動の振幅が最大になり元に戻らなくなって分極が生じると考えられる．したがって，ω_{T} の温度依存性は

$$\omega_{\mathrm{T}} \propto (T - T_{\mathrm{c}})^n$$

のように表すことができるであろう．コクラン（W. Cochran）はこのベキ数は $n=1/2$ になるべきであるとして，

$$\omega_{\mathrm{T}}{}^2 = B(T - T_{\mathrm{c}}) \qquad (T > T_{\mathrm{c}}) \tag{7.26}$$

とおいた．そこで，これを（7.25）に代入すると，

$$\chi = \frac{\dfrac{Nq^2}{m\varepsilon_0}}{B(T - T_{\mathrm{c}})} \qquad (T > T_{\mathrm{c}}) \tag{7.27}$$

と得られ，変位型強誘電体の場合も，T_{c} の高温側で χ はキュリー - ワイス則に従うことがわかる．

チタン酸バリウムと逐次相転移

変位型強誘電体の多くは**ペロブスカイト型酸化物**に属している．ここではその中で代表的な強誘電体であるチタン酸バリウム（$BaTiO_3$）を例にとって，基本的な特性について述べる．

ペロブスカイト構造は ABO_3 型構造の1つで，高温相の結晶構造は立方晶である．図7.3はそれを模式的に示している．$BaTiO_3$ は図のA，B，Oの各位置をBa，Ti，Oがそれぞれ占めている．

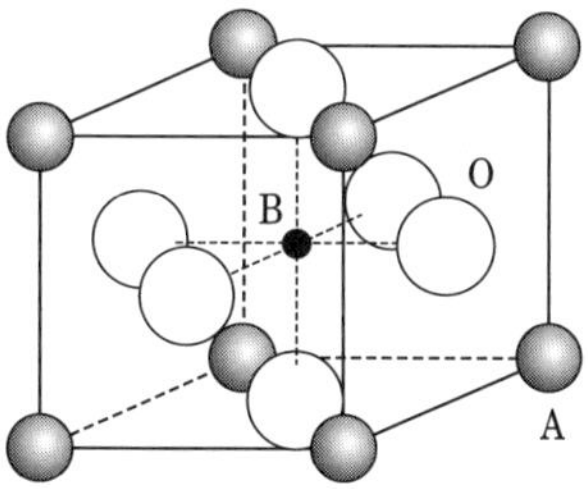

図7.3　ペロブスカイト構造(ABO_3)

高温側から温度を下げてくると，キュリー - ワイス則（7.24）に従って電気感受率 χ と比誘電率 ε が約130℃で発散し，立方晶の常誘電相から，正方晶の強誘電相へ相転移が起こる．すなわち，立方晶の6つの［100］方向の1つの方向が伸びて，その方向に自発分極 $\boldsymbol{P}_{\mathrm{s}}$ が生じる．多くの結晶では，この $\boldsymbol{P}_{\mathrm{s}}$ の生じる方向が結晶の中の領域によって異なっており，いわゆる**分域構造**が形成されている．ここで分域とは，結晶の中の基本単位格子のもつ双極子モーメントの方向がすべて平行に揃っている領域と定義される．

$BaTiO_3$ は，T_{c} で正方相へ相転移した後も引き続き温度を下げていくと，

さらに対称性の低い相へ向かって逐次相転移をくり返す．まず，$T \approx 5$℃で正方相から単斜相への相転移が起こり，自発分極の $\boldsymbol{P}_s$ の向きが［1 0 0］から［1 1 0］方向に変わる．次に $T \approx -90$℃で単斜相からさらに対称性の低い三斜相への相転移が起こり，$\boldsymbol{P}_s$ の方向は［1 1 1］方向，つまり元の立方相の対角線の方向に変わる．図 7.4 に，各相の $\boldsymbol{P}_s$ の［1 0 0］方向の成分の温度依存性と，$\boldsymbol{P}_s$ の方向と元の立方晶の軸との関係を示しておく．

このような逐次構造相転移は，高温で対称性の高い構造をもつ結晶ではしばしば見られる．対称性の高い結晶は温度が下がると，いくつかの変形に対して不安定になり，それらの結晶変形が逐次起こる．その場合，起こる変形の順番はエネルギーのほんのちょっとしたバランスで決まる．

図 7.4(a) に見られるように，$BaTiO_3$ の強誘電相転移では，転移点での

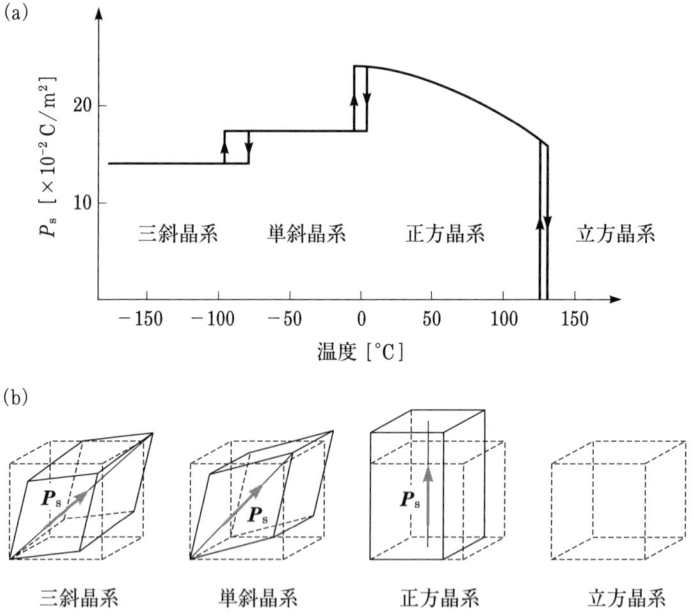

図 7.4　(a) $BaTiO_3$ の自発分極の温度依存性 P_s
(b) 各相における $\boldsymbol{P}_s$ の方向およびその立方晶の結晶軸との関係

分極の発生が不連続になる．このような相転移は**1次相転移**とよばれる．一般に1次相転移の場合，温度を下げるときよりも温度を上げるときの方が転移温度が高く観測され，いわゆる温度履歴が見られる．

これに対して，転移点での分極の発生が連続的であるような相転移は**2次相転移**とよばれる．典型的な2次相転移を示す強誘電体には，秩序・無秩序型の**硫酸グリシン**（TGS）や変位型の$LiTaO_3$などがある．これらの強誘電体は，$T \geqq T_c$では電気感受率χがキュリー - ワイス則に従い，$T \leqq T_c$では自発分極P_sが$(T_c - T)^{1/2}$に比例する．

§7.3 相転移の熱力学的現象論（ランダウ理論）

ここでは，相転移を熱力学的に（したがって現象論的に）記述する場合に広く用いられている**ランダウ理論**を紹介しよう．この理論では**秩序変数**というパラメータを導入し，ヘルムホルツの自由エネルギーFをその秩序変数の関数として展開した形について考察して，相転移の際のいろいろな巨視的な性質の変化の関係を導き出す．

強誘電相転移の秩序変数としては，分極の機構に関係なく自発分極P_sが選ばれる．ここでは$BaTiO_3$のように，ペロブスカイト構造をもつ結晶を考え，対称中心のある立方晶の高温相と正方晶の強誘電相との間に起こる相転移を，ランダウ理論によって取扱ってみよう．この場合，自由エネルギーは正方軸方向の分極Pのみの関数であるから1次元であって，ランダウの自由エネルギー展開は

$$F(P, T) = \frac{1}{2}\alpha P^2 + \frac{1}{4}\beta P^4 + \frac{1}{6}\gamma P^6 + \cdots \qquad (7.28)$$

で与えられる．ここでは強誘電性のみに注目しているので，分極のないときの自由エネルギー$F(0, T)$をゼロとしている．また，展開に偶数ベキだけが現れるのは高温相で結晶が中心対称性をもつとしているからである．係数

α, β, γ, … は温度に依存するが，α については電気感受率 χ の実験結果から

$$\alpha = \alpha_0(T - T_0) \tag{7.29}$$

のように仮定される．ここで T_0 は 2 次相転移の場合は T_c と一致するが，Ba TiO_3 のように T_c で自発分極 P_s が不連続に現れる 1 次相転移では T_0 と T_c は位置しない．なお，前節の変位型強誘電体の議論から $\alpha_0 = mB/Nq^2$ である．

2 次相転移

2 次相転移では，$T = T_c$ で χ は無限大になり，自発分極 P_s は $T \geqq T_c$ ではゼロで，$T \leqq T_c$ ではゼロから有限な値まで連続的に変化する．このような 2 次相転移の振舞いは，(7.28) で $\beta > 0$ とおいて導かれる．

そこで，自由エネルギー (7.28) として

$$F(T, P) = \frac{1}{2}\alpha_0(T - T_c)P^2 + \frac{1}{4}\beta P^4 \tag{7.30}$$

から出発する．γP^6 は他の項に比べて小さい上に，$\beta > 0$ であれば何も意味のある寄与がないのでここでは省略している．(7.30) を P で偏微分すると，

$$\left(\frac{\partial F}{\partial P}\right)_T = \alpha_0(T - T_c)P + \beta P^3 = E \tag{7.31}$$

となる．自由エネルギー (7.30) の最小値を与える自発分極 P_s を求めるには，(7.31) で $E = 0$ とおいて得られる P についての 3 次方程式

$$\alpha_0(T - T_c)P + \beta P^3 = 0 \tag{7.32}$$

の解を求めればよい．

(7.32) より $\beta > 0$ の場合

$$P_s = 0 \qquad (T \geqq T_c) \tag{7.33}$$

$$P_s = \pm\sqrt{\frac{\alpha_0}{\beta}(T_c - T)} \qquad (T \leqq T_c) \tag{7.34}$$

と得られ，P_s に関する 2 次相転移の基本的な特徴が導かれる．P_s が出現す

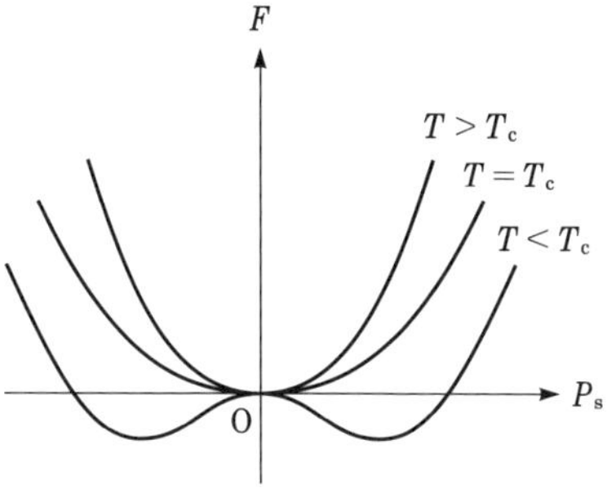

図7.5 2次相転移におけるランダウの自由エネルギーF対自発分極P_sの関係

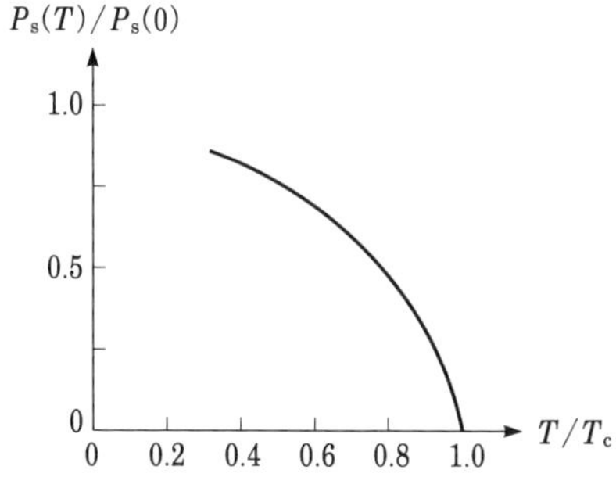

図7.6 2次相転移における自発分極P_sの温度変化

る温度を**キュリー温度**という．図7.5には自由エネルギーF 対 自発分極P_sを，$T \geqq T_c$と$T \leqq T_c$の場合について示してある．また，図7.6には$T \leqq T_c$における自発分極の温度変化の様子を示す．

一方，$E = 0$に対応する初期電気感受率χに関するキュリー - ワイス則の方は，(7.32) をEで偏微分して整理した式

$$\left(\frac{\partial P}{\partial E}\right)_T = \frac{1}{\alpha_0(T - T_c) + 3\beta P^2} = \varepsilon_0\chi \qquad (7.35)$$

から導かれる．$\alpha_0 = (\varepsilon_0 C)^{-1}$とおいて，(7.33)，(7.34) を代入すると

$$\chi = \frac{C}{T - T_c} \qquad (T \geqq T_c) \qquad (7.36)$$

$$\chi = \frac{C}{2(T_c - T)} \qquad (T \leqq T_c) \qquad (7.37)$$

と得られる．Cは**キュリー定数**とよばれる．χ^{-1}の傾きの大きさは$T \leqq T_c$と$T \geqq T_c$では2：1となる．

1次相転移

前項で見たように，ランダウの自由エネルギー (7.28) で$\beta > 0$であれば，相転移は2次となり，温度を下げていくとキュリー温度T_cで自発分極P_sが連続的に発生する．しかし，$BaTiO_3$では，図7.4に見られるように，

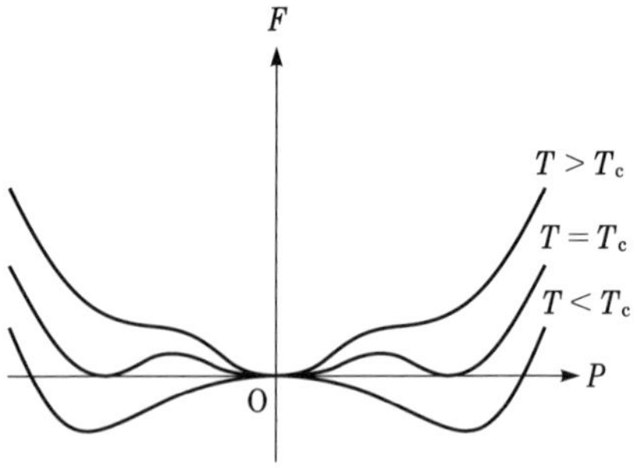

図 7.7　1次相転移におけるランダウの自由エネルギー F 対分極 P の関係

キュリー温度 T_c で自発分極 P_s が不連続に出現する．このように相転移が1次になるためには，$\beta < 0$ でなければならない．$\beta < 0$ であれば，自由エネルギーは図7.7のように温度変化し，T_c において有限の P_s の値で自由エネルギーが最小値に達することができる．ただし，P_s が負の無限大にならないようにここでは6次の項を残しておき，$\gamma > 0$ を仮定する．したがって，自由エネルギーは

$$F(T, P) = \frac{1}{2}\alpha_0(T - T_0)P^2 + \frac{1}{4}\beta P^4 + \frac{1}{6}\gamma P^6 \tag{7.38}$$

から出発する．

2次相転移の場合と同様に，自由エネルギー（7.38）の最小値を与える自発分極 P_s は，（7.38）を P で偏微分して右辺をゼロとおいて得られる．

$$\alpha_0(T - T_0)P_s + \beta P_s^3 + \gamma P_s^5 = 0 \tag{7.39}$$

しかし，この式には，第1項に実験から導入された温度 T_0 が含まれている．そこで，まずこの T_0 とキュリー温度 T_c との関係を導かなければならない．そのためには，（7.39）に加えてもう1つ別の条件式が必要になる．そのような条件として，1次相転移では，$T = T_c$ で，$P = 0$ と $P = \pm P_s$ に対して自由エネルギーが等しくなるという，$F(0, T_c) = F(\pm P_s, T_c)$ の関係，すなわち

$$F(\pm P_s, T_c) = 0 = \frac{1}{2}\alpha_0(T_c - T_0)P_s^2(T_c) + \frac{1}{4}\beta P_s^4(T_c) + \frac{1}{6}\gamma P_s^6(T_c) \tag{7.40}$$

が使われる．

この (7.40) と，(7.39) で $T = T_c$ とおいたものとを連立させて解くと，

$$P_s^2(T_c) = -\frac{3}{4}\frac{\beta}{\gamma} \tag{7.41}$$

$$T_c - T_0 = \frac{3}{16}\frac{\beta^2}{\alpha_0\gamma} \tag{7.42}$$

が導かれる．また (7.39) の 5 次方程式を解くと，P_s の温度依存性が

$$P_s = 0 \qquad (T \geqq T_c) \tag{7.43}$$

$$P_s^2 = \frac{-\beta + \sqrt{\beta^2 - 4\alpha_0\gamma(T - T_0)}}{2\gamma} \qquad (T \leqq T_c) \tag{7.44}$$

と得られる（図 7.8）．

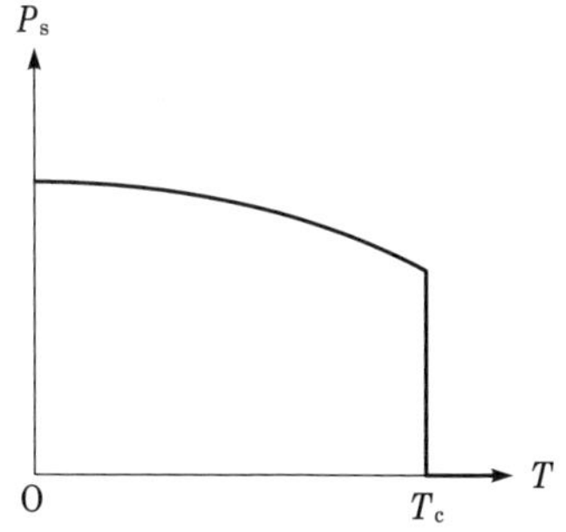

図 7.8 1 次相転移における分極 P の温度変化

一方，初期電気感受率 χ の温度依存性を調べるために，2 次相転移のときと同様に (7.38) を E で偏微分して整理すると，

$$\varepsilon_0\chi = \left(\frac{\partial P}{\partial E}\right)_T = \frac{1}{\alpha_0(T - T_0) + 3\beta P^2 + 5\gamma P^4} \tag{7.45}$$

となる．したがって，これに (7.43) を代入すると，高温相における感受率のキュリー - ワイス則が導かれる．

$$\chi = \frac{C}{T - T_0} \qquad (T \geqq T_c) \tag{7.46}$$

これに対して，強誘電相の方は (7.45) に (7.44) を代入してみても，簡単な形に整理することができない．しかし，T_c 直下では

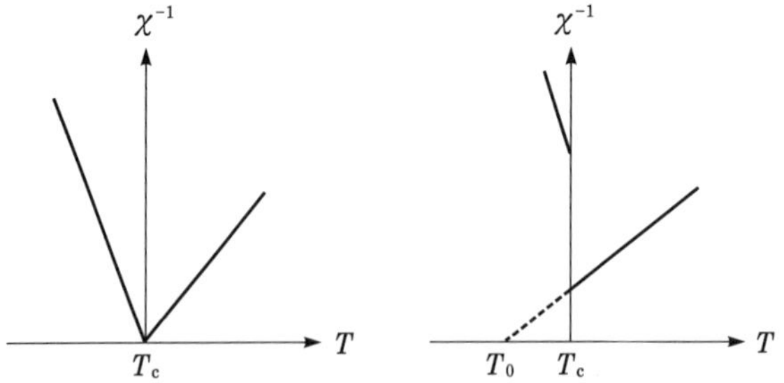

(a) 2次相転移　　(b) 1次相転移

図 7.9　χ^{-1} の温度依存性

$$\chi = \frac{C}{4(T_c - T_0)} \qquad (T = T_c) \tag{7.47}$$

となることが示される．図 7.9 に 2 次相転移と 1 次相転移の χ^{-1} の温度依存性を示した．

§7.4　分極反転と分域

強誘電体が電場中で示す最も重要な特性に，**分極反転**とよばれる現象がある．これは，強誘電体の分極が電場によって不連続的に向きを変える現象であって，初めにも述べたように，この分極反転を示すものだけが強誘電体とよばれる．

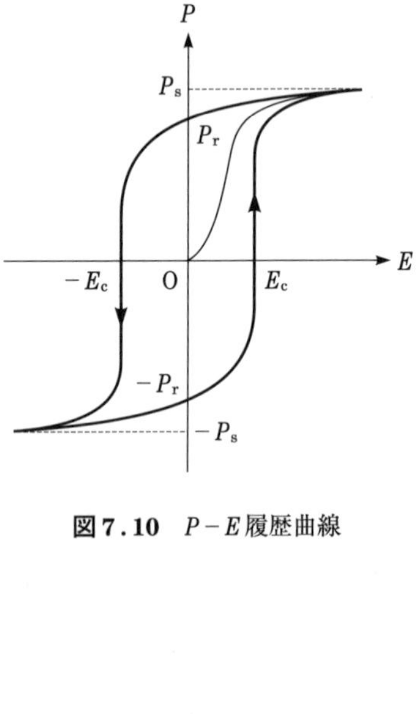

図 7.10　$P-E$ 履歴曲線

強誘電体結晶は，後で述べるように分域構造をとるために，電場を加えない状態では全体として分極は観測されない．しかし，この状態で電場を加えると，図 7.10 に示すように，電場 $\boldsymbol{E}$ の方向に

分極 $\boldsymbol{P}$ が現れる．こうして誘起された $\boldsymbol{P}$ は，電場を増していくと各分域の分極が電場の方向に揃うためにその大きさ P は次第に増大し，やがてすべての分域の分極が揃ったところで飽和値 P_s に達する．この飽和状態から，今度は逆に電場を減少させていくと，各分域の分極は揃ったまま各分域内の分極が少し減少するため，結晶の分極 P は全体として少し減少するが，電場をゼロに戻しても P はゼロにはならない．このときの分極 P_r を**残留分極**という．

この状態を解消するには，分極とは逆向きに電場を加えなければならない．電場が $E = -E_\mathrm{c}$（E_c：抗電場）になると分極反転が起こり，その後 $\boldsymbol{P}$ は，初めとは逆向きに飽和する．したがって，この状態から再度電場の向きを逆転させると，結局，$\boldsymbol{P}$ は図 7.10 のように変化して，P - E 曲線は 1 つの閉じたループを描く．この曲線は **$\boldsymbol{P}$ - $\boldsymbol{E}$ 履歴曲線**とよばれる．

分極反転の現象論的説明

分極反転は，電場によって強制的に引き起こされる 1 次相転移であって，この現象もまた，ランダウの理論から理解することができる．簡単のために高温相から強誘電相へ 2 次相転移する強誘電体を考えよう．

電場 E が存在する場合のギブスの自由エネルギーは，(7.30) に $-\boldsymbol{P}\cdot\boldsymbol{E}$ が加わって，

$$G(T, P, E) = \frac{1}{2}\alpha_0(T - T_\mathrm{c})P^2 + \frac{1}{4}\beta P^4 - PE \qquad (7.48)$$

となる．したがって，自由エネルギーが極値をとるときの $P(E)$ は，結局，3 次方程式 (7.31) を解いて得られる．図 7.11 はその結果を模式的に描いたものである．強誘電相（$T < T_\mathrm{c}$）では，P - E 履歴曲線は S 字形を描き，$-E_\mathrm{c} < E < E_\mathrm{c}$ で $P(E)$ は 3 つの解をもつ．その内の 1 つで曲線 BOC に当る解は不安定解であって実現しない．したがって，点 B の状態で電場を変化させると曲線 BOC を辿らないで，直線 BD に沿って D の状態へ飛び移る．逆に点 C では直線 CA に沿って A の状態に飛び移る．このよう

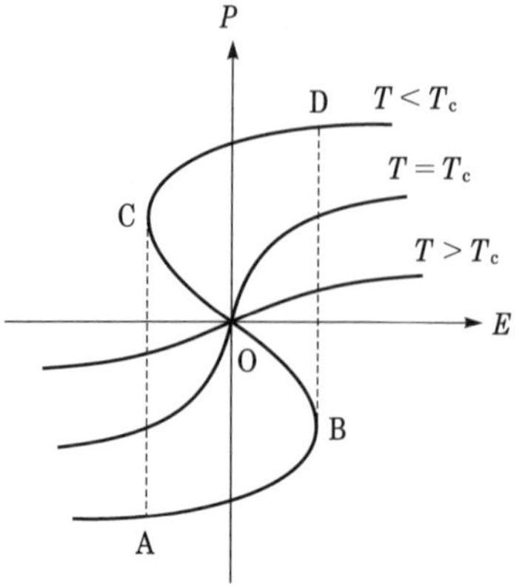

図 7.11　自由エネルギーの極値から導かれる $P-E$ 履歴曲線

にして，P - E 曲線は図 7.10 のようにループを描くことになる．

ソーヤ - タワー回路

分極 P を測定するには，誘電体に溜まっている分極電荷を測定すればよい．この分極電荷の測定には，予め容量のわかっているコンデンサーを使って，間接的に誘電体の分極電荷を測る方法が一般に採られており，強誘電体の P - E 履歴曲線を測定する**ソーヤ - タワー回路**にも使われている（図 7.12）．

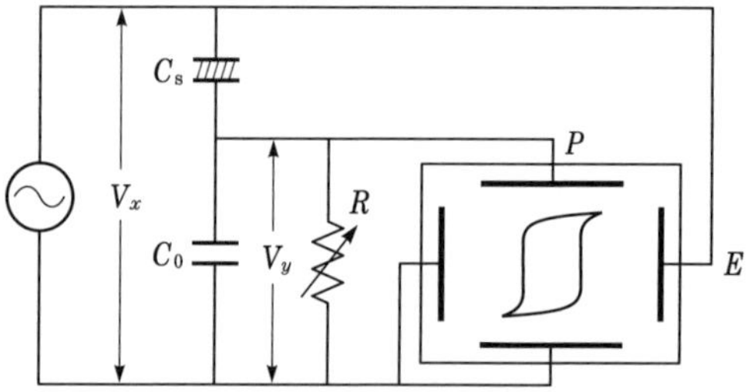

図 7.12　ソーヤ - タワー回路

この回路では，試料（測定される誘電体）でつくられたコンデンサー（容量 C_S）と容量のわかっているコンデンサー（C_0）を直列に連結し，両端に交流電圧 V_x を印加する．この場合，C_0 は大容量のコンデンサーであって，$C_0 \gg C_S$ であるとすると，電圧 V_x はそのほとんどが C_S に印加されていると考えてよい．そこで，この電圧 V_x をオシロスコープの横軸に入力すると，横軸は誘電体に掛かっている電圧を表示する．

一方，直列に連結された2つのコンデンサーに蓄えられる電荷は等しいから，C_S 上の電荷は C_0 の電荷で代用することができる．また C_0 の容量は C_S と違って一定であるため，C_0 の両端の電圧 V_y は C_0 の電荷，すなわち，C_S の電荷に正確に比例する．したがって，この電圧 V_y をオシロスコープの縦軸に入力すると，図7.12の中に示されるように分極反転による P - E 履歴曲線のループを観察することができる．

分　域

強誘電体は分域構造をとることが知られている．結晶全体の分極が1方向に揃った状態（**単分域構造**）は，表面に現れる分極電荷によって周りの空間に静電場ができ，エネルギー的に不安定である．そこで，この静電エネルギーを下げようとして，結晶は**分極**の向きの異なる小さな領域に分かれて**多分域状態**が実現している．多分域状態では隣接する2つの分域は分域境界（これを**分域壁**という）で隔てられており，それぞれの分域壁の方位は任意ではなく，分域壁がもつ界面エネルギーを最低にするという条件から決まっている．

高温相から強誘電相へ相転移すると一般に結晶の対称性が下がる．その際，強誘電相では失われた対称要素に属する操作の数だけの等価な構造が可能であって，そのため異なる方向に分極をもつ分域ができる．前に出てきた $BaTiO_3$ を例にとると，常誘電相の立方晶から強誘電相の正方晶へ相転移すると，中心にある Ti^{2+} が［0 0 1］の方向にずれて，水平方向の2本の4回対称軸と水平な鏡映面が消失する．したがって，自発分極の方向は4回対称軸の2方向と，鏡映面に垂直な方向の3方向である．これにそれぞれ正負の向きまで区別すると，結局6通りの分極が起こり得ることになる．

8 交換相互作用と磁気的秩序

前の章では，強誘電体が強磁性体のアナローグと見なせることを述べた．それは誘電性を担うものが電気双極子であり，磁性を担うものが磁気双極子であって，いずれも双極子モーメントであることによっていた．しかし，電気双極子モーメントは正負の電荷分布の中心が互いにずれることによって現れるが，原子磁気モーメント $\boldsymbol{\mu}$ は，原子の不完全殻（電子が完全には満たされていない殻）に含まれる全電子の角運動量の和 $\boldsymbol{J}\hbar$（全軌道角運動量 $\boldsymbol{L}\hbar$ と全スピン角運動量 $\boldsymbol{S}\hbar$ の和）に比例して現れる．すなわち，

$$\boldsymbol{\mu} = g\mu_{\rm B}\boldsymbol{J} = \gamma\boldsymbol{J} \tag{8.1}$$

で与えられる．よく知られているように角運動量の振舞いは量子力学によって記述されるため，磁性は量子力学とは不可分な関係にある．(8.1) で，$\mu_{\rm B} = e\hbar/2m$ は**ボーア磁子**（Bohr magneton），$\gamma = g\mu_{\rm B}$ は**回転磁気比**とよばれる．また，g は g 因子で，**スピン－軌道相互作用**（$\boldsymbol{L}\cdot\boldsymbol{S}$ **結合**）がある場合にはテンソルになる．

本章では，このような磁気双極子モーメントの集合が示す物質の磁性を，磁気双極子モーメント間（以降，双極子は省く）にはたらく交換相互作用と，それが協力的にはたらくことによって形成される磁気的秩序を中心に見ていく．

まず，初めに交換相互作用について，**ハイゼンベルクの理論**の基本的な部分を紹介する．次に磁気的秩序形成の現象論的な説明に有効な**ワイスの分子磁場理論**について述べ，それによって相互作用のおおよその大きさが評価できることなどを示す．最後に，磁性体に低温で形成されるいろいろなタイプの磁気秩序を，**部分格子**の概念を用いて分類し，その特徴を概説する．

§8.1 交換相互作用

磁気モーメント間にはたらく相互作用としては，まず古典的に考えられるものに磁気双極子相互作用がある．しかし，この古典的な相互作用は，磁性体の磁気的秩序をもたらすには余りにも小さく，例えば，距離が 0.3 nm 離れた 1 μ_B の双極子対の相互作用エネルギーは温度に換算すると約 0.03 K である．したがって，磁気的秩序が双極子相互作用によるものだとすれば，この温度以上では，熱擾乱によって秩序は壊されてしまうことになる．しかし，磁性体が無秩序相から強磁性相や反強磁性相へ移るキュリー温度やネール温度は 1000 K を超えることもある．それゆえ，磁性体の磁気モーメント間にはもっと強い力がはたらいていなければならない．

そのような強い相互作用が，電子間にはたらくクーロン力の量子力学的効果であることを初めて指摘したのは**ハイゼンベルク**（Heisenberg）であった．彼は 2 個の電子が位置を交換することによって，電子対のクーロンエネルギーが，それぞれのスピン角運動量の相対的な方向に依存した力をもたらすことを示したのである．

ハイトラー－ロンドンの近似

まず，ハイゼンベルクの理論の基礎的な部分を説明しておこう．第 1 章の第 3 節では水素分子の生成と電子状態について考察し，共有結合を導いた．そこでの議論は，1 電子近似の立場に立ったもので，水素分子の電子は，2 つの陽子 a，b による引力ポテンシャルと他の電子による平均場ポテンシャルの中を運動すると考えた．したがって，各電子の軌道は 2 つの原子にまたがる分子軌道とよばれるものであった．

しかし，イオン結晶のように電子がそれぞれのイオンに属していると考えられる場合には，電子の軌道はむしろ分子軌道ではなく，それぞれの原子の軌道と考えた方が近似としては真実に近い．この近似は**ハイトラー－ロンドン（Heitler－Lonndon）の近似**とよばれる．

ハイトラー‐ロンドンの近似では，2個の原子核a，bが距離 $R=\infty$ だけ離れた状態を出発点（非摂動状態）として，R が有限のときの2個の電子間のクーロン相互作用

$$H_{\mathrm{int}}=\frac{e^2}{4\pi\varepsilon_0|\boldsymbol{r}_1-\boldsymbol{r}_2|} \tag{8.2}$$

を摂動にとって，1次の摂動エネルギーを計算する．いま，2電子の位置座標を $\boldsymbol{r}_1$，$\boldsymbol{r}_2$，スピン座標を s_1，s_2 とすると，スピンを含む2電子の全波動関数としては，パウリ（Pauli）の禁制原理の要請のため2電子の交換に対して符号を変えなければならないことから，次の4つが考えられる．

$$\phi_{\mathrm{S}}=\frac{1}{2}\{\phi_{\mathrm{a}}(\boldsymbol{r}_1)\phi_{\mathrm{b}}(\boldsymbol{r}_2)+\phi_{\mathrm{a}}(\boldsymbol{r}_2)\phi_{\mathrm{b}}(\boldsymbol{r}_1)\}\{\alpha(s_1)\beta(s_2)-\alpha(s_2)\beta(s_1)\} \tag{8.3}$$

$$\phi_{\mathrm{T}+1}=\frac{1}{\sqrt{2}}\{\phi_{\mathrm{a}}(\boldsymbol{r}_1)\phi_{\mathrm{b}}(\boldsymbol{r}_2)-\phi_{\mathrm{a}}(\boldsymbol{r}_2)\phi_{\mathrm{b}}(\boldsymbol{r}_1)\}\alpha(s_1)\alpha(s_2) \tag{8.4}$$

$$\phi_{\mathrm{T}0}=\frac{1}{2}\{\phi_{\mathrm{a}}(\boldsymbol{r}_1)\phi_{\mathrm{b}}(\boldsymbol{r}_2)-\phi_{\mathrm{a}}(\boldsymbol{r}_2)\phi_{\mathrm{b}}(\boldsymbol{r}_1)\}\{\alpha(s_1)\beta(s_2)+\alpha(s_2)\beta(s_1)\} \tag{8.5}$$

$$\phi_{\mathrm{T}-1}=\frac{1}{\sqrt{2}}\{\phi_{\mathrm{a}}(\boldsymbol{r}_1)\phi_{\mathrm{b}}(\boldsymbol{r}_2)-\phi_{\mathrm{a}}(\boldsymbol{r}_2)\phi_{\mathrm{b}}(\boldsymbol{r}_1)\}\beta(s_1)\beta(s_2) \tag{8.6}$$

ここで，ϕ_{a}，ϕ_{b} はa，bの原子軌道の波動関数であり，α，β はスピンの z 成分がそれぞれ $s_z=+1/2$ と $s_z=-1/2$ のスピン固有関数である．

2電子のスピン状態は，合成スピン $S=0$（$\boldsymbol{S}=\boldsymbol{s}_1+\boldsymbol{s}_2$）の状態と $S=1$ の状態がある．前者は**1重項**とよばれ，2個の電子のスピン反平行状態に対応しており，スピン関数は反対称的である．したがって，スピン状態が1重項である場合の2電子の全波動関数は対称的な空間関数と反対称的なスピン関数の積から成る．(8.3) の ϕ_{S} がそれに当る．

一方，後者の $S=1$ のスピン状態は**3重項**とよばれ，2個の電子のスピンは平行になる．この場合は $S_z=1, 0, -1$ に対応して3個の対称スピン関数があるので，それらの対称スピン関数の1つと反対称的空間関数との積か

ら成る3つの全波動関数が存在し，(8.4)～(8.6) の3つの ψ_{T} がそれに対応する．ここで，添字SとTは1重項と3重項を表し，Tに付く $0, \pm 1$ は合成スピンの z 成分 S_z を表す．

これらの波動関数 ψ_{S}, ψ_{T} を用いて2電子間のクーロン相互作用 (8.2) の期待値を1重項と3重項に対して求めると，それらの期待値は波動関数の空間部分にのみ依存するため，

$$E_{\mathrm{S}} = \frac{e^2}{4\pi\varepsilon_0}\iint \psi_{\mathrm{S}}{}^* \frac{1}{|\boldsymbol{r}_1 - \boldsymbol{r}_2|} \psi_{\mathrm{S}}\, d\boldsymbol{r}_1\, d\boldsymbol{r}_2 \equiv K + J \tag{8.7}$$

$$E_{\mathrm{T}} = \frac{e^2}{4\pi\varepsilon_0}\iint \psi_{\mathrm{T}i}{}^* \frac{1}{|\boldsymbol{r}_1 - \boldsymbol{r}_2|} \psi_{\mathrm{T}i}\, d\boldsymbol{r}_1\, d\boldsymbol{r}_2 \equiv K - J \qquad (i = +1, 0, -1) \tag{8.8}$$

となる．ここで，

$$K = \frac{e^2}{4\pi\varepsilon_0}\iint |\phi_{\mathrm{a}}(\boldsymbol{r}_1)|^2 \frac{1}{|\boldsymbol{r}_1 - \boldsymbol{r}_2|} |\phi_{\mathrm{b}}(\boldsymbol{r}_2)|^2\, d\boldsymbol{r}_1\, d\boldsymbol{r}_2 \tag{8.9}$$

$$J = \frac{e^2}{4\pi\varepsilon_0}\iint \phi_{\mathrm{a}}{}^*(\boldsymbol{r}_1)\, \phi_{\mathrm{b}}{}^*(\boldsymbol{r}_1) \frac{1}{|\boldsymbol{r}_1 - \boldsymbol{r}_2|} \phi_{\mathrm{b}}(\boldsymbol{r}_2)\, \phi_{\mathrm{a}}(\boldsymbol{r}_2)\, d\boldsymbol{r}_1\, d\boldsymbol{r}_2 \tag{8.10}$$

であって，K は**クーロン積分**，J は**交換積分**とよばれる．

これから平行スピン状態と反平行スピン状態におけるクーロン斥力エネルギーの期待値には

$$E_{\mathrm{T}} - E_{\mathrm{S}} = -2J \tag{8.11}$$

の差があることがわかる．そこで，(8.11) はスピン状態の違いよって異なるエネルギーを与える新しいタイプの相互作用と考えて，**交換相互作用**とよばれる．$J > 0$ を示すことができるので，(8.11) は，平行スピン状態すなわち強磁性的である方が2個の電子はエネルギー的に有利であることを示している．

以上がハイゼンベルクの理論の基礎的な部分である．この議論はイオン結晶の場合に適用できると考えられる．しかし，具体的な磁性結晶では，磁性

イオン（陽イオン）は直接隣り合うことはなく，その間に陰イオンが介在している．そのため，磁性イオン間の交換相互作用を理解するには，上で述べたよりもより詳しい理論が必要になる．そのような，陰イオンを介する交換相互作用は**超交換相互作用**とよばれる．超交換相互作用の理論については，ここでその説明は省くが，超交換相互作用の場合，J の符号は正も負もとりうる．$J<0$ の場合は2つのスピンは互いに逆向き（反強磁性的）になった方がエネルギーが低くなる．

ハイゼンベルクハミルトニアン

磁性体には多数の磁性イオンがあり，各磁性イオンには1個以上の磁性電子（スピンを相殺し合う相手のない不対電子）がある．ハイゼンベルクは，(8.11) の形の交換相互作用から，磁性体全体の磁性電子の交換エネルギーに対する**ハイゼンベルクハミルトニアン**

$$H = -2\sum_i \sum_{j\neq i} J_{ij} \boldsymbol{S}_i \cdot \boldsymbol{S}_j \tag{8.12}$$

を提唱した．ここで，和は相互作用をもつすべてのスピン対についてとられる．

(8.12) を導く過程はかなり面倒な作業なので，ここでは省略するが，(8.12) の $\boldsymbol{S}_i\hbar$，$\boldsymbol{S}_j\hbar$ は，それぞれ原子 i と原子 j の全角運動量であって，通常の常磁性の議論などでは $\boldsymbol{J}\hbar$ と書かれるべきものである．それにもかかわらず，習慣上 $\boldsymbol{S}\hbar$ と書かれ，スピンとよばれている．したがって，$-2J_{ij}\boldsymbol{S}_i\cdot\boldsymbol{S}_j$ は原子 i の全角運動量 $\boldsymbol{S}_i\hbar$ と原子 j の全角運動量 $\boldsymbol{S}_j\hbar$ の間の交換相互作用である．

(8.12) は

$$H = -2\sum_i \sum_{j\neq i} (J_{ij}{}^x S_i{}^x S_j{}^x + J_{ij}{}^y S_i{}^y S_j{}^y + J_{ij}{}^z S_i{}^z S_j{}^z) \tag{8.13}$$

のように一般化することができる．この一般化された交換相互作用ハミルトニアンは $J_{ij}{}^x$，$J_{ij}{}^y$，$J_{ij}{}^z$ の値によって

① **ハイゼンベルク模型**: $J_{ij}^{x} = J_{ij}^{y} = J_{ij}^{z} = J_{ij}$

② **イジング模型**: $J_{ij}^{x} = J_{ij}^{y} = 0, \quad J_{ij}^{z} = J_{ij}$

③ **XY 模型**: $J_{ij}^{x} = J_{ij}^{y} = J_{ij}, \quad J_{ij}^{z} = 0$

のように分類される.

§8.2 強 磁 性

磁性体は，高温では各磁性イオンの磁気モーメント $\boldsymbol{\mu}_i$ がバラバラの方向をとっており，無秩序状態にある．しかし，ある温度（強磁性体ではキュリー温度（$T_{\rm c}$），反強磁性体ではネール温度（$T_{\rm N}$））以下になると，$\boldsymbol{\mu}_i$ は一定の秩序をもった配列をとるようになる．この秩序をもたらしている原動力は前節で述べた（8.12）のような交換相互作用であって，相互作用の定数 J_{ij} が正であれば，すべての $\boldsymbol{\mu}_i$ が1つの方向に揃った強磁性状態が実現する.

ここでは，まず，強磁性体に関する実験事実を説明するために1907年にワイス（P. Weiss）によって出された現象論を解説する．この現象論は平均場理論の一例であって，すべてのスピンが同じ平均磁場を受けているという仮定に立っているため，ワイスの**分子磁場理論**とよばれている．ついで，その分子磁場理論を用いて，強磁性体の無秩序相（$T > T_{\rm c}$）での磁化率の振舞いや，強磁性相（$T < T_{\rm c}$）での自発磁化の温度変化などを求めてみる.

ワイスの分子磁場

1種類の磁性原子だけから成る磁性体を考えよう．各原子は全スピン角運動量 $\boldsymbol{S}\hbar$ にともなう共通の原子磁気モーメント $\boldsymbol{\mu}_i = -g\mu_{\rm B}\boldsymbol{S}_i$ をもっていて，それらの磁気モーメント間にはスピン交換相互作用が存在しているものとする．そのような系のハミルトニアンは，上で述べたハイゼンベルクハミルトニアン

$$H = -2\sum_i \sum_{j \neq i} J_{ij} \boldsymbol{S}_i \cdot \boldsymbol{S}_j \qquad (8.12)$$

で与えられる．ここで，簡単にするために，交換相互作用は最近接スピン対

$\langle i, j \rangle$ にだけはたらくものとし，その交換積分の大きさを J と書くことにすると，(8.12) は

$$H = -2J \sum_{i} \sum_{j \neq i} \boldsymbol{S}_i \cdot \boldsymbol{S}_j = -2J \sum_{i} \boldsymbol{S}_i \cdot \Big(\sum_{j} \boldsymbol{S}_j\Big) \qquad (8.14)$$

となる．ここで（　）内の和はスピン i の最近接にあるスピン j についてとられる．

いま，最近接スピンが z 個あるとして，$\boldsymbol{S}_j$ を熱平均値 $\langle \boldsymbol{S} \rangle$ におき換えると (8.14) は

$$H = -2Jz \sum_{i} \boldsymbol{S}_i \cdot \langle \boldsymbol{S} \rangle = -\sum_{i} \boldsymbol{\mu}_i \cdot \boldsymbol{B}_{\mathrm{eff}} \qquad (8.15)$$

と書くことができる．ここで，$\boldsymbol{\mu}_i = -g\mu_{\mathrm{B}} \boldsymbol{S}_i$ は原子磁気モーメントに対応する演算子である．(8.15) はスピン $\boldsymbol{\mu}_i$ と有効磁場 $\boldsymbol{B}_{\mathrm{eff}}$ の相互作用エネルギーの形をしているので，$\boldsymbol{B}_{\mathrm{eff}}$ はスピン $\boldsymbol{\mu}_i$ に作用する一種の有効磁場であって，**分子磁場**とよばれるものである．$\boldsymbol{B}_{\mathrm{eff}}$ は系のスピンの熱平均 $\langle \boldsymbol{S} \rangle$（したがって，磁化 $\boldsymbol{M} = -Ng\mu_{\mathrm{B}} \langle \boldsymbol{S} \rangle$）に比例しており，

$$\boldsymbol{B}_{\mathrm{eff}} = -\frac{2Jz\langle \boldsymbol{S} \rangle}{g\mu_{\mathrm{B}}} = \frac{2Jz\boldsymbol{M}}{N(g\mu_{\mathrm{B}})^2} \qquad (8.16)$$

で与えられる．ここで，N は単位体積中の磁性原子の個数である．

分子磁場理論を用いた磁気的性質の計算

ワイスの分子磁場を仮定すると，外部磁場 $\boldsymbol{B}$（磁束密度 $\boldsymbol{B}$ の磁場）が磁性体に印加されているとき，原子磁気モーメントにはたらく有効磁場は

$$\boldsymbol{B}_{\mathrm{eff}} = \boldsymbol{B} + \lambda\mu_0 \boldsymbol{M}, \qquad \lambda = \frac{2Jz}{N\mu_0(g\mu_{\mathrm{B}})^2} \qquad (8.17)$$

と表される．ここで，λ は**分子磁場係数**である．したがって，最近接磁気モーメント間に交換相互作用が存在する磁性体の場合，外部磁場 $\boldsymbol{B}$ の下で示す磁気的性質は，近似的には有効磁場 $\boldsymbol{B}_{\mathrm{eff}}$ の下でそれらの磁気モーメントが独立に振舞うと仮定して計算することができる．

原子磁気モーメント $\boldsymbol{\mu} = -g\mu_{\mathrm{B}}\boldsymbol{S}$ の基底状態がもつ S_z に関する $2S+1$ 個の縮退は，有効磁場 $\boldsymbol{B}_{\mathrm{eff}}$ が存在すると破れて，

$$E_m = g\mu_{\mathrm{B}} m B_{\mathrm{eff}} \qquad (m \equiv S_z = -S, -S+1, \cdots, S-1, S) \tag{8.18}$$

のように，$2S+1$ 個の等間隔な準位に分裂する．

一般に，ボルツマン統計を用いると，エネルギー E があるエネルギー準位 E_m をとる確率は，**ボルツマン因子**

$$\exp\left(-\frac{E_m}{k_{\mathrm{B}}T}\right) \tag{8.19}$$

に比例する．したがって，ある物理量 A のエネルギー準位 E_m における値を A_m とすると，A の統計力学的な平均値 $\langle A\rangle$ は，ボルツマン因子を用いて

$$\langle A\rangle = \frac{\displaystyle\sum_{m=-S}^{S} A_m \exp\left(-\frac{E_m}{k_{\mathrm{B}}T}\right)}{\displaystyle\sum_{m=-S}^{S} \exp\left(-\frac{E_m}{k_{\mathrm{B}}T}\right)} \tag{8.20}$$

で与えられる．

いま，$\boldsymbol{\mu}$ が互いに独立に振舞うと仮定すると，温度 T では $\boldsymbol{\mu}$ が準位 E_m を占有する相対的な確率（ボルツマン因子）は

$$\exp\left(-\frac{E_m}{k_{\mathrm{B}}T}\right) = \exp\left(-\frac{g\mu_{\mathrm{B}} B_{\mathrm{eff}} m}{k_{\mathrm{B}}T}\right) \tag{8.21}$$

であるから，単位体積に N 個の磁性原子を含む磁性体の磁化の z 成分 M_z は，(8.20) から

$$M_z = N\langle \mu_z\rangle = -Ng\mu_{\mathrm{B}}\langle S_z\rangle = -Ng\mu_{\mathrm{B}}\langle m\rangle = Ng\mu_{\mathrm{B}} S\, B_S(x) \tag{8.22}$$

と導かれる（例題 8.1）．ここで，

$$x = \frac{g\mu_{\mathrm{B}} S B_{\mathrm{eff}}}{k_{\mathrm{B}}T} \tag{8.23}$$

$$B_S(x) = \frac{2S+1}{2S}\coth\left(\frac{2S+1}{2S}x\right) - \frac{1}{2S}\coth\left(\frac{x}{2S}\right) \tag{8.24}$$

である．$B_S(x)$ は**ブリュアン関数**とよばれ，すべての S の値に対して，x が小さければ $B_S(x)$ は x に比例して増加し，大きな x に対しては飽和して 1 になる．

例題 8.1

(8.22) を導け．

［**解**］ $m \equiv S_z = -S, -S+1, \cdots, S-1, S$ とおくと

$$M_z = -Ng\mu_B\langle S_z\rangle = -Ng\mu_B\frac{\sum_{m=-S}^{S} m\exp\left(-\frac{g\mu_B B_{\rm eff} m}{k_B T}\right)}{\sum_{m=-S}^{S}\exp\left(-\frac{g\mu_B B_{\rm eff} m}{k_B T}\right)}$$

ここで，分母を Z_1 とおくと

$$Z_1(x) = \sum_{m=-S}^{S}\exp(-mx) = \frac{\sinh\left(\frac{2S+1}{2}x\right)}{\sinh\left(\frac{1}{2}x\right)}$$

となる．したがって，この $Z_1(x)$ を用いると以下となり，(8.22) が導かれる．

$$M_z = -\frac{Nk_B T^2}{B_{\rm eff}}\left(\frac{d\ln Z_1}{dx}\right)\left(\frac{\partial x}{\partial T}\right)_{B_{\rm eff}} = Ng\mu_B S\, B_S(x)$$

$T < T_c$ の強磁性相における自発磁化 M_S の温度変化を求めるには，

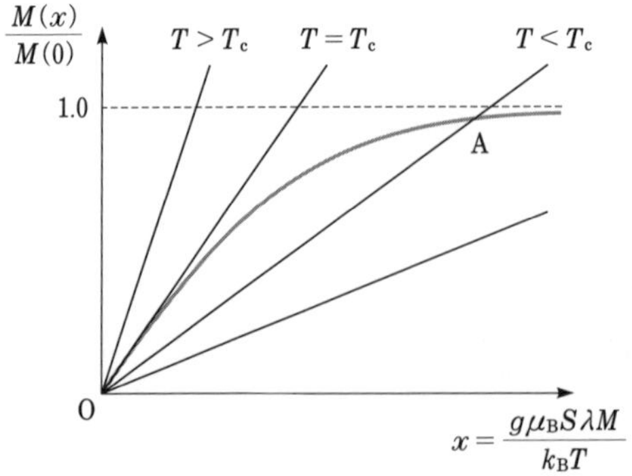

図 8.1　グラフから自発磁化 $M(T)$ を求める模式図

(8.17) の $\boldsymbol{B}$ を 0 とおいて，(8.22) を M_z ($= M_S$) について解けばよい．この (8.22) は超越方程式であって解析的には解けないが，$M_z = 0$ の解の他に，$M_z \neq 0$ の解をもつ場合がある．通常 (8.22) を解くには，両辺の M_z を x の関数としてグラフを描き，その交点を求める方法がとられる．図 8.1 はその方法を図示している．

キュリー温度と自発磁化

(8.22) の左辺は，$M_0 = Ng\mu_B S$ とおくと，(8.17) と (8.23) から

$$M_z(x) = \frac{Nk_B T}{\lambda\mu_0 M_0}x \tag{8.25}$$

と表すことができる．したがって，このグラフは図 8.1 のように勾配が温度に比例して変化する直線である．一方，右辺は

$$M_z(x) = M_0 B_S(x) \tag{8.26}$$

となり，図の曲線を与える．

いま，この曲線の原点における接線と (8.25) の直線とが一致する温度を T_c とすると，$T \geqq T_c$ では 2 つのグラフは原点でしか交点をもたないので $M_S = 0$ が解となる．一方，$T < T_c$ では 2 つのグラフは原点以外の点でも交わり，その交点が $M_S \neq 0$ の解を与える．したがって，T_c は磁性体の**キュリー温度**に対応している．

小さな x に対しては，ブリユアン関数は

$$B_S(x) \approx \frac{S+1}{3S}x \tag{8.27}$$

と表せるから，(8.26) の原点における接線の勾配は $(S+1)M_0/3S$ となる．したがって，T_c は直線 (8.25) の傾きがこれに等しくなる温度として求められ，

$$T_c = \lambda\mu_0 \frac{N(g\mu_B)^2 S(S+1)}{3k_B} \equiv \lambda C \tag{8.28}$$

と得られる．ここで C は**キュリー定数**である．

$T < T_c$ では，直線と曲線は原点と点 A の 2 箇所で交差する．原点は不安定平衡に対応しており，点 A が安定な解である．点 A で表される自発磁化 M_S は，$T = T_c$ でゼロで，温度を下げていくと $T = 0$ で飽和値 $M_0 = Ng\mu_B S$ になる．

(8.25) と (8.26) を解くことにより得られた，$S = 1/2$, $S = 1$, $S = \infty$ に対する分子磁場理論の結果を図 8.2 に示しておく．これらの理論曲線は，鉄，ニッケル，コバルトなどの実験結果と定性的には一致している．しかし，T が T_c に近づくと理論曲線は実験結果に比べて急速に減少する．これは，(7.26) の右辺のブリユアン関数 B_S で，たとえ $M_z = M_0$ と仮定しても T が大きくなると左辺の M_z が減少するためである．この減少した M_z が再び B_S の中にはね返ると，(7.26) の左辺はますます減少する．このようにして，分子磁場理論では，T が T_c に近づいて M_z が減少し始めると，M_z はなだれのように減少してゼロに近づくことになる．

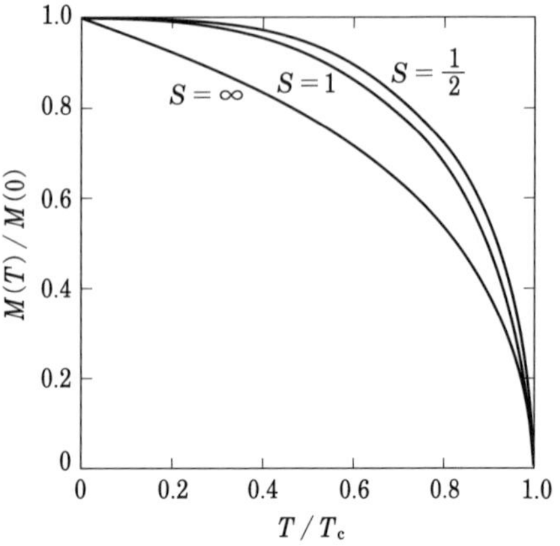

図 8.2　分子磁場理論による自発磁化の温度依存性

キュリー - ワイスの法則

$T > T_c$ の常磁性相では自発磁化は存在しないが，外部磁場 $\boldsymbol{B}$ が加わると磁化 $\boldsymbol{M}$ が生じるため，各磁気モーメント $\boldsymbol{\mu}_i$ は $\boldsymbol{M}$ に比例した分子磁場を受ける．そのため，磁場方向に誘起される磁化 M_z に対しては依然として (8.22) が成り立つ．ただし，

$$x = \frac{g\mu_B S B_{\text{eff}}}{k_B T} = \frac{g\mu_B S(B + \lambda\mu_0 M_z)}{k_B T} \ll 1$$

となるため，(8.22) の $B_S(x)$ は x で展開して近似することができ，(8.27)

とおくことができる．したがって，(8.22) は

$$M_z = \frac{N(g\mu_B)^2 S(S+1)}{3k_B T}(B + \lambda\mu_0 M_z) = \frac{C}{T}(B + \lambda\mu_0 M_z) \tag{8.29}$$

となる．これを整理して (8.28) を使うと，磁化率 χ が導かれる．

$$\chi = \frac{\mu_0 M_z}{B} = \frac{C}{T - T_c} \tag{8.30}$$

(8.30) は磁化率についての**キュリー - ワイス (Curie - Weiss) の法則**とよばれる．すでに前節で見たように，強誘電体の電気感受率 χ の温度変化もまた，T_c 以上ではこのキュリー - ワイスの法則で表される．このように，協力的に秩序が形成される場合の系の感受率は，一般に (第 1 近似では) キュリー - ワイスの法則に従い，T_c で発散することがわかる．

T_c は，この温度に対応する熱エネルギー $k_B T_c$ が，強磁性秩序の起因となる交換相互作用エネルギーにちょうど匹敵する温度である．したがって，T_c から交換相互作用を見積もることが可能で，(8.17)，(8.28) から

$$J = \frac{3k_B T_c}{2zS(S+1)} \tag{8.31}$$

であることがわかる．強磁性体の T_c の典型的な値は～1000 K である．したがって，$T_c \sim 1000$ [K]，$S = 1/2$，$Z = 8$ の場合，$J \approx 0.03$ [eV] となる．

§8.3 いろいろな磁気構造

磁性体の秩序状態に現れる磁気構造は千差万別であって，それはスピン間の交換相互作用の性質によっている．交換相互作用は双極子相互作用と違って短距離力であって，一般に最近接磁性原子間で最も強く，第 2 近接原子，第 3 近接原子と，遠ざかるにつれてその大きさは急速に減少する．そのため，磁性体の磁気配列は，せいぜい主要な 2 つか 3 つの相互作用で決まっていることが多い．しかし，交換相互作用 J の符号は正だけでなく負の場合

もあるため，磁気モーメントの配列は，上で述べたような単純な強磁性型だけでなく，さまざまな磁気配列が見出される．特に，それらの相互作用間に競合があると，隣接スピンは必ずしも平行や反平行にはならず，互いに傾いた角度配列やらせん配列をとることもある．

（1） 部分格子磁気配列

化合物磁性体では，スピン（したがって原子磁気モーメント）は磁性原子がつくる格子点に局在していると考えてよい．したがって，スピンもまた原子と同様に格子を形成している．特に，強磁性体の場合は，それらのスピンがつくる格子と磁性原子がつくる格子とは完全に一致しており，すでに見てきたように，分子磁場理論では各格子点の平均磁気モーメントはすべての格子点で等しいと仮定される．

しかし多くの磁性体の秩序状態では，単純な強磁性型だけでなく，さまざまな型の磁気配列が実現する．そのため強磁性以外の磁性体では，各格子点の平均磁気モーメントはもはやすべての格子点で等しいのではなく，同じ平均磁気モーメント $\langle \boldsymbol{\mu}_n \rangle$ $(n = \mathrm{A, B}, \cdots)$ をもつ磁性原子が，もとの格子の部分格子を形成している．このような部分格子が形成されるのは，スピン間の交換相互作用 J が正だけでなく負の値もとり，また，最近接スピン間だけでなく，第 2 近接，第 3 近接スピン間までもはたらくためである．

部分格子が形成されている場合も，

$$\boldsymbol{M}_n = N_n \langle \boldsymbol{\mu}_n \rangle \qquad (n = \mathrm{A, B}, \cdots) \tag{8.32}$$

で定義される**部分格子磁化** $\boldsymbol{M}_n$ を導入すると，強磁性の計算に有効であった分子磁場理論を適用することができる．ただし，その場合，例えば，部分格子磁化 $\boldsymbol{M}_\mathrm{A}$ の受ける分子磁場 $\boldsymbol{B}_\mathrm{eff}^\mathrm{A}$ は

$$\boldsymbol{B}_\mathrm{eff}^\mathrm{A} = B + \lambda_\mathrm{A}\mu_0\boldsymbol{M}_\mathrm{A} + \lambda_\mathrm{B}\mu_0\boldsymbol{M}_\mathrm{B} + \cdots \tag{8.33}$$

のように，自分自身の磁化に比例した分子磁場だけでなく，他の部分格子の磁化による分子磁場も含まれる．

(2)　反強磁性

簡単なモデルとして体心立方格子の磁性体を考えよう．体心の位置にある磁性原子から見れば，最近接原子は頂点の位置にある8個の原子である．もし，(8.12) の最近接原子間のスピン交換相互作用 J_{ij} の符号が負であれば，体心の位置のスピンと頂点の位置のスピンは反平行になるのがエネルギー的に有利である．この事情は，頂点の磁性原子から見ても事情は同じである．したがって，このような体心立方格子の磁性体の格子は，2つの同等な部分格子，すなわち体心格子点がつくるA部分格子と頂点格子点がつくるB部分格子に分割することができ，秩序状態では，A部分格子の格子点の平均磁気モーメントとB部分格子の格子点の平均磁気モーメントとは反平行に配列する（図8.3）．このような磁性体を**反強磁性体**といい，反強磁性体が示す磁性を**反強磁性**という．

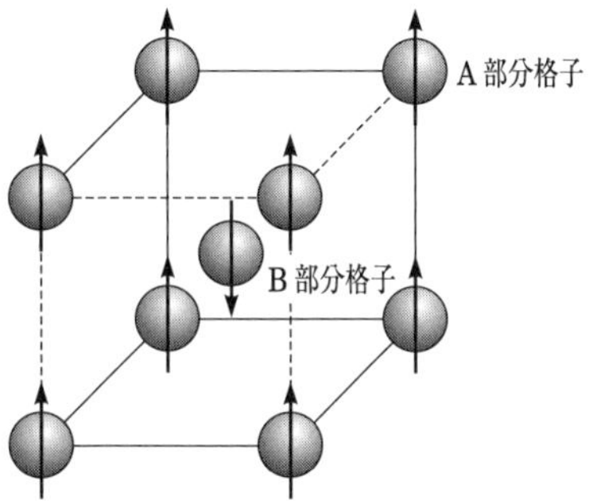

図8.3　体心立方反強磁性体の2部分格子

反強磁性を記述するには，それぞれの部分格子に対する部分格子磁化を

$$\left.\begin{aligned} \boldsymbol{M}^{\mathrm{A}} &= \sum_{i(\mathrm{A})}\langle\boldsymbol{\mu}_i\rangle = \frac{N}{2}\langle\boldsymbol{\mu}_{\mathrm{A}}\rangle \\ \boldsymbol{M}^{\mathrm{B}} &= \sum_{j(\mathrm{B})}\langle\boldsymbol{\mu}_j\rangle = \frac{N}{2}\langle\boldsymbol{\mu}_{\mathrm{B}}\rangle \end{aligned}\right\} \qquad (8.34)$$

のように定義して，強磁性のワイスの分子磁場の方法を拡張して適用する．すなわち，A（またはB）部分格子の磁性原子は，B（またはA）部分格子の磁化に比例した逆向きの分子磁場を受けると仮定する．したがって，それぞれの部分格子に対する有効磁場は

$$\boldsymbol{B}_{\mathrm{eff}}^{\mathrm{A}} = \boldsymbol{B} - \lambda\mu_0\boldsymbol{M}^{\mathrm{B}}, \qquad \boldsymbol{B}_{\mathrm{eff}}^{\mathrm{B}} = \boldsymbol{B} - \lambda\mu_0\boldsymbol{M}^{\mathrm{A}} \qquad (8.35)$$

のように書かれる．各部分格子が受ける分子磁場には，当然自分自身の磁化から受けるものも含まれる．しかし，それを含めてみても主要な定性的な結果は変わらないので，ここでは複雑さを避けるため省かれている．また，分子磁場係数 λ は，最近接交換相互作用 J（<0）だけをとり入れると，

$$\lambda = -\frac{4Jz}{N\mu_0(g\mu_B)^2} \tag{8.36}$$

で与えられる．

分子磁場理論では，各部分格子のスピンは，それぞれの有効磁場の下で独立に振舞うと仮定される．したがって，有効磁場が外部磁場 $\boldsymbol{B}$ に平行（または反平行）である場合，部分格子磁化の磁場方向（z 方向）の成分は，強磁性の場合の（8.22）と同様にブリユアン関数を用いて，

$$M_z{}^A = \frac{Ng\mu_B S}{2} B_S\left(\frac{g\mu_B S(B - \lambda\mu_0 M_z{}^B)}{k_B T}\right) \tag{8.37}$$

$$M_z{}^B = \frac{Ng\mu_B S}{2} B_S\left(\frac{g\mu_B S(B - \lambda\mu_0 M_z{}^A)}{k_B T}\right) \tag{8.38}$$

と表すことができる．

高温の場合は，$B_S(x)$ に対して（8.27）の近似を用いることができて，（8.37），（8.38）は，それぞれ

$$M_z{}^A = \frac{1}{2}\frac{N(g\mu_B)^2 S(S+1)}{3k_B T}(B - \lambda\mu_0 M_z{}^B) = \frac{C}{2\mu_0 T}(B - \lambda\mu_0 M_z{}^B) \tag{8.39}$$

$$M_z{}^B = \frac{1}{2}\frac{N(g\mu_B)^2 S(S+1)}{3k_B T}(B - \lambda\mu_0 M_z{}^A) = \frac{C}{2\mu_0 T}(B - \lambda\mu_0 M_z{}^A) \tag{8.40}$$

と表される．ここで C は強磁性の場合にも現れたキュリー定数で

$$C = \frac{N\mu_0(g\mu_B)^2 S(S+1)}{3k_B} \tag{8.41}$$

である．したがって，外部磁場 $\boldsymbol{B}$ によって反強磁性体に誘起される磁化 M_z は，（8.39），（8.40）を解いて

$$M_z = M_z{}^{\mathrm{A}} + M_z{}^{\mathrm{B}} = \frac{C}{\mu_0(T + T_{\mathrm{N}})} B \equiv \frac{\chi}{\mu_0} B \tag{8.42}$$

と得られる．ここで

$$T_{\mathrm{N}} = \frac{\lambda C}{2} = -\frac{2zJS(S+1)}{3k_{\mathrm{B}}} \tag{8.43}$$

は**ネール温度**とよばれる．

(8.43) は (8.39) と (8.40) について，$B = 0$ のとき $M_z{}^{\mathrm{A}}$ と $M_z{}^{\mathrm{B}}$ がともにゼロでない解をもつ温度としても導かれる．したがって，この温度から反強磁性秩序が始まり，自発部分格子磁化が現れる．また (8.42) から，$T > T_{\mathrm{N}}$ での反強磁性体の磁化率 χ についても，キュリー－ワイスの法則

$$\chi = \frac{C}{T + T_{\mathrm{N}}} \tag{8.44}$$

が成り立つことがわかる．しかし，(8.44) は強磁性体の場合の (8.30) と違って，$T = T_{\mathrm{N}}$ で χ は発散しない．

反強磁性の場合は，$T < T_{\mathrm{N}}$ でも磁化率 χ が定義できて，実際に測定できる．しかし，その温度依存性は結晶軸に対する外部磁場の方向によって大きく異なる．これは，部分格子磁化の結晶軸の方向に依存した内部エネルギー（**磁気異方性エネルギー**）のためである．この磁気異方性エネルギーのため，反強磁性秩序状態では，部分格子磁化は異方性エネルギーの最も有利な方向，つまり**容易軸方向**を向いている．したがって，磁化率は

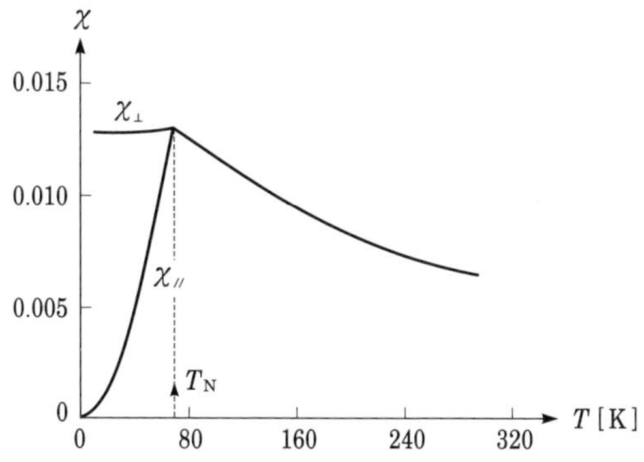

図8.4 反強磁性体 MnF_2 の磁化率．T_{N} 以下で観測された2つの磁化率は部分格子磁化に平行および垂直の向きの磁化率である．

外部磁場が部分格子磁化に平行か，直交しているかによって異なった値をとる（図8.4）．

磁場が部分格子磁化に平行な場合，$T = 0$ では，部分格子磁化の和 $M_z{}^{\mathrm{A}} + M_z{}^{\mathrm{B}}$ はゼロとなり，平行磁化率 $\chi_{/\!/}$ はゼロとなる．しかし，温度が上昇すると $M_z{}^{\mathrm{A}} + M_z{}^{\mathrm{B}} > 0$ となるため，平行磁化率 $\chi_{/\!/}$ が現れる．例題8.2で $\chi_{/\!/}$ を求めてみよう．

例題8.2

部分格子磁化 $\boldsymbol{M}^{\mathrm{A}}$，$\boldsymbol{M}^{\mathrm{B}}$ が互いに反平行を向いている反強磁性体において，$\boldsymbol{M}^{\mathrm{A}}$ に平行に磁場が印加されている場合の，反強磁性体の平行磁化率 $\chi_{/\!/}$ を求めよ．

［**解**］ 磁場方向の成分だけを考えればよいから，成分を表す z は省くことにする．部分格子A，Bについて，磁場のない場合の部分格子磁化を $M_0{}^{\mathrm{A}}$，$M_0{}^{\mathrm{B}}$ とし，磁場 $\boldsymbol{B}$ による変化をそれぞれ，δM^{A}，δM^{B} とすると，

$$M_0{}^{\mathrm{A}} = -M_0{}^{\mathrm{B}} \equiv M_0, \qquad M = M^{\mathrm{A}} + M^{\mathrm{B}} = \delta M^{\mathrm{A}} + \delta M^{\mathrm{B}}$$

が成り立つ．したがって，(8.37)，(8.38) は

$$M^{\mathrm{A}} = \frac{Ng\mu_{\mathrm{B}}S}{2}B_S\left(\frac{g\mu_{\mathrm{B}}S\{B - \lambda\mu_0(M_0{}^{\mathrm{B}} + \delta M^{\mathrm{B}})\}}{k_{\mathrm{B}}T}\right) \qquad (1)$$

$$M^{\mathrm{B}} = \frac{Ng\mu_{\mathrm{B}}S}{2}B_S\left(\frac{g\mu_{\mathrm{B}}S\{B - \lambda\mu_0(M_0{}^{\mathrm{A}} + \delta M^{\mathrm{A}})\}}{k_{\mathrm{B}}T}\right) \qquad (2)$$

と書ける．

ここで，

$$\lambda\mu_0 M_0 \gg B - \lambda\mu_0\delta M^{\mathrm{A,B}}$$

として，(1)，(2) を

$$\frac{B - \lambda\mu_0\delta M^{\mathrm{A,B}}}{k_{\mathrm{B}}T}$$

の1次のベキまで展開すると，

$$\begin{aligned}
M^{\mathrm{A}} &= M_0 + \delta M^{\mathrm{A}} \\
&= \frac{Ng\mu_{\mathrm{B}}S}{2}B_S\left(\frac{g\mu_{\mathrm{B}}S\lambda\mu_0 M_0}{k_{\mathrm{B}}T}\right) + \frac{N(g\mu_{\mathrm{B}}S)^2}{2}B_S{}'\left(\frac{g\mu_{\mathrm{B}}S\lambda\mu_0 M_0}{k_{\mathrm{B}}T}\right)\frac{B - \lambda\mu_0\delta M^{\mathrm{B}}}{k_{\mathrm{B}}T}
\end{aligned}$$

$$\begin{aligned}
M^{\mathrm{B}} &= M_0 + \delta M^{\mathrm{B}} \\
&= -\frac{Ng\mu_{\mathrm{B}}S}{2}B_S\left(\frac{g\mu_{\mathrm{B}}S\lambda\mu_0 M_0}{k_{\mathrm{B}}T}\right) + \frac{N(g\mu_{\mathrm{B}}S)^2}{2}B_S{}'\left(\frac{g\mu_{\mathrm{B}}S\lambda\mu_0 M_0}{k_{\mathrm{B}}T}\right)\frac{B - \lambda\mu_0\delta M^{\mathrm{A}}}{k_{\mathrm{B}}T}
\end{aligned}$$

となる．したがって，

$$\begin{aligned} M &= M^{\mathrm{A}} + M^{\mathrm{B}} = \delta M^{\mathrm{A}} + \delta M^{\mathrm{B}} \\ &= \frac{N(g\mu_{\mathrm{B}}S)^2}{2} B_S{}'\left(\frac{g\mu_{\mathrm{B}}S\lambda\mu_0 M_0}{k_{\mathrm{B}}}\right)\frac{2B - \lambda\mu_0(\delta M^{\mathrm{A}} + \delta M^{\mathrm{B}})}{k_{\mathrm{B}}T} \end{aligned}$$

が得られる．なお，$B_S{}'$ は B_S の1階部分である．これを $\delta M^{\mathrm{A}} + \delta M^{\mathrm{B}}$ について整理すると

$$\begin{aligned} &(\delta M^{\mathrm{A}} + \delta M^{\mathrm{B}})\left\{1 + \frac{N(g\mu_{\mathrm{B}}S)^2}{2} B_S{}'\left(\frac{g\mu_{\mathrm{B}}S\lambda\mu_0 M_0}{k_{\mathrm{B}}T}\right)\frac{\lambda\mu_0}{k_{\mathrm{B}}T}\right\} \\ &\qquad = N(g\mu_{\mathrm{B}}S)^2 B_S{}'\left(\frac{g\mu_{\mathrm{B}}S\lambda\mu_0 M_0}{k_{\mathrm{B}}T}\right)\frac{B}{k_{\mathrm{B}}T} \end{aligned} \qquad (3)$$

となるが，{　} の中の第2項は1に比べて十分に小さいので，(3) は

$$(\delta M^{\mathrm{A}} + \delta M^{\mathrm{B}}) = N(g\mu_{\mathrm{B}}S)^2 B_S{}'\left(\frac{g\mu_{\mathrm{B}}S\lambda\mu_0 M_0}{k_{\mathrm{B}}T}\right)\frac{B}{k_{\mathrm{B}}T} \qquad (4)$$

となる．

低温では $x \gg 1$ となるため，$B_S(x)$ は

$$B_S(x) \approx 1 - \frac{1}{S}\exp\left(-\frac{x}{S}\right)$$

で近似できるので，(4) はネール温度 T_{N} を用いて，

$$(\delta M^{\mathrm{A}} + \delta M^{\mathrm{B}}) = \frac{N(g\mu_{\mathrm{B}})^2 B}{k_{\mathrm{B}}T}\exp\left[-\frac{3T_{\mathrm{N}}}{(S+1)T}\right]$$

と表される．よって，平行磁化率 $\chi_{/\!/}$ は

$$\begin{aligned} \chi_{/\!/} &= \frac{\mu_0(\delta M^{\mathrm{A}} + \delta M^{\mathrm{B}})}{B} \\ &= \frac{N(g\mu_{\mathrm{B}})^2\mu_0}{k_{\mathrm{B}}T}\exp\left\{-\frac{3T_{\mathrm{N}}}{(S+1)T}\right\} \end{aligned} \qquad (8.45)$$

と求められる．

磁場を部分格子磁化に垂直に加えると，両部分格子磁化はともに磁場の方向に傾くため，傾いた分だけ磁化が現れる．その場合，各部分格子磁化 $\boldsymbol{M}_{\mathrm{A}}$，$\boldsymbol{M}_{\mathrm{B}}$ は，それぞれが受ける有効磁場 $\boldsymbol{B} - \lambda\mu_0\boldsymbol{M}_{\mathrm{B}}$，$\boldsymbol{B} - \lambda\mu_0\boldsymbol{M}_{\mathrm{A}}$ の方向を向く．したがって，各部分格子磁化の傾きの角度 θ は，図8.5から

$$\sin\theta = \frac{B}{\lambda\mu_0|\boldsymbol{M}^{\mathrm{A}}|} = \frac{B}{\lambda\mu_0|\boldsymbol{M}^{\mathrm{B}}|} \qquad (8.46)$$

と求められる．したがって，垂直磁化率 $\chi_{\perp}$ は温度によらない一定値をもつ．

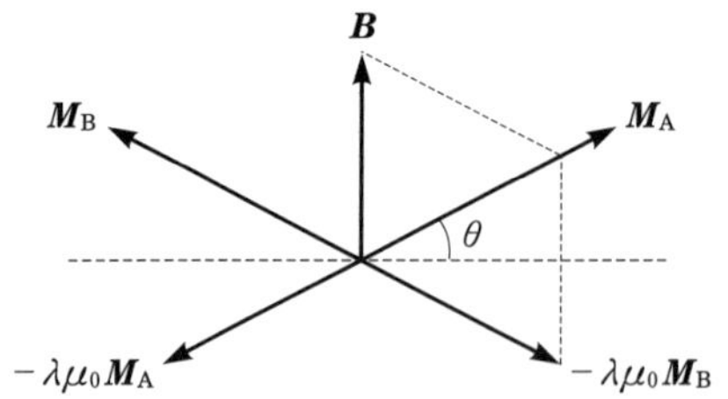

図8.5　垂直磁化率

(3)　フェリ磁性

互いに反平行に配列する2つの部分格子から成る磁性体で，それぞれの格子を形成する磁気モーメントの大きさが異なる場合は，M^{A} と M^{B} とは相殺することはできず，正味の磁化

$$\boldsymbol{M} = \boldsymbol{M}^{\mathrm{A}} + \boldsymbol{M}^{\mathrm{B}}$$

が現れる．このような磁性体を**フェリ磁性体**といい，フェリ磁性体に見られる磁性を**フェリ磁性**という．

フェリ磁性体の秩序化をもたらしているものは，反強磁性体と同様，スピン間の反強磁性交換相互作用であるが，巨視的な磁化をもっているという意味では強磁性体に近い磁性体でもある．われわれの身の周りに見られる永久磁石は強磁性体と思われがちであるが，実は，そのほとんどが一般的な化学式 $MO \cdot Fe_2O_3$ をもつ**フェライト**とよばれるフェリ磁性体である．ここで，M は Ni^{2+}，Mn^{2+}，Fe^{2+} のような2価の陽イオンである．フェリ磁性の磁化率も，これまでと同様に分子磁場の方法で求めることができる．

いま，2つの部分格子 A，B から成るフェリ磁性体を考えよう．それぞれの部分格子磁化は，相手の部分格子磁化に比例した，分子磁場係数 λ の反強磁性的分子磁場を受けるものと仮定すると，それぞれの部分格子磁化に対する有効磁場は (8.35) で与えられる．ここで，2つの部分格子磁化 $\boldsymbol{M}_{\mathrm{A}}$，$\boldsymbol{M}_{\mathrm{B}}$ の大きさが違うことを考慮して，それぞれの部分格子のキュリー定数を C_{A}，C_{B} とすると，高温に対して成り立つ (8.39)，(8.40) は

$$M_z{}^{\mathrm{A}} = \frac{C_{\mathrm{A}}}{2\mu_0 T}(B - \lambda\mu_0 M_z{}^{\mathrm{B}}) \tag{8.47}$$

$$M_z{}^{\mathrm{B}} = \frac{C_{\mathrm{B}}}{2\mu_0 T}(B - \lambda\mu_0 M_z{}^{\mathrm{A}}) \tag{8.48}$$

のように書き表される．これを解くと

$$M_z = M_z{}^{\mathrm{A}} + M_z{}^{\mathrm{B}} = \frac{(C_{\mathrm{A}} + C_{\mathrm{B}})T - \lambda C_{\mathrm{A}} C_{\mathrm{B}}}{2\mu_0(T^2 - T_{\mathrm{c}}{}^2)} B = \frac{\chi}{\mu_0} B \tag{8.49}$$

$$T_{\mathrm{c}} = \lambda\sqrt{C_{\mathrm{A}} C_{\mathrm{B}}} \tag{8.50}$$

が得られる．これより磁化率 $\chi(T)$ は

$$\chi(T) = \frac{\frac{1}{2}(C_{\mathrm{A}} + C_{\mathrm{B}})T - 2\lambda\left(\frac{C_{\mathrm{A}} C_{\mathrm{B}}}{4}\right)}{T^2 - T_{\mathrm{c}}^2} \tag{8.51}$$

となる．$1/\chi(T)$ の温度依存性を図 8.6 に示しておく．

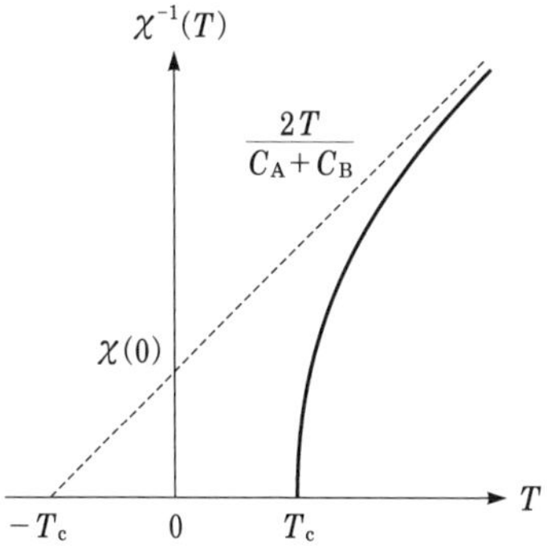

図 8.6 フェリ磁性体の $\chi^{-1}(T)$ 特性

§8.4 スピン波

分子磁場理論では，スピンは共通の有効磁場 B_{eff} の下で独立に振舞うことを仮定している．すなわち，スピンは有効磁場によって等間隔に分裂した各エネルギー準位にボルツマン分布しているとした．これは，ちょうど格子振動において，すべての原子が互いに独立に同一の角振動数で振動しているとするアインシュタインモデルに相当している．しかし，アインシュタイン

モデルが格子比熱の低温における振舞いをうまく説明することができなかったように，分子磁場理論は低温における秩序磁性を正しく記述することはできない．

ここで紹介するスピン波モデルは，各スピンのポテンシャルエネルギーに，近傍のスピンの方向への依存性をとり入れたモデルである．その点では，これは原子の位置エネルギーに近傍の原子の変位を含めた，格子振動のデバイモデルに相当したモデルである．

（1）1次元結晶のスピン波

大きさが S の N 個のスピンが1本の直線上に置かれた1次元強磁性鎖を考えよう．各スピン $\boldsymbol{S}_n$ は，古典的な角運動量として振舞うものとし，隣接スピンとはハイゼンベルク相互作用

$$U = -2J\sum_{n=1}^{N-1}\boldsymbol{S}_n\cdot\boldsymbol{S}_{n+1} \qquad (J>0) \tag{8.52}$$

によって結合している．この1次元強磁性体の基底状態は，図8.7(a) のようにすべてのスピンが平行に整列した状態であることは疑う余地がない．

したがって，基底状態では $\boldsymbol{S}_n\cdot\boldsymbol{S}_{n+1} = S^2$ となり，1次元鎖の基底エネル

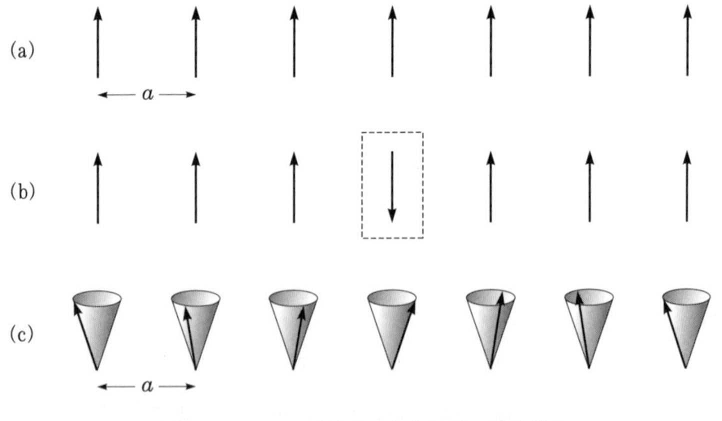

図8.7　1次元強磁性体の基底状態と励起状態
(a) 基底状態　(b) 1個のスピンが反転した状態　(c) スピン波

ギーは $U_0 = -2NJS^2$ である．しかし，次の第1励起状態は自明ではない．もし，図8.7(b) のように特別なスピンが1個だけ反転したとすると，(8.52) によりそのエネルギーは $8JS^2$ だけ高くなり，第1励起エネルギーは $U_1 = U_0 + 8JS^2$ となる．これは分子磁場理論の立場である．

しかし，このスピン1個分の反転を図8.7(c) のようにすべてのスピンに分担させ，各スピンは隣のスピンと少しだけ位相のずれた歳差運動をすると考えると，こちらの方が励起エネルギーははるかに低くなる．このスピンの行なう歳差運動は**ラーモアの歳差運動**とよばれる．また，この場合のスピンの集団運動は鎖上のスピンの相対的方位の振動であって，すでに格子振動で見たように，そのような振動は鎖を伝播する波動である．このスピンの波は**スピン波**とよばれ，また，格子波をフォノンとよぶように**マグノン**ともよぶ．

第3章で1次元鎖の格子振動を計算したのと類似の方法でマグノンの分散関係を求めてみよう．(8.52) から，n 番目のスピンを含む交換エネルギーは

$$E_n = -2J\boldsymbol{S}_n \cdot (\boldsymbol{S}_{n-1} + \boldsymbol{S}_{n+1}) \tag{8.53}$$

である．これは，n 番目のスピンの磁気モーメントを $\boldsymbol{\mu}_n = -g\mu_B \boldsymbol{S}_n$ とすると，$E_n = -\boldsymbol{\mu}_n \cdot \boldsymbol{B}_n$ の形に書くことができる．ここで，

$$\boldsymbol{B}_n = -\frac{2J}{g\mu_B}(\boldsymbol{S}_{n-1} + \boldsymbol{S}_{n+1}) \tag{8.54}$$

は n 番目の原子にはたらく有効磁場 $\boldsymbol{B}_n$ である．

初等力学によれば角運動量の時間変化は，その角運動量にはたらくトルクに等しいから，n 番目のスピン $\boldsymbol{S}_n$ の運動方程式は，

$$\hbar\frac{d\boldsymbol{S}_n}{dt} = \boldsymbol{\mu}_n \times \boldsymbol{B}_n = 2J\boldsymbol{S}_n \times (\boldsymbol{S}_{n-1} + \boldsymbol{S}_{n+1}) \tag{8.55}$$

となる．しかし，これはスピンについて非線形であるから，解くためには線形方程式で近似する必要がある．そこで磁化の方向を z 方向にとり，各スピンの z 方向の周りの歳差運動の振幅は小さい（$S_{nx}, S_{ny} \ll S$）として，それらの積の項を無視し，$S_{nz} = S$ とおくと，

$$\frac{dS_{nx}}{dt} = \frac{2JS}{\hbar}(2S_{ny} - S_{(n-1)y} - S_{(n+1)y}) \tag{8.56}$$

$$\frac{dS_{ny}}{dt} = \frac{2JS}{\hbar}(2S_{nx} - S_{(n-1)x} - S_{(n+1)x}) \tag{8.57}$$

$$\frac{dS_{nz}}{dt} = 0 \tag{8.58}$$

と線形化された連立方程式が得られる．

ここで，(8.56) の両辺に i を掛けて，(8.57) に加えると，複素変数

$$S_n^- = S_{nx} - iS_{ny}$$

に対する単一の微分方程式

$$i\hbar\frac{dS_n^-}{dt} = -2J(S_{n-1}^- - 2S_n^- + S_{n+1}^-) \tag{8.59}$$

が得られる．これは左辺が時間の1階微分であることを除けば (3.26) と非常に似ている．そこで，(8.59) は波動の解をもつとして

$$S_n^- = A\exp\{i(kna - \omega t)\} \tag{8.60}$$

を代入すると，次の解が得られる．

$$\hbar\omega = 4JS(1 - \cos ka) \tag{8.61}$$

ここで，A は定数，n は整数，a は格子定数であり，k と ω はスピン波の波数と角振動数である．

(8.61) は，最近接相互作用だけをとり入れた1次元強磁性鎖のスピン波に対する**分散関係** $\omega(k)$ を表している（図 8.8）．(8.61) の分散関係 $\omega(k)$ は k に関して $2\pi/a$ の周期をもっており，波に周期的境界条件を適用すると，厳密に N 個の独立なモードが存在する．また，波数 k が小さい場合は

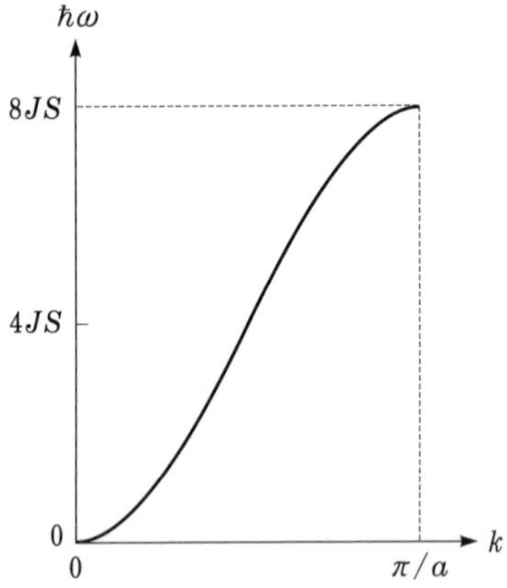

図 8.8　1次元の最隣接相互作用強磁性体中のスピン波の分散関係

$$\hbar\omega(k) = (2JSa^2)k^2 \tag{8.62}$$

となる（格子波の場合は $\omega \propto k$ であった）.

（2） スピン波の量子化

スピン波の量子化は，格子振動のフォノンと全く同様に行われる．すなわち，波数のスピン波の一つ一つのモードは近似的に1つの調和振動子であって，互いに他のモードと結合していないと考える．このようなスピン波に関連した量子はマグノンとよばれる．したがって，周波数 $\omega(\boldsymbol{k})$ のモードの $n_{\boldsymbol{k}}$ 個のマグノンのエネルギーは

$$\varepsilon_{\boldsymbol{k}} = \left(n_{\boldsymbol{k}} + \frac{1}{2}\right)\omega(\boldsymbol{k})\hbar \tag{8.63}$$

である．

1個のマグノンの励起は，1個のスピン（$S = 1/2$）の反転に対応する．したがって，マグノンが1個励起されると，系の全スピンの z 成分が $\hbar$ だけ減少し，磁化は $g\mu_{\mathrm{B}}$ だけ減少する．

（3） 低温の磁化（ブロッホの $T^{3/2}$ 則）

マグノンは同じ状態に任意の個数が存在できて，しかも，マグノン同士は区別がつかない．したがって，マグノンはフォノンやフォトン（光子）と同じようにボース粒子であって，熱平衡状態での波数 k のマグノンの平均数 $\langle n_k \rangle$ は，**ボース-アインシュタインの式**

$$\langle n_k \rangle = \frac{1}{\exp\left(\dfrac{\hbar\omega_k}{k_{\mathrm{B}}T}\right) - 1} \tag{8.64}$$

で与えられる．

マグノンが1個励起されると，磁気モーメントが $g\mu_{\mathrm{B}}$ だけ減少するので，低温の磁化 $M(T)$ は，励起された全マグノン数は $\sum_{\boldsymbol{k}}\langle n_{\boldsymbol{k}} \rangle$ であるから

$$M(T) = Ng\mu_{\mathrm{B}}S\left[1 - \frac{1}{NS}\sum_{\boldsymbol{k}}\langle n_{\boldsymbol{k}} \rangle\right] \tag{8.65}$$

となる．この和は単位周波数当りのマグノンの状態数を $D(\omega)$ とすると，

$$\sum_{k}\langle n_{k}\rangle = \int \langle n_{k}\rangle D(\omega)\,d\omega \tag{8.66}$$

のように積分におき換えられる．この積分へのおき換えには，結晶の単位体積当り，$\boldsymbol{k}$ 空間の体積 $(2\pi)^3$ ごとに波数ベクトル $\boldsymbol{k}$ のとり得る値が1個存在することを利用する（(2.52)）．したがって，波数 k 以下の状態の総数は，結晶の単位体積当り $(1/2\pi)^3(4\pi k^3/3)$ である．これより，

$$D(\omega)\,d\omega = \left(\frac{1}{2\pi}\right)^3 \times 4\pi k^2 \times \frac{dk}{d\omega}\,d\omega$$

となる．ここで，マグノンの分散関係の近似式（8.62）を用いると，

$$D(\omega)\,d\omega = \frac{1}{2\pi^2}\left(\frac{\hbar}{2JSa^2}\right)^{3/2}\sqrt{\omega} \tag{8.67}$$

が得られる．したがって，温度 T における磁化 $M(T)$ は

$$M(T) = Ng\mu_{\mathrm{B}}S\left[1 - \frac{1}{NS}\frac{1}{4\pi}\left(\frac{k_{\mathrm{B}}T}{2JSa^2}\right)^{3/2}\int_0^{\infty}\frac{x^{1/2}}{\exp x - 1}\,dx\right] \tag{8.68}$$

と得られる．ここで $x = \hbar\omega_k/k_{\mathrm{B}}T$ である．

ここに現れる定積分はリーマン（Riemann）の ζ（ツェータ）関数を用いて

$$\int_0^{\infty}\frac{x^{1/2}}{\exp x - 1}\,dx = \frac{\sqrt{\pi}}{2}\,\zeta\left(\frac{3}{2}\right) \tag{8.69}$$

と表される．ここで，$\zeta(3/2) = 2.61$ を代入すると，この定積分の値は 2.32 となる．(8.68) より，強磁性体の低温における磁化 $M(T)$ は，飽和磁化 $M(0)$ の値から，$T^{3/2}$ に比例して減少することがわかる．この (8.68) の結果は**ブロッホの $T^{3/2}$ 則**とよばれ，分子磁場理論の結果よりもはるかに良く，実験結果と一致する．

9 超伝導体と磁場

ライデン大学の**カマリング・オネス** (Kamerlingh Onnes) は，1908 年にヘリウムの液化に成功すると，ただちに液体ヘリウムを使って低温における金属の電気抵抗の測定に着手した．そして，1911 年，水銀 (Hg) の直流抵抗率が 4.15 K で突然降下することを観測した．彼はこの抵抗率の降下が極めてシャープであることから，臨界温度 $T_c = 4.15$ [K] で，水銀は普通の電気抵抗の状態から，事実上抵抗が消滅した新しい状態へ相転移したと考え，この電気抵抗ゼロの状態を超伝導相と名付けた．

その後，多くの金属元素，合金，金属間化合物，有機結晶などが低温や高圧下で超伝導状態になることが確かめられ，超伝導は特殊な現象ではなく，低温で多くの物質に見られるごくありふれた現象であることがわかってきた．

一方，超伝導の広範な応用への期待から，より高い T_c をもつ物質の探索が精力的に行なわれたが，T_c の改善は遅々として進まなかった．1972 年に T_c が 23 K の Nb_3Ge が見つかるまでには，オネスの水銀の超伝導の発見から実にほぼ 60 年が経過していたのである．この T_c の改善の困難は，1986 年に**ベドノルツ** (Bednorz) と**ミュラー** (Muller) が銅酸化物超伝導体を発見したことによって劇的に突破口が開かれることになった．これを機に T_c が 100 K を超える新しい高温超伝導体が相次いで発見されて，いわゆる超伝導ブームを引き起こしたことはまだ記憶に新しい出来事である．超伝導転移温度の記録はその後も次々と塗り替えられて，2008 年の時点では，水銀系銅酸化物において高圧下で得られた 160 K が最高記録である．

本節では，超伝導を特徴づける現象の中で，最も本質的な完全導電性と完全反磁性をとり上げる．以下に見るように，完全導電性の本質は，実は完全反磁性の本質の中に含まれることがわかる．

§9.1　超伝導の基本的性質

超伝導体は，磁化曲線の振舞いによって，第1種と第2種の2つのタイプに分けられる．この節では，**第1種超伝導体**の基本的な振舞いについて述べる．

永久電流

常伝導金属の電気抵抗率 $\rho(T)$ は図9.1に示されるように，温度により変化する部分 $\rho_{\mathrm{L}}(T)$ と変化しない部分 ρ_{R} との和として

$$\rho(T) = \rho_{\mathrm{R}} + \rho_{\mathrm{L}}(T) \tag{9.1}$$

と表すことができる．ここで，温度に依存する $\rho_{\mathrm{L}}(T)$ は，原子の格子振動により生じる電気抵抗で，十分に低温度領域では

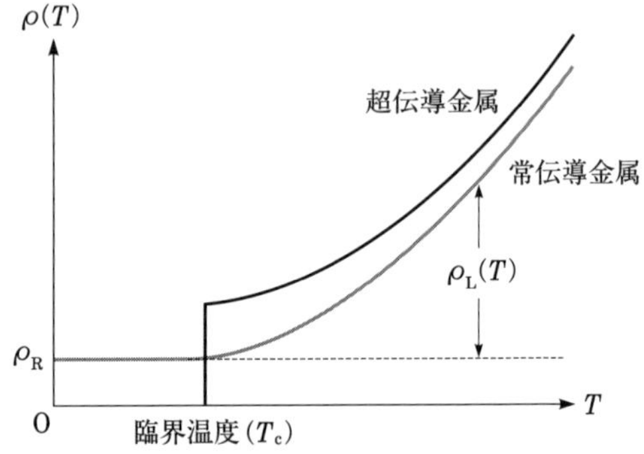

図9.1　低温における金属の電気抵抗

$$\rho_{\mathrm{L}}(T) \propto T^5 \tag{9.2}$$

と表される．一方，温度に依存しない ρ_{R} は，結晶中に含まれる不純物や物理的な歪みにより生じる抵抗で，**残留抵抗**とよばれる．

オネスは，この残留抵抗をとり除けば，温度を下げて0Kに近づけると，電気抵抗は温度とともにゼロに向かって減少するはずだと考え，蒸留をくり返して得られた高純度の固体水銀の電気抵抗を測定した．しかし，オネスの予想ははずれ，残留抵抗は改善されず，水銀の電気抵抗は4.15Kで突然ゼロになってしまった．すなわち，この**臨界温度**（T_{c}）以下では（9.1）の残留抵抗 ρ_{R} もフォノン散乱による T^5 の項も，電流に対する抵抗としては無力になったのである．

抵抗がなければ電流は減衰せずにいつまでも流れ続ける．そこで，オネスはこの流れ続ける電流を確認するために，鉛の線でつくったコイルを向かい合った磁極の間に置き，温度を下げて超伝導状態にしたのち，コイルを磁石からとり除いた．そのとき，コイルにはファラデーの（電磁誘導の）法則により，コイルを貫く磁束を保つ方向に電流が流れるが，もし，コイルに抵抗が全くなければ，この電流はいつまでも流れ続けるはずである．実際にマサチューセッツ工科大学で行われた実験では，2年半経った後も鉛のリングを流れる電流に減衰は見られなかった．こうしてオネスは，超伝導体を流れ続ける**永久電流**を実験によって示すことに成功したのである．

臨界磁場 $\boldsymbol{B}_{\mathrm{c}}(\boldsymbol{T})$ と臨界電流密度 $\boldsymbol{J}_{\mathrm{c}}$

オネスたちによって見出された超伝導に関するもう1つの重要な性質は，十分強い磁場が印加されると，T_{c} 以下でも**超伝導状態**が破壊されて，電気抵抗をもつ**常伝導状態**に戻ることである．例えば，T_{c} 以下で超伝導状態にある長い針金を，その軸に平行な磁場の中に置いた場合を考える．いま，磁場を次第に強くしていくと，ある値のところで超伝導状態が壊れて針金に電気抵抗が現れる．この超伝導状態が壊れる磁場の大きさは**臨界磁場** $B_{\mathrm{c}}(T)$ とよばれ，個々の超伝導物質によって異なり，また温度にも依存する．もちろん，$B_{\mathrm{c}}(T_{\mathrm{c}})$ はゼロである．図9.2に，水銀の $B_{\mathrm{c}}(T)$ を温度の関数として示しておく．図からわかるように，$B_{\mathrm{c}}(T)$ は放物線で近似でき，

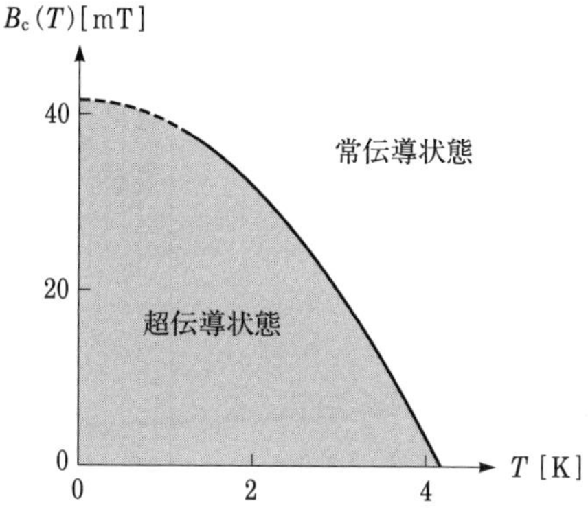

図9.2 水銀の臨界磁場

$$B_c(T) = B_c(0)\left\{1 - \left(\frac{T}{T_c}\right)^2\right\} \tag{9.3}$$

のように表される．

臨界磁場が存在すると，電線を流れる電流にも**臨界電流密度** J_c が存在する．この臨界値は，超伝導物質を流れる電流自身がつくる磁場が，ちょうど臨界磁場 $B_c(T)$ に等しくなるときの電流密度で与えられる．

完全導体

超伝導体の磁気的性質は，完全伝導性（$\rho = 0$）を示す正常金属のそれとは異なっている．図 9.3(a) に示すように，正常金属に磁場を加えると磁束線は試料を貫いている．いま，磁場を加えたまま，この試料を臨界温度以下に冷却して，抵抗率がゼロではあるが超伝導状態ではない状態になったとしよう．この場合，金属の内部では電場が存在しないため，貫く磁束線には何も変化が起こらない．さらに，ここで外部磁場をとり去っても，金属の表面

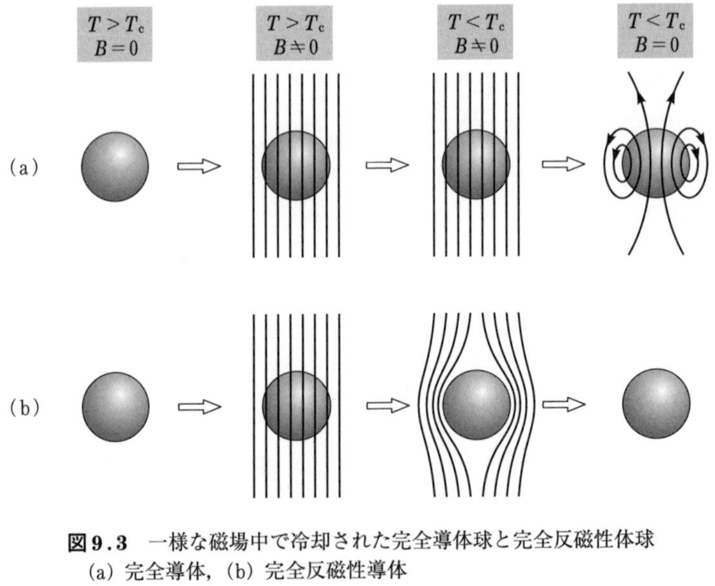

図 9.3　一様な磁場中で冷却された完全導体球と完全反磁性体球
(a) 完全導体，(b) 完全反磁性導体

に電流が流れて，この初めに入っていた磁束線はそのまま凍結されることが期待される．

今度は，正常金属を，磁場を加えないで臨界温度以下に冷却して，完全導体になる場合を考えてみよう．この状態で磁場を印加しても，金属の表面に電流が流れて，内部に磁束線が入るのを阻止するため，金属内部には磁束線は生じないと考えられる．

完全導体が示すと考えられるこれらの性質は，すべてマクスウェル方程式の１つであるファラデーの法則

$$\mathrm{rot}\,\boldsymbol{E} = -\frac{\partial \boldsymbol{B}}{\partial t} \tag{9.4}$$

からの帰結である．完全導体は電気抵抗がゼロであるため，内部では電場は存在しない．もし内部に有限の電場が存在すると，ニュートンの運動の法則から内部にある電子は際限なく加速されることになるが，そのようなことは起こり得ないからである．したがって，(9.4) の左辺は常にゼロとなり，完全導体の内部では磁場 $\boldsymbol{B}$ は時間的に変化することができないのである．

マイスナー効果

超伝導体は上で述べた完全導体とは異なった振舞いをする．今度も，図 9.3(b) のように，超伝導体球を磁場中で臨界温度 T_c 以下に冷却してみよう．ただし，この場合，磁場 B は臨界磁場 $B_\mathrm{c}(T)$（後で述べるように球形試料の場合は $(2/3)B_\mathrm{c}(T)$）よりも小さくなければならない．T_c の高温側では，図 (a) の場合と同様，磁束線は超伝導体を貫いている．しかし，温度 T が T_c に到達すると，超伝導体に表面電流が誘起されて，磁束線はすべて超伝導体の外に押し出されてしまう．この表面電流は磁場が印加されている限り流れ続けるので，超伝導状態では内部に磁束は存在しない．このことは，超伝導体を T_c 以下に冷却してから磁場を加えても事情は同じである．

このように，超伝導状態ですべての磁束が超伝導体の外に押し出されて，

内部では磁束密度 $\boldsymbol{B}$ がゼロになる効果は，1933 年に**マイスナー**（Meissner）と**オクセンフェルド**（Ochsennfeld）によって発見されたので，**マイスナー効果**とよばれる．$\boldsymbol{B} = \mu_0(\boldsymbol{H} + \boldsymbol{M}) = 0$ が成り立つためには

$$\boldsymbol{M} = -\boldsymbol{H} \tag{9.5}$$

が成り立たなければならない．したがって，超伝導体の磁化率 χ は

$$\chi = \frac{M}{H} = -1 \tag{9.6}$$

であり，マイスナー効果は**完全反磁性**に他ならない．

ここで 1 つ注意をしておこう．$B_c(T)$ 以下のすべての磁場で完全な磁束の排除が起こるのは，長い超伝導円柱の軸に平行に磁場が加えられた場合に限られることである．図 9.3(b) のような超伝導球を考えてみると，T_c 以下では磁束は球の内部から押し出されるので，赤道上の磁場は外部磁場より 50 % だけ高くなる．すなわち，外部磁場がちょうど $(2/3)B_c(T)$ になったとき，赤道上の磁場は $B_c(T)$ に達してしまう．したがって，外部磁場が，$(2/3)B_c(T)$ と $B_c(T)$ の間にあるときは，超伝導球は超伝導状態も常伝導状態もともに安定ではなくなり，$B = 0$ の超伝導領域と $B = B_c(T)$ の常伝導領域が（巨視的に）交互に並んだ**中間状態**をとる．この第 1 種超伝導体の中間状態は，後で述べる第 2 種超伝導体の混合状態とは違うので混同しないように注意しなければならない．

§9.2　超伝導相転移の熱力学

常伝導と超伝導の 2 つの状態間の転移は可逆的である．したがって，$B_c(T)$ 対 T の臨界磁場曲線上（図 9.2）では，常伝導状態と超伝導状態は平衡状態にあり，臨界磁場 $B_c(T)$ は，両者のギブスの自由エネルギー $G(B_c, T)$ が等しいとおくことによって得られる．

超伝導体の自由エネルギー

超伝導体の単位体積当りの**ギブスの自由エネルギー** G は

$$G = U - \boldsymbol{M}\cdot\boldsymbol{B}_a - TS \tag{9.7}$$

で与えられる．U と S は単位体積当りの内部エネルギーとエントロピーで，$\boldsymbol{B}_a$ は印加磁場である．ここでは，超伝導相転移の際の圧力と体積の変化は無視して，PV の項は含めない．いま，温度 T と磁場 $\boldsymbol{B}_a$ を一定に保つ場合についての超伝導と常伝導間の相転移を，このギブスの自由エネルギーを用いて調べてみよう．

G の微小な変化 dG は（9.7）から，

$$dG = dU - \boldsymbol{M}\cdot d\boldsymbol{B}_a - \boldsymbol{B}_a\cdot d\boldsymbol{M} - T\,dS - S\,dT \tag{9.8}$$

となる．ところで，熱力学の第1法則により，系に吸収された熱量 δQ は内部エネルギーの増加 dU と外部に対してなされた磁気的仕事 $-\boldsymbol{B}_a\cdot d\boldsymbol{M}$ に費やされるから，

$$\delta Q = T\,dS = dU - \boldsymbol{B}_a\cdot d\boldsymbol{M}$$

と書ける．したがって，（9.8）は

$$dG = -\boldsymbol{M}\cdot d\boldsymbol{B}_a - S\,dT \tag{9.9}$$

となる．温度と外部磁場が一定に保たれる可逆変化では，$dT = 0$，$d\boldsymbol{B}_a = 0$ であり，ギブスの自由エネルギー G は，

$$dG = 0 \tag{9.10}$$

となる．

超伝導を消失させるには $B_{\mathrm{c}}(T)$ の磁場を加える必要があることから，$B_a = 0$ では，常伝導相の自由エネルギー $G_{\mathrm{N}}(T, 0)$ は超伝導相の自由エネルギー $G_{\mathrm{S}}(T, 0)$ よりも高くなる．この差は印加磁場 $\boldsymbol{B}_a$ により超伝導体になされた仕事に等しい．このことは次のようにして導かれる．

磁場 $\boldsymbol{B}_a$ が印加されると，超伝導状態の自由エネルギーは

$$W = -\int_0^{B_a} \boldsymbol{M}\cdot d\boldsymbol{B}_a \tag{9.11}$$

だけ増加する．いま，$\boldsymbol{B}_a$ に平行な軸をもった細長い円柱試料を考えよう．この場合，試料内の磁束密度 $\boldsymbol{B}$ に対する反磁場の寄与は無視できるので，$\boldsymbol{B}$ は $\boldsymbol{B}_a$ と試料内の仮想的な針状空洞の壁面を流れる環状表面電流がつくる磁場 $\boldsymbol{B}' = \mu_0 \boldsymbol{M}$ との和で与えられ，

$$\boldsymbol{B} = \boldsymbol{B}_a + \mu_0 \boldsymbol{M} = 0 \qquad \text{または} \qquad \boldsymbol{M} = -\frac{1}{\mu_0}\boldsymbol{B}_a \tag{9.12}$$

となる．これを用いると（9.11）の積分は，

$$W = -\int_0^{B_a} \boldsymbol{M}\cdot d\boldsymbol{B}_a = \int_0^{B_a} \frac{B_a}{\mu_0}\, dB_a = \frac{{B_a}^2}{2\mu_0} \tag{9.13}$$

となる．すなわち，

$$G_{\mathrm{S}}(T, B_{\mathrm{c}}) - G_{\mathrm{S}}(T, 0) = W = -\int_0^{B_{\mathrm{c}}} \boldsymbol{M}\cdot d\boldsymbol{B}_a = \int_0^{B_{\mathrm{c}}} \frac{B_a}{\mu_0}\, dB_a = \frac{{B_{\mathrm{c}}}^2}{2\mu_0} \tag{9.14}$$

が得られる．

一方，$B_{\mathrm{c}}(T)$ では常伝導相と超伝導相の自由エネルギーが等しくなる．また，常伝導状態の金属の小さな磁化率を無視すると，常磁性状態の自由エネルギーは磁場に依存しない．このことから，

$$G_{\mathrm{S}}(T, B_{\mathrm{c}}) = G_{\mathrm{N}}(T, B_{\mathrm{c}}) = G_{\mathrm{N}}(T, 0) \tag{9.15}$$

が成り立つ．したがって，（9.14）から

$$G_{\mathrm{N}}(T, 0) - G_{\mathrm{S}}(T, 0) = \frac{{B_{\mathrm{c}}}^2(T)}{2\mu_0} \tag{9.16}$$

が得られる．この左辺は外部磁場がゼロのときの超伝導状態と常伝導状態との自由エネルギーの差であって，超伝導状態の**安定化自由エネルギー密度**とよばれる．すなわち，これが正であれば，外部磁場がゼロのとき超伝導状態の方が常伝導状態より安定になる．

また，$T < T_{\mathrm{c}}$ では $B_{\mathrm{c}}(T) > 0$ であるから，G_{N} と G_{S} には ${B_{\mathrm{c}}}^2(T)/2\mu_0$ の飛びが存在する．したがって，$B_{\mathrm{c}}(T)$ がゼロとなる T_{c} 以外では，超伝導

相転移は1次相転移である．図9.4に自由エネルギーの磁場依存性を示しておく．

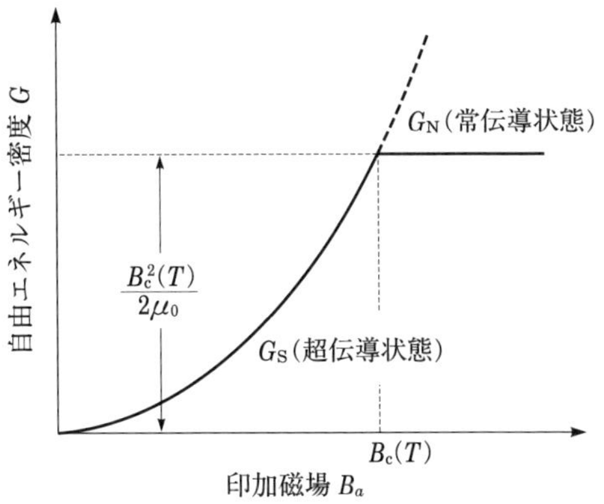

図9.4 温度一定の下での自由エネルギーの磁場依存性

超伝導体のエントロピーと比熱

(9.16) から，第1種超伝導体について，外部磁場がゼロの下での，2つの状態間のエントロピー密度の差 ΔS および比熱の差 ΔC が，次のように導かれる．

エントロピーは (9.9) より，

$$S = -\left(\frac{\partial G}{\partial T}\right)_{B_a} \tag{9.17}$$

で与えられる．したがって，外部磁場がゼロのときの2つの状態間のエントロピーの差は，

$$\Delta S = S_{\mathrm{S}} - S_{\mathrm{N}} = \left(\frac{\partial G_{\mathrm{N}}}{\partial T}\right)_{B_{\mathrm{c}}} - \left(\frac{\partial G_{\mathrm{S}}}{\partial T}\right)_{B_{\mathrm{c}}} = \frac{1}{2\mu_0}\frac{dB_{\mathrm{c}}^2(T)}{dT} = \frac{1}{\mu_0}\frac{dB_{\mathrm{c}}(T)}{dT} \tag{9.18}$$

と得られる．$T = T_{\mathrm{c}}$ では $B_{\mathrm{c}}(T) = 0$ であるから，このとき $\Delta S = 0$ となる．したがって，T_{c} のところでは相転移は2次であって潜熱は現れない．また，$0 < T < T_{\mathrm{c}}$ では $dB_{\mathrm{c}}/dT < 0$ となるので $\Delta S < 0$ であり，超伝導状態は常伝導状態よりも秩序のある状態であることがわかる．

一方，比熱は，

$$C = T\frac{\partial S}{\partial T} = -T\left(\frac{\partial^2 G}{\partial T^2}\right)_{B_{\mathrm{c}}} \tag{9.19}$$

で与えられる．したがって，外部磁場がゼロの下での2つの状態間の比熱の差は，

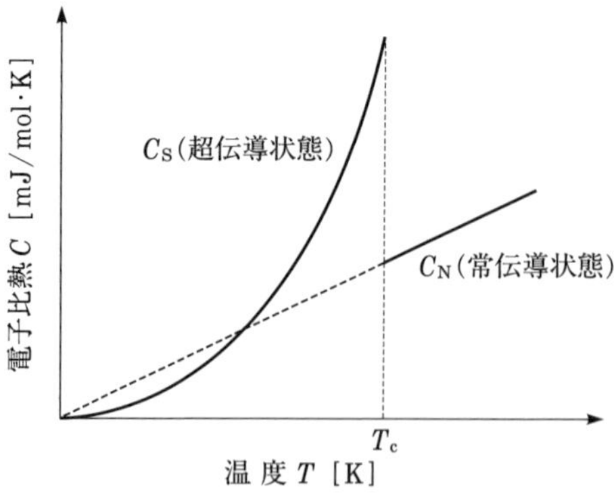

図 9.5　超伝導体の低温比熱

$$\varDelta C = C_S - C_N = \frac{T}{2\mu_0}\frac{d^2 B_c{}^2(T)}{dT^2} = \frac{T}{\mu_0}\left[B_c(T)\frac{d^2 B_c(T)}{dT^2} + \left\{\frac{dB_c(T)}{dT^2}\right\}^2\right] \tag{9.20}$$

と得られる．

常伝導状態での電子比熱は（4.43）より，

$$C_N = \gamma T$$

であり，温度 T に比例する．一方，超伝導状態での比熱 C_S は，T_c において

$$\varDelta C \approx 1.43 C_N(T_c) \tag{9.21}$$

の飛びを示し，$T < T_c$ では

$$C_S(T) \propto \exp\left(-\frac{1.76\,T_c}{T}\right) \tag{9.22}$$

のように変化する．図 9.5 に両相の比熱の温度特性を示しておく．

§9.3　ロンドン方程式

これまで見てきたように，超伝導の特徴は電場に対して電気抵抗がゼロになること（完全伝導性）と，磁化率が $\chi = -1$ になること（完全反磁性）である．1935 年，**ロンドン兄弟**（F. London and H. London）は，これらの 2 つの性質を説明するために，**ロンドン方程式**とよばれる 2 つの方程式を提出した．

彼らの考えは，超流動ヘリウムの説明に用いられる2流体モデルに基礎をおいたもので，電気伝導に与るすべての電子（密度 n）は，抵抗ゼロを示す超伝導電子（密度 n_{S}）と通常の抵抗をもつノーマル電子（密度 n_{N}）から成るとして，超伝導電子だけが電磁気的に反応するというモデルである．したがって，$T = T_{\mathrm{c}}$ では $n_{\mathrm{S}} = 0$ であり，$T = 0\,[\mathrm{K}]$ では $n_{\mathrm{S}} = n$ になる．

ロンドン方程式

超伝導電子は散乱を受けないから，瞬間的に電場 $\boldsymbol{E}$ によって加速されたとすると，

$$m^* \frac{d\boldsymbol{v}_{\mathrm{S}}}{dt} = -e\boldsymbol{E} \tag{9.23}$$

と書ける．m^* は電子の有効質量で，$\boldsymbol{v}_{\mathrm{S}}$ は超伝導電子のドリフト速度である．超伝導電流密度 $\boldsymbol{j}_{\mathrm{S}}$ は

$$\boldsymbol{j}_{\mathrm{S}} = -\,en_{\mathrm{S}}\boldsymbol{v}_{\mathrm{S}} \tag{9.24}$$

であるから，(9.24) は

$$\frac{d\boldsymbol{j}_{\mathrm{S}}}{dt} = \frac{n_{\mathrm{S}}e^2}{m^*}\boldsymbol{E} \tag{9.25}$$

となる．これをファラデーの電磁誘導の法則

$$\mathrm{rot}\,\boldsymbol{E} = -\frac{\partial \boldsymbol{B}}{\partial t} \tag{9.26}$$

に代入すると

$$\frac{\partial}{\partial t}\left(\mathrm{rot}\,\boldsymbol{j}_{\mathrm{S}} + \frac{n_{\mathrm{S}}e^2}{m^*}\boldsymbol{B}\right) = 0 \tag{9.27}$$

の関係が得られる．

ここまでは，超伝導電子 n_{S} をもつ金属に対する一般的な結果であって，完全導体中の磁束と電流の関係を記述したものである．したがって，この方程式によってマイスナー効果を説明することはできない．

ロンドン兄弟は，(9.27) で（　）の $\partial/\partial t$ がゼロだけでなく，（　）自体

がゼロであると仮定して，

$$\mathrm{rot}\,\boldsymbol{j}_{\mathrm{S}} = -\frac{n_{\mathrm{S}}e^2}{m^*}\boldsymbol{B} \tag{9.28}$$

とおくと，マイスナー効果が説明できることを示した．この (9.28) は**ロンドン方程式**とよばれる．

ロンドンの侵入深度

ロンドン方程式 (9.28) とマクスウェル方程式

$$\mathrm{rot}\,\boldsymbol{B} = \mu_0\boldsymbol{j}_{\mathrm{S}} \tag{9.29}$$

を連立して解くと，次の 2 つの**ラプラス方程式**が導かれる．

$$\nabla^2\boldsymbol{B} - \frac{\boldsymbol{B}}{{\lambda_{\mathrm{L}}}^2} = 0 \tag{9.30}$$

$$\nabla^2\boldsymbol{j}_{\mathrm{S}} - \frac{\boldsymbol{j}_{\mathrm{S}}}{{\lambda_{\mathrm{L}}}^2} = 0 \tag{9.31}$$

ここに

$$\lambda_{\mathrm{L}} = \sqrt{\frac{m^*}{n_{\mathrm{S}}e^2}} \tag{9.32}$$

は**ロンドンの侵入深度**とよばれる．

いま，$x > 0$ の領域には半無限の超伝導体が占めていて，$x \leqq 0$ の空間には超伝導体の表面に平行で z 方向の一様な磁場 B_{0z} がある場合を考えよう．このときラプラス方程式 (9.30) と (9.31) は指数関数的に増減する解を与えるが，指数的増加の解は物理的に意味がないので除くと，$B_z(x)$，$j_y(x)$ は，

$$B_z(x) = B_{0z}\exp\left(-\frac{x}{\lambda_{\mathrm{L}}}\right) \tag{9.33}$$

$$j_y(x) = j_{0y}\exp\left(-\frac{x}{\lambda_{\mathrm{L}}}\right) \tag{9.34}$$

で与えられる．したがって，外部磁場 B_{0z} は表面からある程度，超伝導体の

中へ侵入する（図9.6）.

これからわかるように，ロンドンの侵入深度 λ_L は磁場や電流が e^{-1} 倍に減少する距離として定義されていて，普通 $10^{-5} \sim 10^{-6}$ cm のオーダーである．λ_L がこのように小さいことは，実際上，巨視的な超伝導体の内部から磁束が排除されることを意味しており，マイスナー効果を説明している．すなわち，超伝導体のこの薄い表面層を，磁場と垂直な方向に流れる電流が，外部磁場の超伝導体の内部への侵入を防いでいるのである．(9.32) から λ_L は $n_S{}^{-1/2}$ に比例するため，温度が上昇して n_S が減少すると，λ_L は増加する．

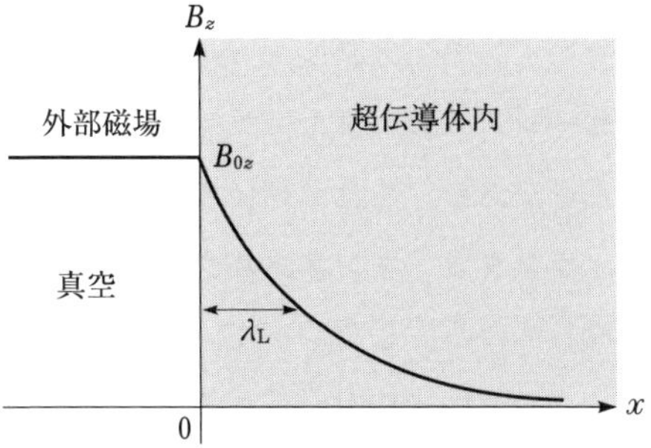

図9.6　磁場の超伝導体への侵入

ロンドン方程式とマイスナー効果

ロンドン方程式 (9.28) の意味するところを考えてみよう．この式と形のよく似た方程式にアンペールの法則

$$\mathrm{rot}\, \boldsymbol{B} = \mu_0 \boldsymbol{j} \tag{9.35}$$

がある．ロンドン方程式は磁場が電流を誘起することを表しており，アンペールの法則は電流が周りに磁場をつくることを表している．すなわち，2つの式は電流と磁束密度が入れ代わっており，ロンドン方程式には右辺にマイナスが付いている．したがって，ロンドン方程式によって磁場が電流を誘起すると，その電流はアンペールの法則によって磁場をつくり出す．

しかし，その電流がつくる磁場の方向は，ロンドン方程式のマイナス符号のために，元の磁場を打ち消す方向に向いている．このことは，(9.28) と (9.35) の2つの方程式をともに満たす解は，

$$\boldsymbol{B} = 0, \qquad \boldsymbol{j} = 0 \tag{9.36}$$

しかないことを意味している．これはマイスナー効果に他ならない．

コヒーレンス長

ロンドンの侵入深度 λ_L の他に，超伝導体を特徴づける基本的な長さには，**コヒーレンス長**（またはコヒーレントの長さ）ξ とよばれるもう1つの重要な長さがある．これは超伝導電子密度の空間的変化を特徴づける長さであって，**ランダウ－ギンスブルク（Landau－Ginsburg）の方程式**の中に最初に登場している．したがって，コヒーレンス長の導入には，ランダウ－ギンスブルクの方程式が用いられるが，ここでは定量的な議論は避けて定性的な議論に留めておこう．

もう一度，図9.6に戻って，$x > 0$ の領域には半無限の超伝導体が占めていて，$x \leqq 0$ の空間には超伝導体の表面に平行で z 方向の一様な磁場 B_{0z} がある場合を考えよう．

すでに見たように，磁場分布は，超伝導体内に入るに従って弱くなり，λ_L の深さになったところでほとんどゼロになる．実は，このときの超伝導電子の密度分布をみると，図9.7のように，超伝導体表面ではゼロで深さとともに上昇して，λ_L とは別のある深さ ξ のところで本来の値に達する．この深さ ξ がコヒーレンス長である．

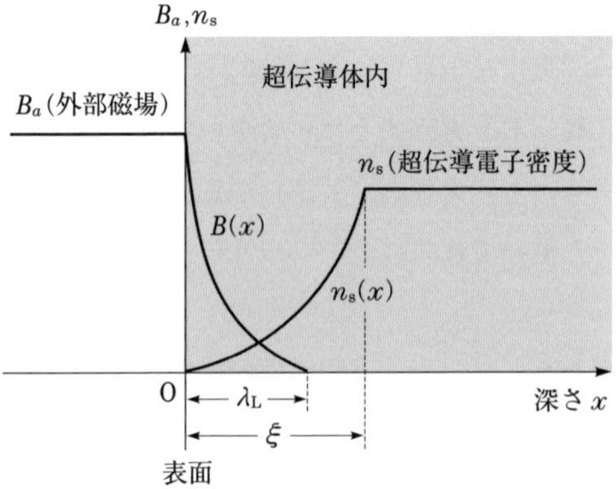

図9.7　超伝導体表面付近の磁場と超伝導電子密度の深さ方向の変化の模式図

次の節で見るように，超伝導体は磁場中の振舞いによって第1種超伝導体と第2種超伝導体の2つのタイプに分けられるが，それを決めているのは2つの長さ λ_L と ξ の大小関係である．ここでは正確な議論は省くが，およそ $\lambda_L < \xi$ なら第1種に，$\lambda_L > \xi$ なら第2種になる．

図 9.7 のように，超伝導体が外部磁場と接している場合を考えよう．超伝導体は磁場を遮蔽するために，余分の仕事 (9.11) をすることになる．したがって，この仕事を小さくするには，超伝導体は磁場を内部に入れた方がエネルギー的には得である．しかし磁場が侵入すると，超伝導電子が壊れてその数が減り，その分エネルギーを損することになる．

$\lambda_L < \xi$ の場合は超伝導体と磁場の境界面の表面エネルギーは常に正であって，超伝導体と磁場の境界の面積を小さくした方がエネルギー的には得になる．その結果，内部から磁束を完全に排除したマイスナー状態が出現する（第 1 種超伝導体）．逆に $\lambda_L > \xi$ の場合は，超伝導電子の犠牲が少ないため，かなりの磁束を内部に取り込むことが可能になる．したがって，印加磁場が増加すると表面エネルギーが負になり，超伝導体と磁場の境界面積を大きくした方がエネルギーとして得になる（第 2 種超伝導体）．

§9.4　第 2 種超伝導体

これまで扱ってきた超伝導体は**第 1 種超伝導体**とよばれ，試料の形状が円柱形であれば，軸に平行に磁場を加えると表面に電流が流れて，それがつくる磁場が試料内の外部磁場を完全に打ち消す．そのため，磁場は試料の表面からロンドンの侵入深度 λ_L 程度までしか侵入できない．すなわち，外部磁場が臨界磁場 $B_c(T)$ より小さければ，試料は完全反磁性として振舞う．外部磁場が臨界磁場 $B_c(T)$ を超えると，試料全体が一斉に常伝導状態に相転移して，磁場は試料を貫通し，磁化率はほぼゼロになる（通常の金属の小さな値になる）（図 9.8(a)）．

しかし，このような第 1 種超伝導体も，形状や磁場に対する幾何学的配置によっては異なった振舞いを示す場合があり，前に述べように，$B = 0$ の超伝導領域と $B = B_c(T)$ の常伝導領域が（巨視的に）交互に並んだ**中間状態**をとることがある．ニオブ（Nb）を除くすべての純粋金属超伝導体がこの第 1 種超伝導体に分類される．

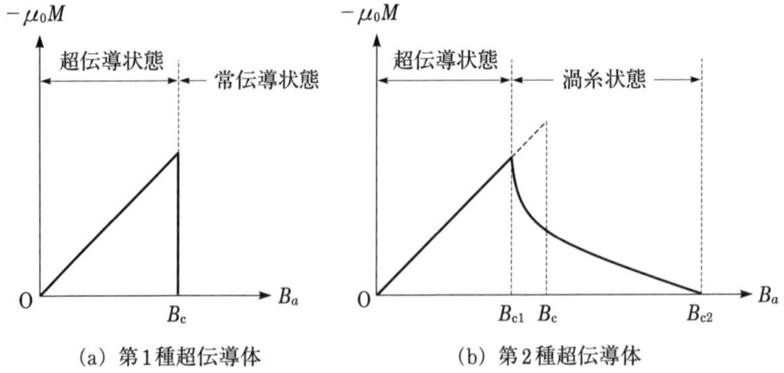

図 9.8　第1種超伝導体と第2種超伝導体の磁化曲線

一方，合金超伝導体のグループは磁場に対しては，第1種とは異なった振舞いを示し，**第2種超伝導体**とよばれる．

第2種超伝導体

外部磁場がゼロのもとでは，第2種超伝導体も第1種と同様に，臨界温度 T_c 以下では抵抗率がゼロの超伝導状態になる．しかし，磁気特性は第1種とは違っており，それは2つの臨界磁場 $B_{c1}(T)$ と $B_{c2}(T)$ によって特徴づけられる．$B_{c1}(T)$ は (9.16) で定義される**熱力学的臨界磁場** $B_c(T)$ よりも低く，$B_{c2}(T)$ は $B_c(T)$ よりも高くなる．

外部磁場を強くしていくと $B_{c1}(T)$ までは完全反磁性を示し，内部に磁束の侵入はない．しかし，第1種超伝導体のように，$B_a = B_c(T)$ で突然に超伝導が破られ磁束が完全に侵入することはなく，$B_{c1}(T)$ から磁束の侵入が徐々に始まり，$B_a = B_{c2}(T)$ になって完全に磁束が侵入して，超伝導状態が消失する（図 9.8(b)）．すなわち，この $B_{c1}(T)$ と $B_{c2}(T)$ との間では，合金超伝導体は電気抵抗はゼロであるが，磁束が部分的に侵入した特別な状態にある．この状態は，**混合状態**（あるいは**渦糸状態**）とよばれる．

第1種超伝導体の～0 K における $B_c(T)$ は通常 0.1 T 以下であるが，合金系では 4.2 K でも $B_{c2}(T)$ が 50 T を超えるものもあり，高磁場を発生する**超伝導**電磁石の線材には合金系の第2種超伝導体が用いられている.

渦糸状態

混合状態はコヒーレンス長 ξ が短く，ロンドン侵入深度 λ_L が大きい場合に出現する．コヒーレンス長が小さいと，超伝導体と磁場の境界の表面エネルギーは主として侵入した磁場のエネルギーで決まる．したがって，磁場が増大して低い臨界磁場 $B_{c1}(T)$ に達すると表面エネルギーが負になる.

表面エネルギーが負であると，超伝導体と磁場の境界の表面積が増えた方がエネルギー的に有利になるため，混合状態では，超伝導体の内部を印加磁場に平行に伸びた細い糸状の常伝導領域が貫き，その中を磁束が通る．そのため，混合状態は**渦糸状態**とよばれる．この糸状の常伝導領域は周りを超伝導体で囲まれており，その境界面を反磁性表面電流とは逆向きで，境界面から λ_L で減衰する渦電流が流れる．この渦電流は，磁束が超伝導体を通過できないために永久電流である.

磁束の量子化

混合状態の渦糸を貫く磁束は

$$\Phi_0 = \frac{h}{2e} \tag{9.37}$$

で定義される磁束の最低単位，つまり**磁束量子**に等しい．このことをきちんと説明するには，**BCS 理論**（1957年，**バーディーン**（**Bardeen**），**クーパー**（**Cooper**），**シュリーファー**（**Schrieffer**）によって提唱されて成功を収めた超伝導の微視的理論）に触れなければならない.

この理論によれば，電子間にフォノンを媒介とした引力がはたらくと，電子は2個ずつの対（**クーパー対**）を形成する．超伝導は，そのクーパー対がボース粒子として振舞い，**ボース-アインシュタイン凝縮**した凝縮相である．しかし，BCS 理論は凝縮系の多体問題を扱うため難解であって，本書のレベルを超えるので，ここでは，これまで超伝導電子とよんできたものを，このクーパー対と読み直して話を進めることにしよう．クーパー対は質

量は $2m$，電荷は $-2e$ の荷電粒子で，個数は $n_{\mathrm{S}}/2$ である．

まず，超伝導体を貫く磁束は量子化されていることを示そう．磁束密度 $\boldsymbol{B}$ の磁場中を速度 $\boldsymbol{v}$ で運動するクーパー対の運動方程式は，

$$2m\frac{d\boldsymbol{v}}{dt} = -2e\boldsymbol{v}\times\boldsymbol{B} \tag{9.38}$$

である．これを正準形式

$$\frac{d\boldsymbol{p}}{dt} = -\frac{\partial H}{\partial \boldsymbol{r}}, \qquad \frac{d\boldsymbol{r}}{dt} = \frac{\partial H}{\partial \boldsymbol{p}} \tag{9.39}$$

に書き直すと，ハミルトニアン H は

$$H = \frac{1}{2(2m)}\{\boldsymbol{p}-(-2e)\boldsymbol{A}\}^2 \tag{9.40}$$

となる．$\boldsymbol{p}$ は運動量，$\boldsymbol{A}$ はベクトルポテンシャルで

$$\boldsymbol{B} = \mathrm{rot}\,\boldsymbol{A} \tag{9.41}$$

である．(9.39) の第 2 式から，クーパー対の速度は

$$\boldsymbol{v} = \frac{1}{2m}(\boldsymbol{p}+2e\boldsymbol{A}) = \frac{1}{2m}(i\hbar\nabla+2e\boldsymbol{A}) \tag{9.42}$$

と表される．そこで，クーパー対の確率振幅が

$$\psi(\boldsymbol{r}) = \sqrt{\frac{n_{\mathrm{S}}}{2}}\exp\{i\,\theta(\boldsymbol{r})\}, \qquad \psi^*(\boldsymbol{r}) = \sqrt{\frac{n_{\mathrm{S}}}{2}}\exp\{-i\,\theta(\boldsymbol{r})\} \tag{9.43}$$

で表されるとすると，超伝導電流密度 $\boldsymbol{j}$ は

$$\boldsymbol{j} = -2e\psi^*\boldsymbol{v}\psi = -\frac{n_{\mathrm{S}}e}{2m}(\hbar\nabla\theta+2e\boldsymbol{A}) \tag{9.44}$$

と得られる．ここで θ はクーパー対の確率振幅の位相である．(9.44) の回転をとると，

$$\mathrm{rot}\,\boldsymbol{j} = -\frac{ne^2}{m}\boldsymbol{B}$$

となり，ロンドン兄弟が現象論的に導いたロンドン方程式(9.28)が導かれる．

超伝導を渦糸が貫いている場合を考えよう．渦糸の内部には糸に沿って磁

場が侵入している．そこで，渦糸の周りの超伝導領域に渦糸を時計回りに一回りして閉じる経路Cを考え，(9.44) を経路Cに沿って積分してみる．左辺はゼロであるから，

$$\oint_{\mathrm{C}}\left(\nabla\theta+\frac{2d}{\hbar}\boldsymbol{A}\right)\cdot d\boldsymbol{s}=0 \tag{9.45}$$

となる．Cを一回りしたときの位相の変化は，ψ が1価で，確率振幅は測定可能量であるから

$$\oint_{\mathrm{C}}\nabla\theta\cdot d\boldsymbol{s}=2\pi n \qquad (n：整数) \tag{9.46}$$

である．

一方，ベクトルポテンシャルの積分は，ストークスの定理を使うと

$$\oint_{\mathrm{C}}\boldsymbol{A}\cdot d\boldsymbol{s}=\int_{\mathrm{S}}\mathrm{rot}\boldsymbol{A}\cdot d\boldsymbol{S}=\int_{\mathrm{S}}\boldsymbol{B}\cdot d\boldsymbol{S} \tag{9.47}$$

となる．この右辺は経路Cを縁とする曲面Sについての面積積分であって，経路Cを貫く磁束 Φ に他ならない．(9.46) と (9.47) からCを貫く磁束について，

$$\Phi=\frac{h}{2e}\times n\equiv n\Phi_0 \tag{9.48}$$

が得られる．これより，超伝導体内の閉回路を貫く磁束は量子化されていて，最低の磁束単位は $\Phi_0=h/2e$ であることがわかる．

磁力線は互いに反発し合うことを考えればわかるように，超伝導体の渦糸を通る磁束は $n\Phi_0$ が1本にまとまっているよりは，n 本の渦糸に分かれた方がエネルギーが低い．そのため，1本の渦糸を通り抜ける磁束は磁束量子 Φ_0 となる．

混合状態にある超伝導体には，このような渦糸が多く存在していて，渦糸同士は，渦心の周りを流れる永久渦電流によって，互いに反発し合う．そのため，超伝導体内の渦糸は空間的周期性をもつ配列をとる傾向がある．この渦糸の配列は**渦糸格子**とよばれる．

演習問題略解

第 1 章

[**1**] 1つの格子点Pを基点とする基本並進ベクトル $\boldsymbol{T}_1$ を考え，$\boldsymbol{T}_1$ には格子点 Q_1 が対応するものとする．これに，Pを通る n 回回軸の周りの n 回回転対称操作 C_n をくり返しほどこしていくと，$\boldsymbol{T}_1, \boldsymbol{T}_2, \cdots, \boldsymbol{T}_n$ が得られ，それぞれに格子点 $Q_1, Q_2, \cdots, Q_n$ が対応する．Q_i は，いずれも回転軸に垂直な同一平面上にある．したがって，$\boldsymbol{T}_1-\boldsymbol{T}_2, \boldsymbol{T}_2-\boldsymbol{T}_3, \cdots, \boldsymbol{T}_n-\boldsymbol{T}_1$ のベクトルをつくると，これらはそれぞれ回転軸に垂直であって，基本並進ベクトルである．

[**2**] 結晶の基本格子ベクトルを $\boldsymbol{a}, \boldsymbol{b}, \boldsymbol{c}$ とすると，$(h\,k\,l)$ 面は，$\boldsymbol{a}, \boldsymbol{b}, \boldsymbol{c}$ 軸を

$$\boldsymbol{a}/h, \qquad \boldsymbol{b}/k, \qquad \boldsymbol{c}/l$$

の各点で切る．したがって，逆格子ベクトル $\boldsymbol{K}$ がこの面と直交することを示すには，面上の独立な2つのベクトルが $\boldsymbol{K}$ と直交することを示せばよい．そのような2つのベクトルとして，$\overrightarrow{\mathrm{AB}}$，$\overrightarrow{\mathrm{BC}}$（右図）

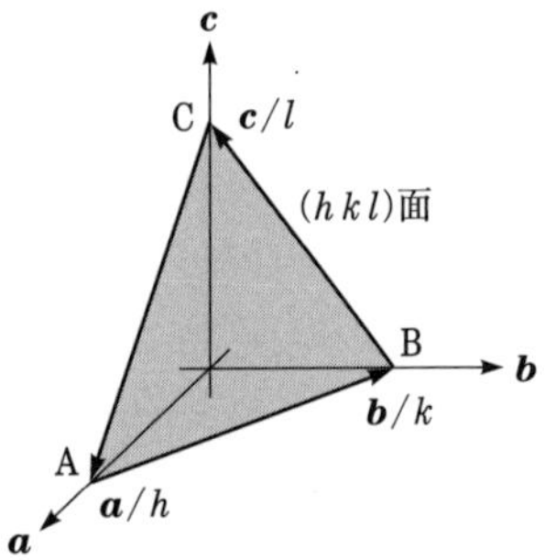

$$\overrightarrow{\mathrm{AB}} = \frac{1}{k}\boldsymbol{b} - \frac{1}{h}\boldsymbol{a}$$

$$\overrightarrow{\mathrm{BC}} = \frac{1}{l}\boldsymbol{c} - \frac{1}{k}\boldsymbol{b}$$

を選び，$\boldsymbol{K}$ とのスカラー積をとると，

$$\overrightarrow{\mathrm{AB}}\cdot\boldsymbol{K} = 0, \qquad \overrightarrow{\mathrm{BC}}\cdot\boldsymbol{K} = 0$$

よって，$\boldsymbol{K}$ と $(h\,k\,l)$ 面は直交する．

[**3**] 次頁の左側の図は，結晶内の隣り合った $(h\,k\,l)$ 面を示す．一般に2枚の平行な面の間隔は，それぞれの面上に1点ずつ任意の点をとると，その2点を結ぶベクトルの法線方向の正射影で与えられる．そこで，隣り合った平行な2つの面上のそのような2点として，

$$\frac{n+1}{h}\boldsymbol{a}, \qquad \frac{n}{h}\boldsymbol{a}$$

をとると，この2点を結ぶベクトルと $(h\,k\,l)$ 面の法線ベクトル

$$\boldsymbol{n} = \frac{\boldsymbol{K}}{|\boldsymbol{K}|} = \frac{\boldsymbol{K}}{K}$$

とのスカラー積から，2面の間隔 d は

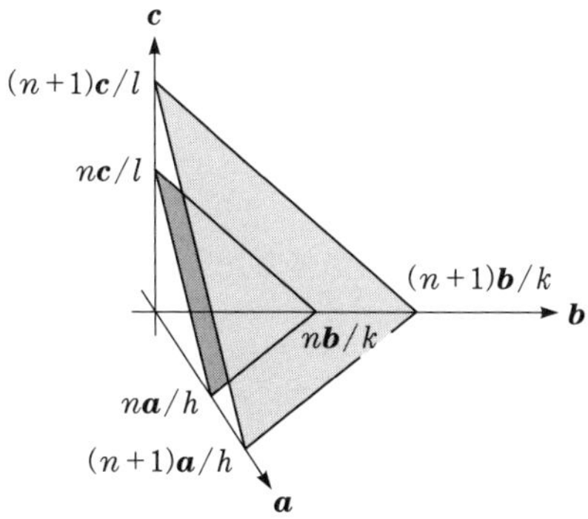

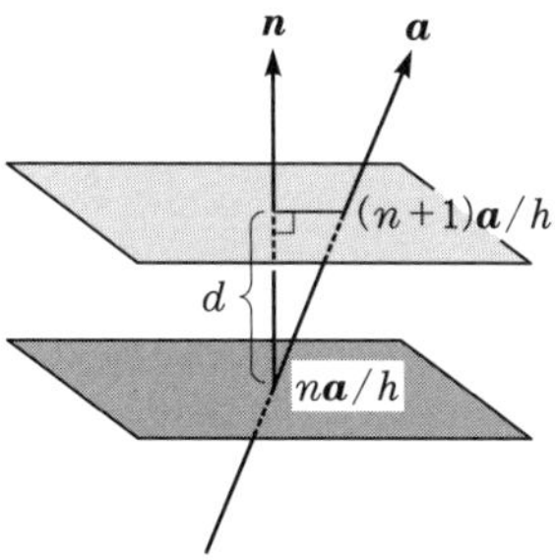

$$d=\left(\frac{n+1}{h}\boldsymbol{a}-\frac{n}{h}\boldsymbol{a}\right)\cdot\boldsymbol{n}=\frac{\boldsymbol{a}\cdot\boldsymbol{K}}{hK}=\frac{2\pi}{K}=\frac{2\pi}{|\boldsymbol{K}|}$$

と得られる.

［**4**］ ウィグナー - ザイツの単位格子は右図の正六角形（灰色の部分）. したがって, 単位格子の面積は

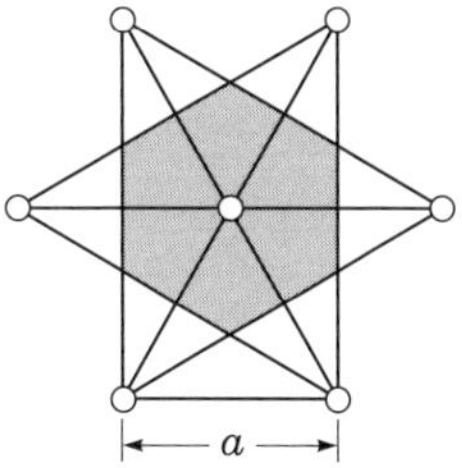

$$\frac{\sqrt{3}}{2}a^2$$

となる.

［**5**］ 金の原子半径は 14.4 nm.

［**6**］ イオン i, j 間のポテンシャルエネルギーは

$$U_{ij}=\frac{(\pm)_{ij}e^2}{4\pi\varepsilon_0 r_{ij}}+\frac{B}{r_{ij}{}^n}=\frac{(\pm)_{ij}}{p_{ij}}\frac{e^2}{4\pi\varepsilon_0 a}+\frac{1}{p_{ij}{}^n}\frac{B}{a^n}$$

と書くことができる. ただし, $r_{ij}=p_{ij}a$（a は最隣接イオン間距離）である. したがって, i 番目のイオンのもつエネルギー U_i, 結晶の凝集エネルギー U_{t} は, それぞれ

$$U_i=\sum{}' U_{ij}=-\alpha\frac{e^2}{4\pi\varepsilon_0 a}+\beta\frac{B}{a^n},\qquad U_{\mathrm{t}}=NU_i$$

となる. ここで, α はマーデルング定数, $\beta=\sum{}' p_{ij}{}^{-n}$ である. a の平衡値を a_0 とすると,

$$\frac{1}{N}\left(\frac{\partial U_{\mathrm{t}}}{\partial a}\right)_{a_0}=\frac{\alpha e^2}{4\pi\varepsilon_0 a_0{}^2}-\frac{n\beta B}{a_0{}^{n+1}}=0$$

である. これより,

$$U_i=-\frac{\alpha e^2}{4\pi\varepsilon_0 a_0}\left(1-\frac{1}{n}\right)$$

したがって, 近距離斥力相互作用の凝集エネルギーへの寄与は, クーロン相互

作用の $1/n$ である．

［7］ イオンの運動エネルギーを無視すると（低温近似），イオン結晶の全エネルギーは，［6］より，

$$U_t = N\left(-\frac{\alpha e^2}{4\pi\varepsilon_0 a} + \frac{\beta B}{a^n}\right)$$

となる．ここで，a は最隣接正負イオン間の距離である．したがって，$V = 2Na^3$ である．そこで，熱力学の第1法則

$$dU_t = -P\,dV \qquad \text{または} \qquad \frac{dP}{dV} = -\frac{d^2U_t}{dV^2}$$

を用いると，圧縮率 K は

$$\frac{1}{K} = V\frac{\partial^2 U_t}{\partial V^2} = V\left\{\frac{\partial U_t}{\partial a}\frac{\partial^2 a}{\partial V^2} + \frac{\partial^2 U_t}{\partial a^2}\left(\frac{\partial a}{\partial V}\right)^2\right\}$$

と書ける．平衡イオン間距離 a_0 では

$$\left(\frac{\partial U_t}{\partial a}\right)_{a_0} = N\left(\frac{\alpha e^2}{4\pi\varepsilon_0 {a_0}^2} - \frac{n\beta B}{{a_0}^{n+1}}\right) = 0$$

$$\left(\frac{\partial a}{\partial V}\right)^2_{a_0} = \frac{1}{36N{a_0}^4}$$

となる．これを用いると，

$$\frac{1}{K} = \frac{1}{18Na_0}\left(\frac{\partial^2 U_t}{\partial a^2}\right)_{a_0} = \frac{(n-1)\,e^2\alpha}{72\pi\varepsilon_0 {a_0}^2}$$

が得られる．これより，

$$n = 1 + \frac{72\pi\varepsilon_0 {a_0}^2}{Ke^2\alpha}$$

となる．

［8］ 正四面体結合の成す角は図1.16に見られるように，立方体の体対角線の間の角に等しく，109.5°である．また，ダイヤモンド構造は下図に示すように2個の面心立方格子を体対角線方向に1/4だけずらせて重ねた構造である．

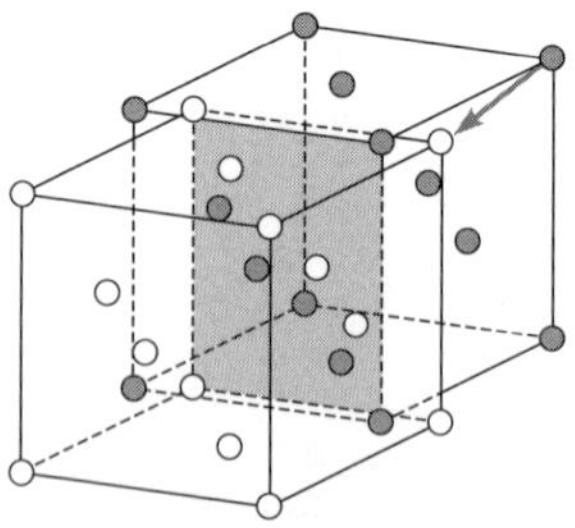

第 2 章

［1］ 体心立方格子は，(0 0 0) の原子がつくる単純立方格子と (1/2 1/2 1/2) の原子がつくる単純立方格子が重ね合わさったものと見ることができる．単純立方格子の場合は，隣り合った (1 0 0) 面（図の実線で示されている第1面と第3面）での反射で位相が 2π だけ違っているとき，通常の (1 0 0) 回折線が現れる．しかし体心立方格子の場合は，それらの格子面のちょうど中央に，もう一方の単純立方格子の (1 0 0) 面（図で点線で示された第2面）があり，この面も他の面と同じ散乱能をもつ．

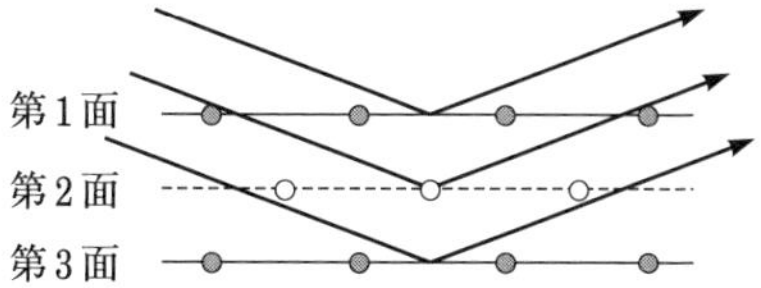

体心立方格子からの(100)回折

ところで，この第2面は，第1面に対して位相が π だけ遅れた反射を生じるため，第1面からの反射を打ち消してしまう．したがって，体心立方格子では (1 0 0) 回折線は現れない．

［2］ NaCl 結晶は (1 0 0) の Na^+ イオンと (1/2 1/2 1/2) の Cl^- イオンを単位構造とした面心立方格子である．そこで，Na^+ および Cl^- の原子形状因子をそれぞれ f_{Na}，f_{Cl} とおくと，(2.18) は

$$S_K = [f_{Na} + f_{Cl}\exp\{-i\pi(n_1 + n_2 + n_3)\}] \times [1 + \exp\{-i\pi(n_1 + n_2)\} + \exp\{-i\pi(n_2 + n_3)\} + \exp\{-i\pi(n_3 + n_1)\}]$$

と書き表される．したがって，n_1，n_2，n_3 について

すべてが偶数のとき，　$S_K = 4(f_{Na} + f_{Cl})$
すべてが奇数のとき，　$S_K = 4(f_{Na} - f_{Cl})$
それ以外のとき，　$S_K = 0$

となる．

［3］ ダイヤモンドの結晶構造因子は，面心立方格子の構造因子（例題 2.2）に，単位格子の構造因子

$$1 + \exp\left\{-2i\pi\left(\frac{1}{4}n_1 + \frac{1}{4}n_2 + \frac{1}{4}n_3\right)\right\} = 1 + \exp\left\{-\frac{i\pi}{2}(n_1 + n_2 + n_3)\right\}$$

を掛けたものになる．よって，結晶構造因子は

$$S_K = f\left[1 + \exp\left\{-\frac{i\pi}{2}(n_1 + n_2 + n_3)\right\}\right] \times [1 + \exp\{-i\pi(n_1 + n_2)\} + \exp\{-i\pi(n_2 + n_3)\} + \exp\{-i\pi(n_3 + n_1)\}]$$

と書き表される．これは，n_1，n_2，n_3 について，

すべてが偶数で，$n_1 + n_2 + n_3 = 4m$　のとき，　$S_K = 8f$
すべてが奇数で，$n_1 + n_2 + n_3 = 4m \pm 1$　のとき，　$S_K = (1 \pm i)4f$
すべてが偶数で，$n_1 + n_2 + n_3 = 4m \pm 2$　のとき，　$S_K = 0$
それ以外のとき，　$S_K = 0$

となる．

[**4**]　水素原子の電子密度 $\rho(r')$ は原子の中心に対して球対称に分布している．したがって，原子形状因子は (2.22) から次のように求められる．

$$f(\boldsymbol{K}) = 4\pi\int_0^\infty \rho(r')\,\frac{\sin Kr'}{Kr'}\,r'^2\,dr'$$
$$= \frac{4}{Ka_0^3}\int_0^\infty \exp\left(-\frac{2r'}{a_0}\right)\sin(Kr')\,r'\,dr'$$
$$= \frac{4}{Ka_0^3}\,\frac{\Gamma(2)}{\dfrac{4}{a_0^2}+K^2}\sin\left(\arctan\frac{Ka_0}{2}\right) = \frac{16}{(4+K^2a_0^2)^2}$$

ここで，$\Gamma(n)$ は Γ 関数で，n が正整数のときは，$\Gamma(n) = (n-1)!$ である．

[**5**]　散乱の強度は散乱振幅の 2 乗に比例する．この 1 次元系の全散乱振幅は，(2.4) より

$$F = \sum_{m=0}^{M-1}\exp(-im\boldsymbol{a}\cdot\Delta\boldsymbol{k})$$

なる量に比例する．この M 個の和は，級数

$$\sum_{m=0}^{M-1}x^m = \frac{1-x^M}{1-x}$$

を用いると，

$$F = \frac{1-\exp\{-iM(\boldsymbol{a}\cdot\Delta\boldsymbol{k})\}}{1-\exp\{-i(\boldsymbol{a}\cdot\Delta\boldsymbol{k})\}}$$

となる．また，この複素共役 F^* は

$$F^* = \frac{1-\exp\{iM(\boldsymbol{a}\cdot\Delta\boldsymbol{k})\}}{1-\exp\{i(\boldsymbol{a}\cdot\Delta\boldsymbol{k})\}}$$

である．散乱強度は散乱振幅の 2 乗，つまり FF^* に比例する．そこで，この FF^* の値を求めると，

$$|F|^2 = FF^* = \frac{2-[\exp\{iM(\boldsymbol{a}\cdot\Delta\boldsymbol{k})\}+\exp\{-iM(\boldsymbol{a}\cdot\Delta\boldsymbol{k})\}]}{2-[\exp\{i(\boldsymbol{a}\cdot\Delta\boldsymbol{k})\}+\exp\{-i(\boldsymbol{a}\cdot\Delta\boldsymbol{k})\}]}$$
$$= \frac{1-\cos\{M(\boldsymbol{a}\cdot\Delta\boldsymbol{k})\}}{1-\cos(\boldsymbol{a}\cdot\Delta\boldsymbol{k})} = \frac{\sin^2\left\{\dfrac{M(\boldsymbol{a}\cdot\Delta\boldsymbol{k})}{2}\right\}}{\sin^2\left(\dfrac{\boldsymbol{a}\cdot\Delta\boldsymbol{k}}{2}\right)}$$

となる．この最後の式に現れた

$$\left\{\frac{\sin(\pi Mx)}{\sin(\pi x)}\right\}^2$$

の形の関数は**ラウエ関数**とよばれ，M が十分大きければ x が整数のところにのみ鋭いピークをもつ．したがって，

$$\boldsymbol{a}\cdot\Delta\boldsymbol{k} = 2\pi n \qquad (x = \text{整数})$$

のところに鋭い回折線が現れる．

［**6**］ 熱振動している原子 a の位置ベクトルを $\boldsymbol{r}_\alpha = \boldsymbol{r}_{\alpha_0} + \boldsymbol{u}(t)$ と書く．各原子はそれぞれの平衡点の周りで，独立に振動していると仮定すると，$\boldsymbol{K}$ に対応した構造因子 S_K の平均値は，

$$\langle S_K \rangle = S_{K_0}\langle \exp(-i\boldsymbol{u}\cdot\boldsymbol{K})\rangle$$

となる．この指数関数の平均を級数展開すると

$$\begin{aligned}\langle \exp(-i\boldsymbol{u}\cdot\boldsymbol{K})\rangle &= 1 - \frac{1}{2}\langle(\boldsymbol{u}\cdot\boldsymbol{K})^2\rangle + \cdots \\ &= 1 - \frac{1}{2}\left(\frac{1}{3}\langle u^2\rangle K^2\right) + \cdots\end{aligned}$$

となり，奇数次の項はゼロとなる．ここで，1/3 は空間の 3 方向に均等に振動していることによる．散乱強度は $\langle S_K \rangle$ の 2 乗に比例するから，

$$I_K = I_{K_0}\langle \exp(-\boldsymbol{u}\cdot\boldsymbol{K})\rangle^2 = I_{K_0}\exp\left\{-\frac{1}{3}\langle u^2\rangle K^2\right\}$$

となる．

［**7**］ 第 1 章の図 1.7 を参照．

第 3 章

［**1**］ 単原子格子では，隣り合う偶数番目 $(2n)$ の原子と奇数番目 $(2n+1)$ の原子とで単位格子を形成している．したがって原子の総数を $2N$ とすると，各原子が鎖軸方向に u_{2n}，u_{2n+1} だけ変位したときのポテンシャルエネルギーは

$$V = \sum_{n=1}^{N}\left\{\frac{1}{2}\alpha_1(u_{2n-1} - u_{2n})^2 + \frac{1}{2}\alpha_2(u_{2n} - u_{2n+1})^2\right\}$$

と書ける．これから，運動方程式が

$$\left.\begin{aligned} M\frac{d^2u_{2n}}{dt^2} &= -(\alpha_1+\alpha_2)u_{2n} + \alpha_1 u_{2n+1} + \alpha_2 u_{2n-1} \\ M\frac{d^2u_{2n-1}}{dt^2} &= -(\alpha_1+\alpha_2)u_{2n-1} + \alpha_2 u_{2n} + \alpha_1 u_{2n-2}\end{aligned}\right\} \qquad \text{(a)}$$

と導かれる．これらの運動方程式は並進不変性を満たしているので，ブロッホの定理から，u_{2n}，u_{2n-1} は

$$\left.\begin{aligned} u_{2n} &= A_{1k}\exp\{i(k2na - \omega t)\} \\ u_{2n-1} &= A_{2k}\exp[i\{k(2n-1)a - \omega t\}] \end{aligned}\right\} \qquad \text{(b)}$$

とおける．

そこで，この（b）を（a）に代入すると，

$$-\omega^2 MA_{1k} = -(\alpha_1 + \alpha_2)A_{1k} + \{\alpha_1\exp(ika) + \alpha_2\exp(-ika)\}A_{2k}$$

$$-\omega^2 MA_{2k} = -(\alpha_1 + \alpha_2)A_{2k} + \{\alpha_1\exp(-ika) + \alpha_2\exp(ika)\}A_{1k}$$

を得る．したがって，固有角振動数 $\omega(k)$ は，行列式

$$\begin{vmatrix} \alpha_1 + \alpha_2 - \omega^2 M & -\{\alpha_1\exp(-ika) + \alpha_2\exp(-ika)\} \\ -\{\alpha_1\exp(-ika) + \alpha_2\exp(ika)\} & \alpha_1 + \alpha_2 - \omega^2 M \end{vmatrix} = 0$$

より，

$$\omega_{\pm}{}^2 = \frac{\alpha_1 + \alpha_2}{M}\left\{1 \pm \sqrt{1 - \frac{4\alpha_1\alpha_2\sin^2 ka}{(\alpha_1 + \alpha_2)^2}}\right\}$$

と得られる．これは $\alpha_2 > \alpha_1$ とすると，ゾーン境界 $k = \pi/2a$ では

$$\omega_- = \sqrt{\frac{2\alpha_1}{M}}, \qquad \omega_+ = \sqrt{\frac{2\alpha_2}{M}}$$

となる．

[**2**]（1）

$$\begin{aligned} M\frac{d^2u_{l,m}}{dt^2} &= -\frac{\partial^2 V}{\partial u_{l-1,m}\,\partial u_{l,m}}u_{l-1,m} - \frac{\partial^2 V}{\partial u_{l,m}{}^2}u_{l,m} - \frac{\partial^2 V}{\partial u_{l,m}\,\partial u_{l+1,m}}u_{l+1,m} \\ &\quad -\frac{\partial^2 V}{\partial u_{l,m-1}\,\partial u_{l,m}}u_{l,m-1} - \frac{\partial^2 V}{\partial u_{l,m}{}^2}u_{l,m} - \frac{\partial^2 V}{\partial u_{l,m}\,\partial u_{l,m+1}}u_{l,m+1} \\ &= \alpha\{(u_{l+1,m} + u_{l-1,m} - 2u_{l,m}) + (u_{l,m+1} + u_{l,m-1} - 2u_{l,m})\} \end{aligned} \qquad \text{(a)}$$

（2）（a）で $u_{l,m} = A_k\exp[i\{lak_x + mak_y - \omega(\boldsymbol{k})t\}]$ とおくと

$$-\omega^2 M = \alpha\{\exp(ik_xa) + \exp(-ik_xa) - 2 + \exp(ik_ya) + \exp(-ik_ya) - 2\}$$

これより分散関係は，

$$\omega^2(\boldsymbol{k}) = \frac{2\alpha}{M}(2 - \cos k_xa - \cos k_ya)$$

（3）$\Gamma \to \mathrm{X}$ 上では，$\boldsymbol{k} = (k_x, 0)$ であるから，

$$\omega^2(k_x, 0) = \frac{2\alpha}{M}(1 - \cos k_xa), \qquad \therefore\quad \omega(k_x, 0) = 2\sqrt{\frac{\alpha}{M}}\left|\sin\frac{k_xa}{2}\right|$$

$\Gamma \to \mathrm{M}$ 上では，$\boldsymbol{k} = (k, k)$ であるから，

$$\omega^2(k) = \frac{4\alpha}{M}(1 - \cos ka), \qquad \therefore\quad \omega(k) = 2\sqrt{\frac{2\alpha}{M}}\left|\sin\frac{ka}{2}\right|$$

（4）k_xa，$k_ya \ll 1$ として，（2）で求めた分散関係を展開して，2 次の項まで残すと，

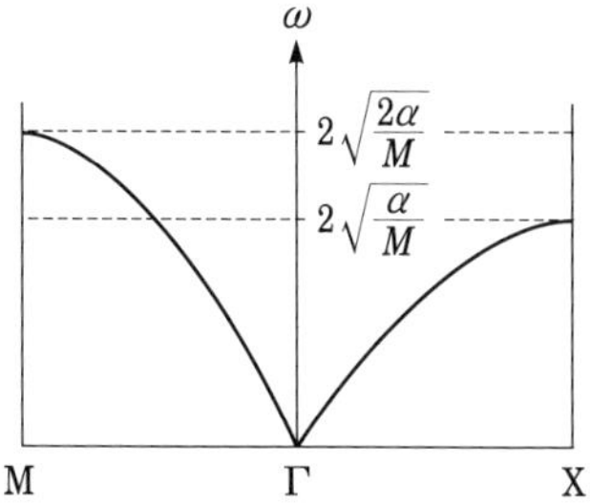

$$\omega^2(\boldsymbol{k}) = \frac{2\alpha}{M}\left[2 - \left\{1 - \frac{1}{2}(k_x a)^2\right\} - \left\{1 - \frac{1}{2}(k_y a)^2\right\}\right]$$

$$= \frac{\alpha}{M}(k_x{}^2 + k_y{}^2)\,a^2 = \frac{\alpha}{M}k^2a^2$$

$$\therefore \quad \omega = \sqrt{\frac{\alpha}{M}}\,|k|\,a$$

したがって，弾性波の伝播速度は等方的で

$$v = \frac{d\omega}{d\,|k|} = \sqrt{\frac{\alpha}{M}}\,a$$

となる．

［**3**］ n 番目の量子状態にある振動子のエネルギー ε_n は

$$\varepsilon_n = n\hbar\omega_{\mathrm{E}}$$

である．したがって，N 個の原子から成る系（自由度 $3N$）の熱平均エネルギー E はプランクの分布関数（3.43）を用いると，

$$E = \frac{3N\hbar\omega_{\mathrm{E}}}{\exp\left(\dfrac{\hbar\omega_{\mathrm{E}}}{k_{\mathrm{B}}T}\right) - 1}$$

となる．これより結晶の格子比熱は

$$C_V = \left(\frac{\partial E}{\partial T}\right)_V = 3Nk_{\mathrm{B}}\left(\frac{\hbar\omega_{\mathrm{E}}}{k_{\mathrm{B}}T}\right)^2 \frac{\exp\left(\dfrac{\hbar\omega_{\mathrm{E}}}{k_{\mathrm{B}}T}\right)}{\left\{\exp\left(\dfrac{\hbar\omega_{\mathrm{E}}}{k_{\mathrm{B}}T}\right) - 1\right\}^2}$$

と得られる．

これは，$k_{\mathrm{B}}\theta_{\mathrm{E}} = \hbar\omega_{\mathrm{E}}$ で定義されるアインシュタイン温度 θ_{E} を導入すると，

$$C_V = 3Nk_{\mathrm{B}}\left(\frac{\theta_{\mathrm{E}}}{T}\right)^2 \frac{\exp\left(\dfrac{\theta_{\mathrm{E}}}{T}\right)}{\left\{\exp\left(\dfrac{\theta_{\mathrm{E}}}{T}\right) - 1\right\}^2}$$

と書き表される．これは，高温（$T \gg \theta_{\mathrm{E}}$）では，

$$C_V = 3Nk_B$$

となり，デュロン‐プティの法則に一致する．また，低温（$T \ll \theta_E$）では，

$$C_V = 3Nk_B\left(\frac{\theta_E}{T}\right)^2 \exp\left(-\frac{\theta_E}{T}\right)$$

となり，温度依存性は基本的には指数関数的となる．

［**4**］単原子1次元格子の場合，フォノンモードの波数ベクトル k は，第1ブリユアンゾーン（$-\pi/a \leqq k \leqq \pi/a$）の中に $2\pi/Na$ の間隔で一様に分布している．したがって，ω と $\omega + d\omega$ の間のエネルギーをもつフォノンモードの数は，k には正負の値が許されることを考慮すると，

$$\frac{Na}{\pi}\,dk = \frac{Na}{\pi}\frac{dk}{d\omega}\,d\omega = \frac{Na}{\pi}\frac{1}{\dfrac{a}{2}\omega_{\max}\cos\dfrac{ka}{2}}\,d\omega$$

$$= \frac{2N}{\pi}\frac{1}{\sqrt{{\omega_{\max}}^2 - \omega^2}}\,d\omega$$

となり，フォノンの状態密度 $D(\omega)$ は

$$D(\omega) = \frac{2N}{\pi}\frac{1}{\sqrt{{\omega_{\max}}^2 - \omega^2}}$$

と得られる．

デバイモデルでは，長波長領域の分散関係を全領域にわたって用いるため，音速を v とすると，分散関係は $\omega = v|k|$ となり，状態密度は

$$D(\omega)\,d\omega = \frac{Na}{\pi}\,dk = \frac{Na}{\pi}\frac{dk}{d\omega}\,d\omega = \frac{2N}{\pi\omega_{\max}}\,d\omega$$

より，

$$D(\omega) = \frac{2N}{\pi\omega_{\max}} = (一定)$$

となる．デバイ角振動数 ω_D は，モードの総数が N であるから，

$$\omega_D = \frac{\pi\omega_{\max}}{2}$$

となる（下図）．

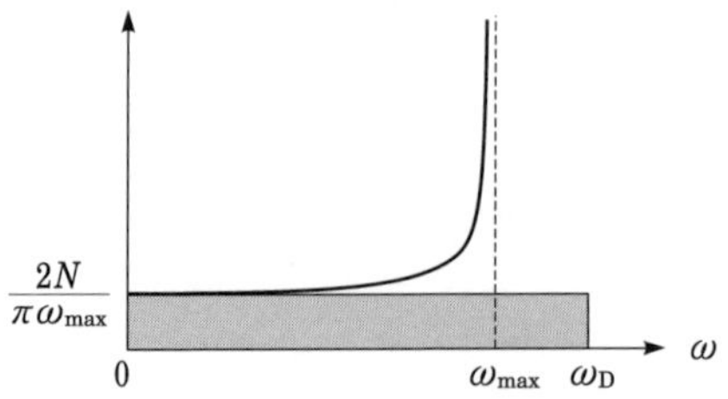

第 4 章

［1］ 固定境界条件の場合：

(4.3) と (4.4) より，$x, y, z = L$ で $\psi = 0$ となる．したがって，

$$\sin ik_xL = 0, \quad \sin ik_yL = 0, \quad \sin ik_zL = 0$$

$$\therefore \quad k_xL = n_x\pi, \quad k_yL = n_y\pi, \quad k_zL = n_z\pi$$

$$\therefore \quad k_x = \frac{n_x\pi}{L}, \quad k_y = \frac{n_y\pi}{L}, \quad k_z = \frac{n_z\pi}{L} \qquad (n_x, n_y, n_z = 1, 2, 3, \cdots)$$

これは (4.9) であり，$n_x = 0$，$n_y = 0$，$n_z = 0$ の解は箱の体積内で規格化できないので除かれる．負の波数ベクトルは (4.4) において新しい解を与えない．

周期的境界条件の場合：

(4.7) と (4.8) より，

$$\exp(ik_xL) = 1, \quad \exp(ik_yL) = 1, \quad \exp(ik_zL) = 1$$

$$\therefore \quad k_xL = 2n_x\pi, \quad k_yL = 2n_y\pi, \quad k_zL = 2n_z\pi$$

$$\therefore \quad k_x = \frac{2n_x\pi}{L}, \quad k_y = \frac{2n_y\pi}{L}, \quad k_z = \frac{2n_z\pi}{L} \quad (n_x, n_y, n_z = 0, \pm 1, \pm 2, \pm 3, \cdots)$$

これは (4.10) である．

［2］ (4.21) から，フェルミ分布関数 $f(\varepsilon, T)$ は

$$f(\varepsilon, T) = \frac{1}{\exp\left(\dfrac{\varepsilon - \mu}{k_{\mathrm{B}}T}\right) + 1}$$

で与えられる．これを ε に関して微分すると

$$-\frac{\partial f}{\partial \varepsilon} = \frac{\exp\left(\dfrac{\varepsilon - \mu}{k_{\mathrm{B}}T}\right)}{k_{\mathrm{B}}T\left[\exp\left(\dfrac{\varepsilon - \mu}{k_{\mathrm{B}}T}\right) + 1\right]^2}$$

となり，

$$\left(-\frac{\partial f}{\partial \varepsilon}\right)_{\varepsilon = \mu} = \frac{1}{4k_{\mathrm{B}}T}$$

したがって，フェルミ準位における分布関数の傾斜は温度に逆比例して増大する．

［3］ 本文で述べたように，磁束密度 $\boldsymbol{B}$ の磁場のベクトルポテンシャルを $\boldsymbol{A} = (0, Bx, 0)$ のようにとると，シュレーディンガー方程式の波動関数 $\psi(x, y, z)$ は

$$\psi(x, y, z) = \exp\{i(k_yy + k_zz)\}\, u(x)$$

のように変数分離することができ，$u(x)$ に関する波動方程式は

$$\frac{d^2u(x)}{dx^2}+\left\{\frac{2m\varepsilon^*}{\hbar^2}-\left(k_y+\frac{eB}{\hbar}x\right)^2\right\}u(x)=0$$

となる．これは，振動の中心が $x=-(\hbar k_y/eB)$ で，角振動数が $\omega_c=eB/m$ の調和振動の波動方程式を表しており，そのエネルギー固有値は

$$\varepsilon^*=\left(n+\frac{1}{2}\right)\hbar\omega_c$$

となる．したがって，k_xk_y 面内の量子数 n に属する状態数は，振動の中心の不確定さから決まる．

x 方向については，振動の中心はその方向の箱の長さ L_x の外へは出ることができない．また，y 方向については波数ベクトル分 k_y のとりうる値は最大値が

$$k_{y,\max}=\frac{eB}{\hbar}L_x$$

によって制限される．k_x の自由度については，すでに n でまとめられているので，k_xk_y 面内の一定の n に属する状態数は，y 方向の箱の長さを L_y とすると

$$2\times\frac{L_y}{2\pi}\int_0^{k_{y,\max}}dk_y=\frac{k_{y,\max}L_y}{\pi}=\frac{eB}{\pi\hbar}L_xL_y$$

となる．したがって，これを $\hbar\omega_c\times L_xL_y$ で割ると，単位エネルギーおよび単位面積当りの状態数 $D(n)$ が

$$D(n)=\frac{m}{\pi\hbar^2}$$

と求められる．これは例題 4.1 で求めた 2 次元の自由電子の状態密度に他ならない．

［**4**］（1）ドルーデの式 (4.53) より

$$\rho=\frac{1}{\sigma}=\frac{m}{ne^2\tau}$$

いま，銅 1 原子当り 1 個の伝導電子が存在するとすると，1 モルの銅が占める体積 V_m は

$$V_m=\frac{\text{銅の分子量}}{\text{銅の密度}}=\frac{63.5}{8.9\times10^6}=7.1\times10^{-6}\ [\mathrm{m^3}]$$

である．これより，銅の伝導電子密度 n は

$$n=\frac{6.03\times10^{23}}{7.1\times10^{-6}}=8.5\times10^{28}\ [\mathrm{m^{-3}}]$$

となる．したがって，緩和時間 τ は

$$\tau=\frac{m}{ne^2\rho}=\frac{9.1\times10^{-31}\ [\mathrm{kg}]}{8.5\times10^{28}[\mathrm{m^{-3}}]\times(1.6\times10^{-19}[\mathrm{C}])^2\times1.7\times10^{-8}[\Omega\cdot\mathrm{m}]}$$
$$=2.5\times10^{-14}\ [\text{秒}]$$

（2）自由電子の分散関係を仮定すると，フェルミ速度 v_F は

$$v_F = \frac{\hbar k_F}{m} = \frac{\hbar (3\pi^2 n)^{1/3}}{m}$$

$$= \frac{1.05 \times 10^{-34}[\mathrm{J \cdot s}] \times 3\pi^2 \times 8.5 \times 10^{28}[\mathrm{m^{-3}}]}{9.1 \times 10^{-31}[\mathrm{kg}]} = 1.6 \times 10^6 \ [\mathrm{m/s}]$$

よって，平均自由行程 l は

$$l = v_F \tau = 1.6 \times 10^6[\mathrm{m/s}] \times 2.5 \times 10^{-14}[\mathrm{s}] = 4.0 \times 10^{-8} \ [\mathrm{m}]$$

（3） 残留抵抗比が 10000 であるから，液体ヘリウム温度領域でのこの銅の抵抗率は，室温における抵抗率の 1/10000 である．抵抗率と緩和時間は逆比例の関係にあるため，液体ヘリウム温度領域でのこの銅の伝導電子の緩和時間および平均自由行程は，それぞれ，（1）および（2）で求めた値の 10000 倍になる．したがって，

$$\tau = 2.5 \times 10^{-10}[\mathrm{s}], \qquad l = 4.0 \times 10^{-4}[\mathrm{m}]$$

［**5**］ 圧力 P，体積 V，エネルギー U の関係は，

$$P = -\frac{\partial U}{\partial V}$$

である．また，フェルミ縮退している自由電子の全エネルギー U は，(4.20)，(4.17) より

$$U = \frac{3}{5} n\varepsilon_F = \frac{3n\hbar^2 \left(\dfrac{3\pi^2 n}{V}\right)^{2/3}}{10m}$$

よって

$$P = \frac{\hbar^2 (3\pi^2)^{2/3}}{5m}\left(\frac{n}{L^3}\right)^{5/3}$$

と求められる．ただし，n は電子数密度である．

第 5 章

［**1**］ 本文で説明したように，シュレーディンガー方程式 (5.11) に現れる周期ポテンシャル $V(\boldsymbol{r})$ と周期関数 $u_k(\boldsymbol{r})$ を逆格子ベクトル $\boldsymbol{K}$ で展開する．まず，波動関数は

$$\psi_k(\boldsymbol{r}) = \sum_j u(\boldsymbol{K}_j) \exp\{i(\boldsymbol{k} + \boldsymbol{K}_j)\cdot\boldsymbol{r}\}$$

となる．したがって，

$$\nabla^2 \psi_k = \sum_j (\boldsymbol{k} + \boldsymbol{K}_j)^2 \, u_k(\boldsymbol{K}_j) \exp\{i(\boldsymbol{k} + \boldsymbol{K}_j)\cdot\boldsymbol{r}\}$$

$$V(\boldsymbol{r})\,\psi_k(\boldsymbol{r}) = \sum_i \sum_j V(\boldsymbol{K}_i)\, u_k(\boldsymbol{K}_j) \exp\{i(\boldsymbol{k} + \boldsymbol{K}_i + \boldsymbol{K}_j)\cdot\boldsymbol{r}\}$$

$$= \sum_i \sum_j V(\boldsymbol{K}_i)\, u_k(\boldsymbol{K}_j - \boldsymbol{K}_i) \exp\{i(\boldsymbol{k} + \boldsymbol{K}_j)\cdot\boldsymbol{r}\}$$

よって，(5.11) の各項に左から $\exp\{-i(\boldsymbol{k} + \boldsymbol{K}_j)\cdot\boldsymbol{r}\}$ を掛けて，$\boldsymbol{r}$ について積分すると，$u_k(\boldsymbol{K}_j)$ に関する連立方程式 (5.15) が得られる．これより，価電子の固有エネルギー ε_k を与える永年方程式 (5.16) が導かれる．

［**2**］ 井戸の中 ($0 < x < a$) では $U(x) = 0$ である．したがって，電子の質量を m とすると，波動関数 $\psi(x)$ およびエネルギー固有値 ε は

$$\psi(x) = A\exp(i\alpha x) + B\exp(-i\alpha x), \qquad \varepsilon = \frac{\hbar^2\alpha^2}{2m} \tag{a}$$

となる．また，壁の中 ($-b \leqq x \leqq 0$) では，$U(x) = U_0$ であり，

$$\psi(x) = C\exp(\beta x) + D\exp(-\beta x), \qquad \varepsilon = U_0 - \frac{\hbar^2\beta^2}{2m} \tag{b}$$

となる．ここで，$U(x)$ は周期 $a + b$ をもっており，ブロッホの定理により，これらの波動関数は波数 k で指定できて，

$$\psi_k(x + a + b) = \psi_k(x)\exp\{ik(a + b)\}$$

の関係がある．そこで，ポテンシャルの境界 $x = 0$ と $x = a$ で，$\psi(x)$，$d\psi/dx$ がそれぞれ連続であるとすると，

$$A + B = C + D$$
$$i\alpha(A - B) = \beta(C - D)$$
$$A\exp(i\alpha a) + B\exp(-i\alpha a) = \{C\exp(-\beta b) + D\exp(\beta b)\}\exp\{ik(a + b)\}$$
$$i\alpha\{A\exp(i\alpha a) - B\exp(-i\alpha a)\} = \beta\{C\exp(-\beta b) - D\exp(\beta b)\}\exp\{ik(a + b)\}$$

となる．これらの方程式が，$A = B = C = D = 0$ 以外の解をもつためには，A, B, C, D の係数がつくる 4×4 の行列式がゼロでなければならない．よって，

$$\frac{\beta^2 - \alpha^2}{2\alpha\beta}\sinh\beta b\sin\alpha a + \cosh\beta b\cos\alpha a = \cos\{k(a + b)\}$$

となる．ここで，(a)，(b) を用いて α，β を ε で表すと，エネルギー固有値 ε と k との関係が，

$$\frac{U_0 - 2\varepsilon}{2\sqrt{\varepsilon(U_0 - \varepsilon)}}\sinh\sqrt{\frac{2mb^2}{\hbar^2}(U_0 - \varepsilon)}\sin\sqrt{\frac{2ma^2}{\hbar^2}\varepsilon} + \cosh\sqrt{\frac{2mb^2}{\hbar^2}(U_0 - \varepsilon)}\cos\sqrt{\frac{2ma^2}{\hbar^2}\varepsilon} = \cos\{k(a + b)\} \tag{c}$$

と得られる．

［**3**］ ［2］の (c) は，$U_0 \gg \varepsilon$ とすると，

$$\frac{\Gamma}{x}\sin x + \cos x = \cos ka \tag{a}$$

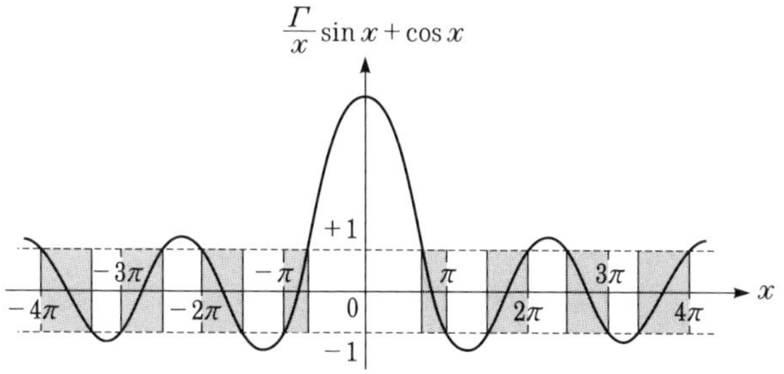

と書ける．ただし，

$$x \equiv \sqrt{\frac{2m\varepsilon}{\hbar^2}}\,a, \qquad \Gamma \equiv \frac{U_0 bam}{\hbar}$$

である．いま，$\Gamma = 3\pi/2$ の場合について，(a) の左辺を x に対してプロットしてみると図のようになる．この関数が $+1$ と -1 の間にあるような k が許される．したがって，第1ブリユアンゾーンの波数 k を決めると，(a) と図から解 x，すなわちエネルギー ε_k が決まり，エネルギーのバンド構造が求められる．

第 6 章

［1］ 第1章で見たように，固体の中の各原子（分子）は周囲の原子との間の斥力と引力から成るポテンシャルの中にあって，それぞれの理想化された平衡の位置の周りを熱運動している．これが第3章で扱った格子振動である．この格子振動の振幅は，温度を一様に上げていくと連続的に増大する．そして，その振幅が最近接原子間距離のある臨界値を超えると，原子を平衡位置に留めようとしていた復元力が消えて融解が起こる．融解が起こって液体になると，原子の長距離秩序が消えるが，初めのうちは，短距離秩序が残り，局所的には原子の相対的な配列には結晶格子に近い配列が見られる．

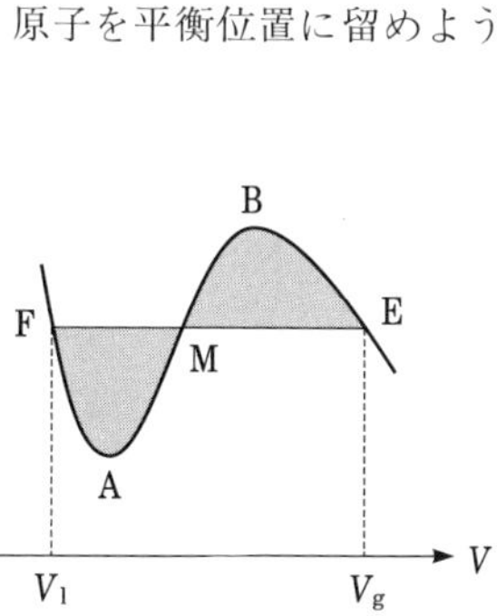

［2］ 図は図 6.12 の極大と極小の近傍を誇張して描いたものである．熱力学の結論によると，気体と液体が熱平衡状態で共存している場合には，共存している気体と液体の，それぞれ

の単位質量当りのギブスの自由エネルギーは等しい値になっていなければならない．ところで，図で E → F の過程は，等温，等圧（飽和蒸気圧）での凝縮過程であるから，ギブスの自由エネルギーは一定に保たれる．そこで，温度 T，圧力（飽和蒸気圧）p_{S} とし，気体状態と液体状態をそれぞれ添字 g，l で表すと，

$$U_{\mathrm{l}} - TS_{\mathrm{l}} + p_{\mathrm{S}} V_{\mathrm{l}} = U_{\mathrm{g}} - TS_{\mathrm{g}} + p_{\mathrm{S}} V_{\mathrm{g}} \qquad \text{(a)}$$

となる．これは

$$S_{\mathrm{g}} - S_{\mathrm{l}} = \frac{U_{\mathrm{g}} - U_{\mathrm{l}}}{T} + \frac{p_{\mathrm{S}}}{T}(V_{\mathrm{g}} - V_{\mathrm{l}}) \qquad \text{(b)}$$

のように書き直すことができる．

一方，F → A → M → B → E の経路に沿って等温可逆的に F から E へ移ったと仮定すると，

$$S_{\mathrm{g}} - S_{\mathrm{l}} = \int_{\mathrm{FAMBE}} \frac{\delta Q}{T} = \int_{\mathrm{FAMBE}} \frac{dU + p_{\mathrm{S}}\, dV}{T}$$

すなわち，

$$S_{\mathrm{g}} - S_{\mathrm{l}} = \frac{U_{\mathrm{g}} - U_{\mathrm{l}}}{T} + \frac{1}{T}\int_{V_{\mathrm{l}}}^{V_{\mathrm{g}}} p_{\mathrm{S}}\, dV \qquad \text{(c)}$$

となる．そこで，（b）と（c）を比較すると，

$$\int_{V_{\mathrm{l}}}^{V_{\mathrm{g}}} p_{\mathrm{S}}\, dV = p_{\mathrm{S}}(V_{\mathrm{g}} - V_{\mathrm{l}}) \qquad \text{(d)}$$

これは，図で FAMF と MBEM の 2 つの灰色部分の面積が等しいことを示している．このようにしてマクスウェルの等面積則が導かれる．

［**3**］　臨界点は勾配がゼロの点であり，同時に変曲点でもあるから，

$$\left(\frac{\partial p}{\partial V}\right)_T = 0, \qquad \left(\frac{\partial^2 p}{\partial V^2}\right)_T = 0 \qquad \text{(a)}$$

が成り立つ．1 mol の気体についてのファン・デル・ワールスの状態方程式 (6.14) は，書き直すと

$$p = \frac{RT}{V - b} - \frac{a}{V^2} \qquad \text{(b)}$$

と書ける．したがって，これを（a）の 2 つの式にそれぞれ代入すると，

$$\frac{RT}{(V - b)^2} - \frac{2a}{V^3} = 0 \qquad \text{(c)}$$

$$\frac{2RT}{(V - b)^3} - \frac{6a}{V^4} = 0 \qquad \text{(d)}$$

となる．（c），（d）を連立させて解くと，臨界体積 V_{c} が

$$V_{\mathrm{c}} = 3b \qquad \text{(e)}$$

と得られる．また，これを（c）に代入すると，臨界温度 T_{c} が

$$T_c = \frac{8a}{27Rb} \qquad \text{(f)}$$

さらに，（d），（e）を（b）に代入すると，臨界圧力 p_c が

$$p_c = \frac{a}{27b^2} \qquad \text{(g)}$$

と得られる．

〈**別解**〉（b）を V のベキについて整理すると，

$$V^3 - \left(b + \frac{RT}{p}\right)V^2 + \frac{a}{p}V - \frac{ab}{p} = 0$$

と書ける．臨界点では（g）は 3 重根をもつことになるので，

$$(V - V_c)^3 = V^3 - \left(b + \frac{RT}{p}\right)V^2 + \frac{a}{p}V - \frac{ab}{p} = 0$$

は恒等式になる．したがって，両辺の V に関する同じベキの係数を比較することによって，（e），（f），（g）が得られる．

［**4**］ 蒸発を，液体状態（A）から気体状態（B）への可逆的変化と考えると，蒸発にともなうエントロピーの増加 $\varDelta S$ は，熱力学によれば，

$$\varDelta S = \int_{A \to B} \frac{\delta Q}{T} = \frac{1}{T_b}\int_{A \to B} \delta Q = \frac{L_V}{T_b}$$

となる．

［**5**］ クラペイロン‐クラウジウスの式から，圧力変化 $\varDelta p$ による融点の変化 $\varDelta T$ は

$$\varDelta T = \frac{T\,\varDelta V\,\varDelta p}{L_V} \qquad \text{(a)}$$

で与えられる．ここで，1 g の気化熱 L_V および体積変化 $\varDelta V$ は

$$L_V = 80 \times 4.2\,[\mathrm{J}], \qquad \varDelta V = -1 \times 10^{-6} \times \frac{1}{12}\,[\mathrm{m^3}]$$

刃先が加える圧力は

$$\varDelta P = \frac{60 \times 9.8}{0.3 \times 10^3} = 1960\,[\mathrm{N/m^2}]$$

となる．これらの値を（a）に代入し，$T = 273\,[\mathrm{K}]$ とおくと，

$$\varDelta T = -0.13\,[\mathrm{K}]$$

となる．

索　　引

ス

セ

ソ

タ

チ

著者略歴

1935年　兵庫県出身．大阪大学理学部物理学科卒，同大学院理学研究科物理学専攻博士課程単位取得退学．大阪大学理学部助手，東京大学物性研究所助手，東京工業大学理学部助教授，同教授，神奈川大学工学部教授，同副学長を経て，東京工業大学名誉教授，神奈川大学名誉教授．理学博士．

主な著訳書：「電磁気学」（朝倉書店），「電磁気学」（東京教学社），「静電気」（培風館），「基礎物理学　上，下」（共著，学術図書出版社），「サイエンス物理学辞典（A Concise Dictionary of Physics：Oxford Reference）」（監訳，サイエンス社），「新・基礎力学」（サイエンス社）

裳華房テキストシリーズ - 物理学　**物性物理学**

2009年11月25日　第1版1刷発行
2013年1月30日　第2版1刷発行
2019年8月25日　第2版3刷発行

検印省略

定価はカバーに表示してあります．

著者　永田一清（ながた かずきよ）
発行者　吉野和浩
発行　〒102-0081 東京都千代田区四番町8-1
電話 (03) 3262-9166
株式会社 裳華房
印刷所　中央印刷株式会社
製本所　株式会社 松岳社

一般社団法人
自然科学書協会会員

ISBN 978-4-7853-2233-5